SiC 功率器件的封装测试与系统集成

曾 正 著

科学出版社

北 京

内 容 简 介

SiC 功率器件是电能变换的核心,是下一代电气装备的基础,在消费电子、智能电网、电气化交通、国防军工等领域,具有不可替代的作用。SiC 功率器件的性能表征、封装测试和系统集成,具有重要的研究价值和应用前景。围绕 SiC 功率器件的基础研究和前沿应用,本书系统介绍了 SiC 功率器件的研究现状与发展趋势,分析了器件的电-热性能表征方法,阐述了器件的并联、串联、级联等扩容技术,介绍了器件的封装结构与封装工艺,给出了器件的多物理场模型和仿真方法,提出了器件的封装设计方法,总结了器件的封装失效机理,揭示了器件的并联电流分配规律,提出了器件的精确稳定测试方法,针对固态变压器、新能源汽车等新兴应用,构建了 SiC 功率器件的系统集成方法。

本书是一本理论基础和工程实践相结合的专著,可作为高校电力电子技术及相关专业本科生、研究生和教师的参考书,也可供从事宽禁带器件研究的工程技术人员参考使用。

图书在版编目(CIP)数据

SiC 功率器件的封装测试与系统集成 / 曾正著. — 北京:科学出版社, 2020.9 (2022.11 重印)

ISBN 978-7-03-065700-8

Ⅰ. ①S··· Ⅱ. ①曾··· Ⅲ. ①功率半导体器件 Ⅳ.①TN303

中国版本图书馆 CIP 数据核字 (2020) 第 125251 号

责任编辑:莫永国 陈 杰 / 责任校对:彭 映
责任印制:罗 科 / 封面设计:墨创文化

科学出版社 出版

北京东黄城根北街16 号
邮政编码:100717
http://www.sciencep.com

成都锦瑞印刷有限责任公司 印刷

科学出版社发行 各地新华书店经销

*

2020 年 9 月第 一 版 开本:787×1092 1/16
2022 年 11 月第二次印刷 印张:18 1/2
字数:445 000

定价:169.00 元
(如有印装质量问题,我社负责调换)

前　言

经过四十多年的开发，基于 Si 半导体材料的功率器件，各项性能已经接近物理极限。SiC 半导体材料具有更高的能隙、击穿场强、热导率等优异性能，为高压、高效、高温、高频的功率器件带来了崭新机遇，为高效、高功率密度、高可靠的功率变换器提供了技术可能。然而，SiC 功率器件突破了 Si 功率器件的技术体系，在性能表征、封装集成、暂态测试和系统应用等方面，缺乏基础理论和关键技术支撑，面临新的严峻挑战。

在国家重点研发计划、国家自然科学基金、国家重点实验室和双一流学科等经费的支持下，我们研究团队从器件、封装、测试和应用的层面，系统研究了 SiC 功率器件的封装集成与系统应用，在 SiC 功率器件的电-热表征、封装优化设计、多物理场建模、多芯片并联均流、精确稳定测试和系统集成等方面，取得了较为丰硕的研究成果，积累了较为丰富的研究经验。本书是我们研究团队过去六年研究工作的总结与凝练，系统介绍 SiC 功率器件的建模、仿真和实验结果，期待能为从事宽禁带器件研发的科研人员和工程师提供参考。

全书内容共 12 章。第 1 章介绍功率器件的应用背景和技术需求，阐述功率器件的完整产业链，介绍功率器件的发展趋势，简述 SiC 器件的电热性能和封装需求。第 2 章介绍 SiC 功率器件的基本结构和动静态特性，探讨功率器件参数分散性对并联均流的影响，介绍功率器件的寄生参数及其辨识方法。第 3 章介绍 SiC 器件的电学特性，主要包括：驱动特性、串扰特性和短路特性。第 4 章介绍 SiC 功率器件的热学特性，主要包括：热阻定义、热网络模型和热阻测量。第 5 章介绍高压大容量 SiC 器件的实现方法，包括：SiC 和 SiC 器件的并联、SiC 和 Si 器件的并联、SiC 和 SiC 器件的串联、Si 和 SiC 器件的级联。第 6 章介绍功率器件封装的基本结构和典型工艺，从额定容量、结-壳热阻、寄生电感、寿命等方面，对比 Si 与 SiC 功率模块的技术现状，还介绍低感、低热阻、高可靠封装的改进技术。第 7 章介绍功率模块的多物理场建模和仿真方法，建立功率模块的电磁场模型、电-热-力耦合模型、疲劳寿命模型，介绍 ANSYS Q3D 和 COMSOL 软件在功率模块多物理场仿真分析中的应用。第 8 章介绍功率模块封装的优化设计方法和典型失效分析，建立功率模块电-热-力性能的表征模型，提出电-热-力协同的多目标设计方法，从瞬间失效和长期失效的角度，给出封装的典型失效现象。第 9 章介绍多芯片并联功率模块的电热应力均衡，建立功率模块的寄生参数电网络模型，提出多芯片并联均流的通用数学模型、小信号模型和框图模型，揭示多芯片并联电流的分布规律，提出多芯片并联均流的优化布局方法。第 10 章介绍 SiC 功率器件的精确稳定测量，统计示波器和探头的技术现状，建立测量通道带宽、上升时间、延迟时间的数学模型，量化示波器和探头引起的开关损耗测量误差，计及测量仪器的阻抗模型，揭示探头对器件暂态稳定的影响规律。第 11 章阐述 SiC 分立器件的应用，以直流固态变压器为例，介绍双向有源桥电路的技术需求、工作原理、电-热模型，以及分立器件的寿命模型，基于配电网的年负荷曲线，评估直流固态变压器的寿命。第 12 章探讨 SiC 功率模块的应用，以车用电机控制器为例，介绍车用逆变器的技术现状、发展趋势和热管理方法，围绕功率模块、母线电容和散热器，给出风冷 SiC 逆变器的设计方法。

本书是基于我们团队的研究成果整理而成，感谢美国阿肯色大学陈昊博士、李晓玲博士，以及重庆大学邵伟华博士、胡博容博士、马青硕士的辛勤工作！

本书的研究工作得到了国家重点研发计划项目"宽禁带半导体电机控制器开发和产业化"（批准号 2017YFB0102303）、国家自然科学基金项目"车用多芯片并联 SiC 模块电热应力分布规律和调控方法研究"（批准号 51607016）、国家重点实验室培育基金项目"基于鲁棒驱动的 SiC 逆变器暂态能量均衡与短路能量限制研究"（批准号 2007DA10512716301）、中央高校基本科研业务费项目"高功率密度 SiC 逆变器的 3D 封装与热管理研究"（批准号 2020CDJQY-A024）的资助，在此表示衷心的感谢。

在编写过程中，参考了大量国内外的相关书籍和论文，主要文献资料已列于章节后，但难免会有遗漏，在此一并表示衷心感谢。

由于作者水平有限，书中难免存在疏漏之处，恳请读者批评指正。

曾正

2020 年 3 月于嘉陵江畔

目　　录

第1章 绪 论

功率器件是电能变换的核心器件，是国际前沿研究领域与新兴战略方向。功率器件的完整产业链包括晶圆、芯片、封装和应用等多个环节，涉及材料、微电子、热物理、电气等多个学科。随着多学科交叉融合，功率器件的技术工艺日趋成熟，功率器件的电学性能和可靠性不断提升，成本不断降低，在各种严苛的应用领域，发挥着不可替代的作用。经过 40 多年的发展，Si 基功率器件的性能已经接近物理极限。SiC 和 GaN 等宽禁带器件突破 Si 器件的性能极限，为下一代电气装备的研发带来了崭新的机遇。然而，宽禁带器件的高压、高温、高频特性，也给器件的封装、测试和应用提出了新的挑战。

1.1 功率器件的应用需求

得益于功率器件的快速发展，电能变换更加高效、更加灵活，不断提高人们的生活品质。随着半导体制造技术的日益成熟，半导体器件的成本不断降低，功率器件已融入日常生活的方方面面，在智能电网、新能源发电、电气化交通、机器人、白色家电等领域发挥着不可替代的作用，如图 1.1 所示[1]。

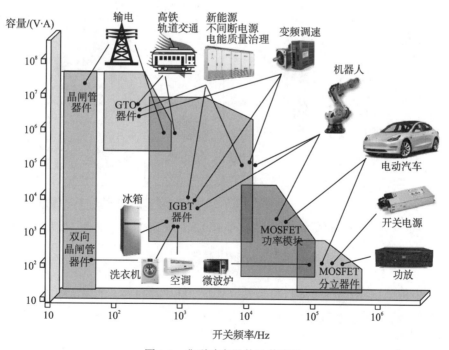

图 1.1 典型功率器件及其应用

我国是半导体器件的使用大国,而非技术强国。如图 1.2 (a) 所示,我国拥有全球最大的半导体应用市场,约占全球市场份额的 60%[2],然而自给率不足 40%[3]。此外,如图 1.2 (b) 所示,在整个半导体领域,功率半导体所占的比例约为 10%[4]。我国功率半导体市场约为全球市场的 40%,然而自给率却不到 15%。

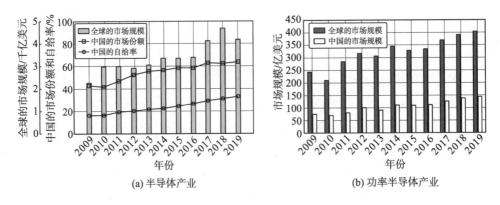

(a) 半导体产业   (b) 功率半导体产业

图 1.2   半导体产业的现状

1.2   功率器件的产业链

功率器件的产业链较长,完整产业链包括晶圆、芯片、封装、应用等关键环节,如图 1.3 所示[5-11]。

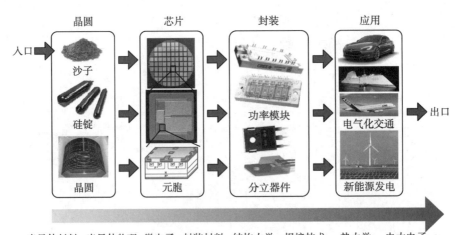

图 1.3   功率器件的产业链

在晶圆环节,专用的半导体材料经过熔炼、提纯、拉晶等工艺后,形成最初的半导体产品:硅锭。硅锭经过切割变成一定厚度的晶圆。晶圆的材料缺陷、一致性、平整度、成本等性能,与芯片的良率、制造成本等有关。因此,新材料、高质量、低成本的晶圆是整个功率器件产业链的基础，并不断推动芯片、封装和应用环节的发展。

在芯片环节，根据特定的器件元胞结构和版图设计，经过减薄、化学气相沉积、离子注入、退火、刻蚀等工艺后，在晶圆上形成芯片的雏形。经过测试、切割、分离环节，丢弃有瑕疵的芯片，得到独立的、可用的功率芯片。功率芯片通常为垂直型器件。功率芯片越厚，耐压越高；功率芯片面积越大，通流能力越强。为了满足高电压的技术需求，芯片元胞的衬底层、场限环等需要优化设计。为了满足大电流的技术需求，根据芯片电流等级的不同，功率芯片由成千上万个元胞并联而成。

在封装环节，根据特定的应用需求，功率芯片经过焊接、超声键合、灌封等封装工艺，形成分立器件或功率模块。功率芯片非常小，对环境要求非常高，无法直接使用。封装为功率芯片引出电极，营造密封环境，传导功率损耗，提供机械支撑。封装是联系芯片和应用的桥梁和纽带，为了充分发挥芯片的优异性能，适应严苛的应用环境，急需先进的封装概念和封装工艺[10]。

在应用环节，根据电压或电流变换的不同需求，采用不同的电路拓扑，使用特定的功率器件，完成对电能的灵活变换[11, 12]。目前，功率器件使用量较大的领域，主要集中在新能源发电、电气化交通、白色家电、电网等领域。轻量化、高紧凑、长寿命、低成本是各种应用领域的共性需求。因此，高效、高功率密度、高可靠、低成本的电能变换装置，成为应用环节的共同目标，并不断牵引晶圆、芯片和封装环节的发展和革新。

在功率器件的整个产业链，汇聚了半导体材料、半导体物理、微电子、封装材料、结构力学、焊接技术、传力学、电力电子等多个学科的智慧。通常，晶圆隶属于半导体物理和材料学科，芯片隶属于半导体物理和微电子学科，封装和应用隶属于电气工程学科。然而，随着学科之间的不断交叉融合，各个学科之间的边界逐渐模糊。以应用需求为依托，借助于多学科交叉，整合整个功率器件产业链成为新兴的发展趋势。

1.3　功率器件的发展历史

结合功率器件的产业链，功率器件的历史可以总结为：一代材料、一代器件、一代封装、一代应用。功率器件的发展简史如图 1.4 所示[13]。

从材料的角度来看，功率半导体材料出现了明显的三个代次：第一代半导体器件为 Si、Ge 器件；第二代半导体器件为 GaAs、InSb 器件；第三代半导体器件为 SiC 和 GaN 器件。经过 40 多年的发展，第一代的 Si 基器件得到了广泛发展，其性能已经接近物理极限。第二代半导体材料尚未得到广泛应用。对于第三代半导体器件，SiC 晶圆的缺陷是制约成品率的一个关键问题。此外，栅氧的 $SiC\text{-}SiO_2$ 作用及其所形成的界面电荷，是制约栅氧可靠性的一个关键问题。近来，这两个关键问题均得到了有效解决，推动了 SiC 器件的商业化应用[8, 9]。对于 GaN 器件，GaN 材料很难以晶体形式独立存在，商业化的 GaN 器件往往以 Si 或 SiC 为衬底，器件结构主要为平面型，额定电压和电流都还比较小。垂直型 GaN 器件目前还处于研发阶段[14]。在不久的将来，随着半导体材料的进步，功率器件还会迈向 Ga_2O_3、金刚石等超宽禁带时代。

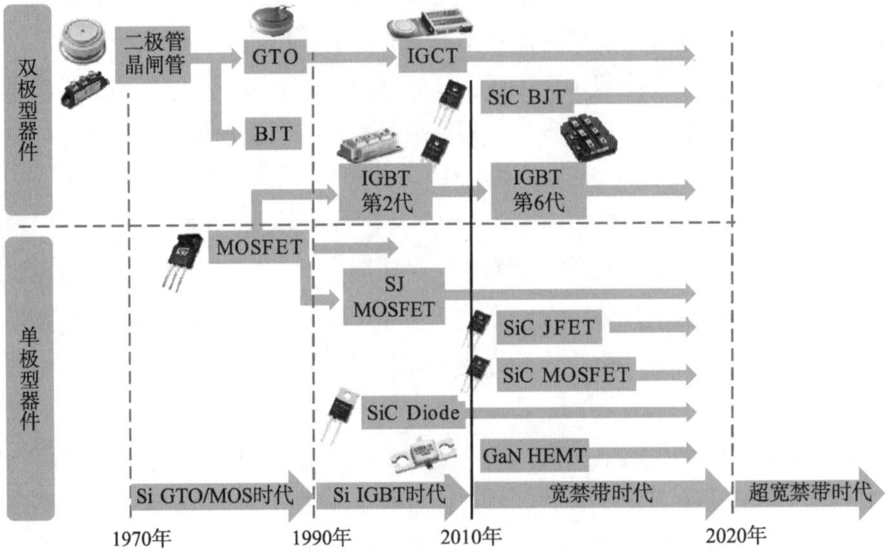

图 1.4　功率器件的发展

从器件的角度来看，几乎每 20 年就会涌现出一种全新的器件，突破器件性能的极限，先后经历了 GTO 时代、MOSFET 时代、IGBT 时代。得益于材料的发展，功率器件的开关损耗、击穿电压、开关速度、工作结温等性能持续提升。功率器件不断接近理想开关，推动应用领域的快速发展。

1.3.1　晶圆的发展

晶圆是功率器件的基础。晶圆一直朝着新材料、大尺寸、低缺陷、低成本的目标发展。目前，常用的 Si 晶圆为 12in①，SiC 晶圆为 6in，GaN 晶圆为 4in。对于超宽禁带的金刚石和 Ga_2O_3 材料，晶圆水平还较低，且成本较高。以 8in 的 Si 晶圆为参照，几种典型晶圆材料的成本如图 1.5 所示[15]。

从尺寸和成本的角度，图 1.6 给出了不同晶圆材料的发展历史。晶圆的尺寸随着时间呈指数增长，如图 1.6(a) 所示。20 世纪 50 年代，出现了第一代 Si 晶圆，最初的晶圆尺寸只有 0.75in。2019 年，Si 晶圆的最大尺寸已经达到 18in[16]。同时，随着半导体材料的日益成熟，晶圆的价格也在不断降低。以 Si 材料为例，晶圆成本的发展历史如图 1.6(b) 所示[17]。大尺寸、低成本的晶圆，可以降低芯片的成本，推动半导体行业的快速发展。

① 1in(英寸)=2.54cm(厘米)。

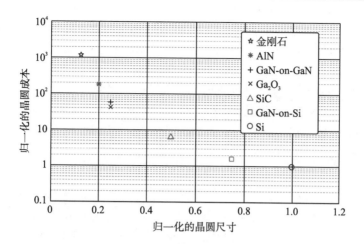

图 1.5 不同晶圆材料的成本对比

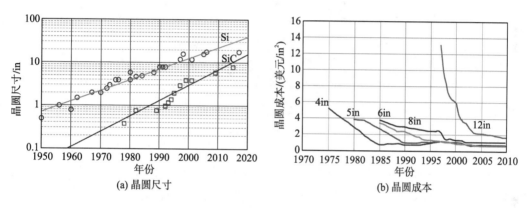

(a) 晶圆尺寸   (b) 晶圆成本

图 1.6 晶圆的发展

晶圆材料的缺陷会直接影响芯片的良率。晶圆材料的缺陷包括点缺陷(小坑)、线缺陷(位错和微管)和面缺陷三大类。以微管缺陷为例,SiC 晶圆的缺陷密度逐渐减小,已达到商业化的预期,如图 1.7 所示[16, 18]。

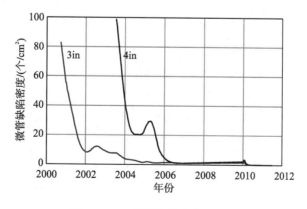

图 1.7 SiC 晶圆缺陷密度的发展

1.3.2　芯片的发展

围绕新材料、高结温、低成本等关键性能指标，功率芯片也取得了快速发展。

得益于先进半导体材料的推动，在控制导通电阻的同时，功率器件的耐压性能不断提高，如图 1.8 所示。比导通电阻 R_{on} 与器件的击穿电压 V_B、相对介电常数 ε_S、载流子迁移率 μ_n 和临界击穿场强 E_c 有关[8, 19-21]。

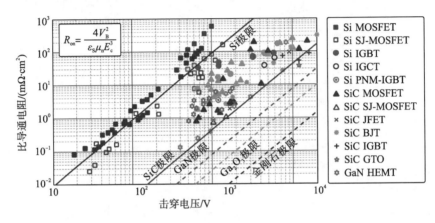

图 1.8　功率芯片导通电阻的发展

功率芯片的最高工作结温，决定于材料的物理属性，如图 1.9 所示。Si 材料的禁带宽度较低，熔点较低。因此，器件的最高工作结温也较低。此外，对于高压器件，器件的最高工作结温会进一步降低。目前，Si 基功率器件的最高工作结温为 175℃。SiC 材料的熔点是 Si 材料的 4～5 倍，SiC 器件的最高工作结温有望达到 600℃。目前，SiC 功率芯片的最高结温已经达到 300℃[22]。

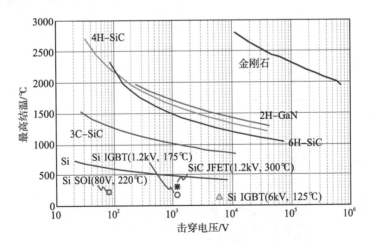

图 1.9　功率芯片最高结温的发展

在芯片成本方面，随着技术的成熟，以及更大的晶圆尺寸和市场规模，可以快速降低功率芯片的成本[23]。如图 1.10 (a) 所示，随着所用晶圆尺寸的增加，同类 SiC 器件的成本呈指数衰减。此外，如图 1.10 (b) 所示，随着市场规模的增加，对于 1200V 电压等级的 SiC 器件，2017 年的单价已经降低到 0.18 美元/A。

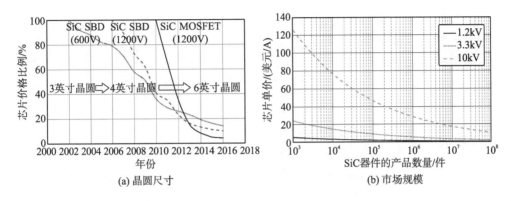

(a) 晶圆尺寸　　　　　　(b) 市场规模

图 1.10　SiC 芯片的成本发展

在芯片结构方面，以 Fuji Electric 公司的 Si IGBT 芯片为例，经过四十多年的发展，芯片的结构已经演化到了第 7 代，如图 1.11 所示[24]。芯片结构的设计，通常关注耐压、通流、损耗、可靠性、成本等性能指标。芯片结构的优化设计，能够明显提升器件的性能。但是，多种性能之间仍然面临矛盾，需要折中考虑。譬如：导通损耗和开关损耗之间即存在矛盾。

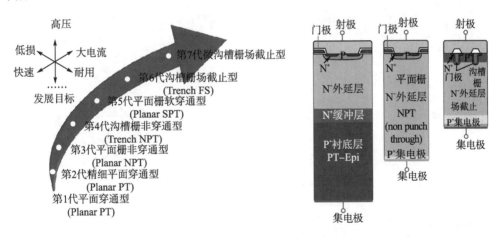

图 1.11　Si IGBT 芯片结构的发展

随着芯片成本的降低，芯片逐渐朝着定制化发展。在高压直流输电应用领域，器件的开关频率低，对器件的导通损耗要求更高。然而，在电动汽车应用领域，器件开关频率高，对开关损耗的要求更高。因此，针对这些特殊的应用领域，出现了定制化设计的专用芯片。

以 Fuji Electric 公司的 Si IGBT 芯片为例，随着芯片结构的优化，相同额定电流的功率芯片，尺寸越来越小，如图 1.12 所示[25]。功率芯片的面积减小，可以减小芯片的结电容，提高器件的开关速度，降低开关损耗。此外，功率芯片的厚度也越来越小，有利于减小器件的导通压降，降低导通损耗[25]。此外，减小芯片尺寸，可以提升晶圆材料的利用率，降低芯片的成本。

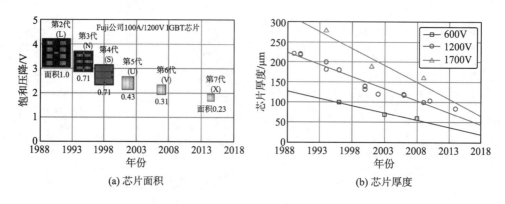

图 1.12　Si IGBT 芯片的尺寸发展

在芯片尺寸方面，功率芯片的单片面积越来越大，芯片的通流能力越来越强。商业化 Si IGBT 和 SiC MOSFET 芯片的最大额定电流已经达到 200A，如图 1.13(a) 所示。然而，芯片面积越大，良率越低，如图 1.13(b) 所示[26]。较大的面积会降低芯片的良率，限制芯片额定电流的增加。此外，晶圆单位面积的缺陷 D_0 越大，芯片的良率也越低。

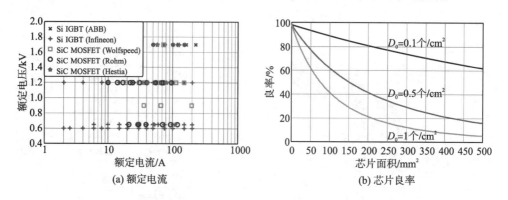

图 1.13　功率芯片额定电流与良率的发展

1.3.3　封装的发展

仍以 Si IGBT 为例，功率器件的封装需要满足芯片的性能需求，朝着高压大容量、高可靠、高集成度、高效率、低寄生电感、低成本等方向发展。

从封装结构来看，以 Infineon 公司 Si IGBT 器件封装的发展为例，每 1~3 年即会出现一种新的封装结构，如图 1.14 所示[27]。功率模块的额定容量和冷却方式得到了持续发展，以 EconoPack 封装的单面散热模块、HybridPack 封装的集成水冷散热模块、HybridPack

DSC 封装的双面散热模块为典型代表。

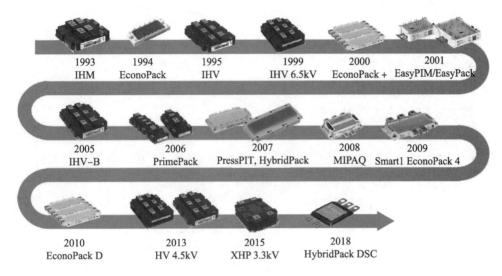

| 1993 | 1994 | 1995 | 1999 | 2000 | 2001 |
| IHM | EconoPack | IHV | IHV 6.5kV | EconoPack + | EasyPIM/EasyPack |

| 2005 | 2006 | 2007 | 2008 | 2009 |
| IHV–B | PrimePack | PressPIT, HybridPack | MIPAQ Smart1 | EconoPack 4 |

| 2010 | 2013 | 2015 | 2018 |
| EconoPack D | HV 4.5kV | XHP 3.3kV | HybridPack DSC |

图 1.14　封装结构的发展

从封装尺寸来看，封装朝着两个极端发展，如图 1.15 所示。对于小功率、高频应用领域，封装尺寸越来越小，以降低封装寄生电感。对于大功率、高压应用领域，封装尺寸越来越大，采用多芯片并联结构，降低封装热阻。

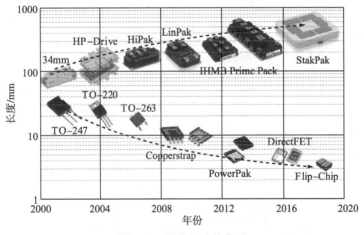

图 1.15　封装尺寸的发展

功率模块的封装仍然存在多种性能折中的矛盾，无法提供一种各项性能都完美无缺的封装。因此，根据用户的个性化需求，灵活定制封装将是未来的发展趋势。对于电动汽车应用，功率器件的耐压不高，但是开关速度快，封装更加关注低感、低热阻、低成本等性能。然而，对于电网应用，功率器件的耐压较高，但是开关频率不高，封装更加关注高压、大电流、低热阻等性能。

1.3.4 应用的发展

在各种应用领域，都要求变流器具有更快的开关频率、更高的功率密度、更低的损耗、更高的可靠性和更低的成本。

在高开关频率方面，在 5G 通信、脉冲功率等应用领域，包络跟踪技术、纳秒脉冲技术等，要求功率器件的开关时间为几纳秒。

在通信领域，需要采用线性功放或开关功放，放大射频信号。在 1G 或 2G 通信时代，仅对射频信号的相位进行调制，线性功放即可获得较高的效率。为了提高信号的传输速度，从 3G 通信开始，进一步对射频信号的幅值进行调制，线性功放的峰值效率<70%[28, 29]。为了提高变换器的效率，需要采用开关功放和包络跟踪(envelope tracking，ET)技术[30]，如图 1.16 所示。在 5G 通信中，包络信号的频率>20MHz，功率器件的开关频率>25MHz，变流器的峰值功率>500W，采用 GaN 等宽禁带器件，变换器峰值效率>95%[30]。

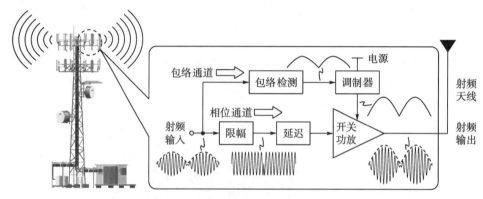

图 1.16　功率器件在 5G 通信中的应用

在脉冲功率领域，通常采用功率器件来压缩储能元件中的能量，获得短时的、高能的电脉冲，在加速器、医疗、雷达等领域具有重要应用，如图 1.17 所示[31-33]。脉冲功率的范围比较广，电压为 V～kV，电流为 A～kA，上升时间为 ns～ms，重复频率为 Hz～MHz。为了获得高重复频率的陡脉冲，要求功率器件的开关时间<20ns、封装寄生电感<1nH。

(a) 典型脉冲功率电路

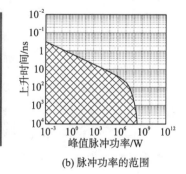

(b) 脉冲功率的范围

图 1.17　功率器件在脉冲功率中的应用

在高功率密度方面，在交通运输、新能源发电、消费电子等应用领域，对于小型化、轻量化的要求较高，需要提高器件的工作结温和开关频率，降低散热器和无源元件的体积重量。

在光伏发电领域，现有 Si 基光伏逆变器的功率密度如图 1.18(a) 所示。对于 100kW 光伏发电系统，逆变器相关的设备购置、运输和安装等费用，占整个系统成本的 10%～15%。其中，逆变器安装成本最大可占到整个光伏系统费用的 5%。SiC 器件可以降低光伏逆变器设备成本的 15%。此外，由于可以降低整体重量，提升功率密度，SiC 逆变器可以降低 40% 的安装成本。总体来看，SiC 器件可以降低整个光伏系统费用的 4.7% 左右[34]。2017 年，GE 公司推出了 LV5+ SiC 光伏逆变器，如图 1.18(b) 所示[35]。

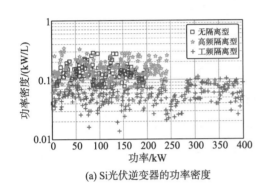

(a) Si光伏逆变器的功率密度

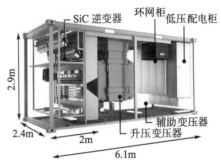

功率：2.5MW，峰值效率：99.2%
整机重量：<12000kg　逆变器重量：<2000kg

(b) GE公司LV5+ SiC光伏逆变器

图 1.18　功率器件在光伏发电中的应用

在消费电子领域，小巧、轻便的电子产品具有广阔的市场空间。以充电器为例，Finsix、Zolt、Anker 等，采用 GaN 等宽禁带器件，提高变换器的开关频率，降低磁芯元件和电容的体积，有效提升充电器的功率密度，如图 1.19 所示[36]。

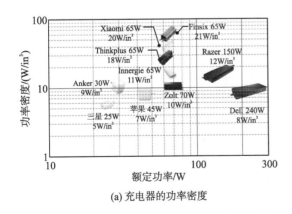

(a) 充电器的功率密度

(b) Anker公司GaN充电器

图 1.19　功率器件在消费电子中的应用

在高可靠性方面，在交通运输、航空航天、深井探测等应用领域，变流器的环境工况恶劣、设计寿命较长，对变流器和器件的可靠性要求较高。

在电动汽车领域，功率器件主要用于电机控制器、电池升压变换器、车载充电机等[37]，如图 1.20 所示。电动汽车的运行工况非平稳，实时的功率波动较大，功率器件面临长时间的功率循环，容易因疲劳老化而失效。此外，功率器件还要经受环境温度-40～125℃的严苛考验。然而，车用电机控制器的设计寿命为 30 万 km 或 15 年，对功率器件的可靠性要求非常高。

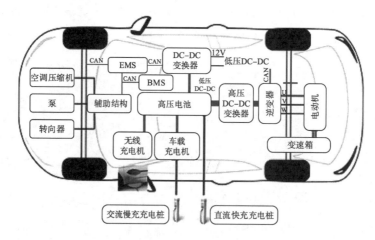

图 1.20　功率器件在电动汽车中的应用

在航空领域，以 Airbus 公司的 E-Fan X 混合电推进系统为例，功率器件用在发动机、发电机、储能等环节[38, 39]，如图 1.21 所示。平流层的温度梯度为-6℃/km，在海拔 1 万 m 处，飞机的外部温度低于-50℃，发动机的内部温度超过 1000℃，接近发动机位置的温度高达 200℃，功率器件的工作温度通常要求在-55～200℃。此外，多电飞机的设计寿命为 20～30 年，不经停飞行距离可能超过 2 万 km，对功率器件的可靠性要求非常高。

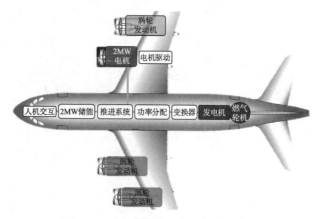

图 1.21　功率器件在多电飞机中的应用

在航天领域，以月球探测器为例，月球表面温度的范围为-180～170℃，且存在非常强的宇宙辐射，要求功率器件的工作温度范围宽、温度循环深度大、抗辐射能力强。以NASA 下一代月球车为例，如图 1.22 所示，该月球车由 6 个模块化、可重构的双轮驱动模块组成，每个模块都包含两个无刷直流电机、一个变速箱和两个车轮，电机控制器的直流母线电压为 300V，整车额定功率为 36 马力。该月球车的设计寿命 10 年，最长单次行驶距离 25km（4 小时），最高速度 20km/h，对可靠性要求非常高[40]。

图 1.22　功率器件在月球车中的应用

在深井探测领域，功率器件用于井下电源，如图 1.23 所示。地温梯度为 30℃/km，当探井的深度为 1 万 m 时，环境温度将上升 300℃。为了掌握井下的地质构造，井下仪器会测量电阻率、放射性、磁共振等特性。这些高温电子设备及其电源更换困难，对可靠性要求高。海上钻井平台每天的检修费用约 100 万美元[41]。

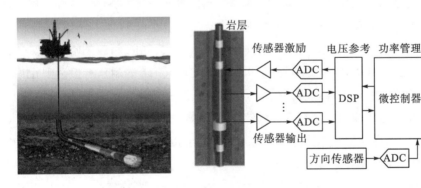

图 1.23　功率器件在深井探测中的应用

因此，这些应用领域对功率器件的可靠性要求高，以应对极端高/低温、深度温度循环、长时间功率循环、强宇宙辐射等复杂环境和工况。

1.4　SiC 功率器件及其封装

1.4.1　SiC 功率器件的性能概况

从材料的性能来看，功率器件主要关心禁带（能隙）、击穿场强、热导率、熔点、电子迁移率等关键指标，如图 1.24 所示[33, 42]。

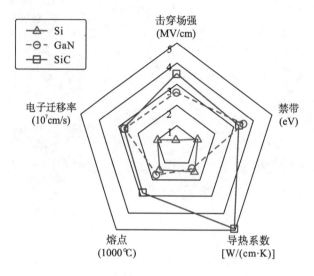

图 1.24　部分半导体材料的性能对比

材料的禁带越宽，在高温环境下，电子受热成为自由电子的可能性越低，器件的漏电流越小，因此器件的最高结温越大。譬如：SiC 材料的禁带宽度是 Si 材料的 3 倍，目前 Si 基器件的最高结温为 175℃，SiC 器件的最高结温有望超过 600℃。

材料的临界击穿场强越大，器件的耐受电压越高。譬如：SiC 材料的临界击穿场强是 Si 材料的 10 倍，目前 Si IGBT 的最高耐压约 6.5kV，SiC IGBT 的耐压有望达到 65kV。

此外，得益于材料的高击穿场强，在相同额定电压的情况下，可以简化器件结构，提升器件性能。譬如：由于额定电压越高，器件越厚，导通电阻越大。为了控制器件的导通电阻，Si MOSFET 器件的最高电压通常为 600V。采用超级结结构后，Si SJ-MOSFET 能达到 900V。但是，采用 IGBT 结构后，由于电导调制效应，可以降低器件的通态压降。对于 1200V 的器件，常用 Si IGBT 结构。若采用 SiC 材料，也能研制出 1200V 电压等级的 MOSFET 器件，由于 SiC MOSFET 为单极型器件，可以避免 Si IGBT 的拖尾电流，减小关断损耗。此外，由于材料的击穿场强较高，可以降低器件的厚度，减小通态损耗，以及结电容，提高开关速度，降低开关损耗。再例如：Si SBD 器件的耐压为 200V 左右，要获得更高耐压的二极管，需要采用 Si PiN 结构。但是，对于 PiN 的双极型结构，器件的反向恢复电流大，器件的导通压降大。对于 1200V 的二极管，通常采用 PiN 结构。若采用 SiC 材料，可以研制出 1200V 电压等级的 SiC SBD 器件，利用单极型的 SBD 结构，降低器件的导通损耗和开关损耗。

材料的热导率和熔点越高，器件的导热能力和耐热能力越强，也适合于制作高结温器件。

材料的电子迁移率越高，器件的饱和电流越大，越有利于提高器件的开关速度。

1.4.2　SiC 器件封装的发展趋势

为了充分发挥 SiC 功率器件的高压、高温、高频等优异性能，急需探索全新的封装结构、封装体系和封装工艺，如图 1.25 所示。

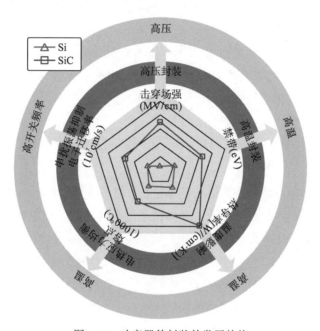

图 1.25　功率器件封装的发展趋势

在高压封装方面，现有 Si 器件的封装工艺主要集中在<6.5kV 电压等级，为了适应10kV 的 SiC MOSFET 器件，以及>20kV 的 SiC IGBT 器件，急需突破>6.5kV 的高压封装技术。然而，在高压封装的放电理论、击穿机理、绝缘配合、绝缘材料和绝缘结构等方面，都还有待深入研究。

在高温封装方面，现有 Si 器件的封装主要集中在<175℃温度等级，为了适应结温>200℃的 SiC 器件，急需突破高温封装技术。然而，在高温封装的热响应特性、材料体系、绝热/导热设计、电-热-力交互作用规律等方面，都还有待深入研究。

在低热阻封装方面，现有 Si 器件的封装热阻约为 20K·A/W。SiC 芯片的电流密度是 Si 的 2 倍，相同电流等级的 SiC 芯片面积仅为 Si 的一半，SiC 器件的封装热阻约为 40K·A/W。此外，由于 SiC 芯片的面积小、开关频率高，SiC 芯片的热通量是 Si 的 5～10 倍。这些因素给 SiC 器件的热管理提出了新的挑战，急需突破双面散热、3D 封装等低热阻封装技术。

在低感封装方面，Si 器件的开关时间为几微秒，功率模块的封装寄生电感为 10～20nH。然而，SiC 器件的开关时间仅为几十纳秒，要求降低功率模块的封装寄生电感，降低关断电压过冲，急需突破<1nH 的低感封装技术。

在可靠性方面，由于 SiC 芯片的面积小、杨氏模量大，封装的应力密度大，若采用 Si 器件的封装，SiC 器件的寿命将减小 30%～80%。当结温循环为 $\Delta T_j = 80℃$ 时，Si 功率模块的功率循环寿命约为 20 万次，而 SiC 功率模块的寿命仅为 7 万次左右。为了满足 15 万小时的平均无故障时间（mean time to failure，MTTF）要求，急需突破高可靠封装技术，改进封装工艺和封装材料，开发双面散热、全铜键合、集成散热等新工艺，采用 Si_3N_4 衬底、AlSiC 基板、纳米银烧结等新材料。

在成本方面，Si 功率模块的成本<5 元/克，SiC 功率模块的最高成本>70 元/克。降低 SiC 芯片的成本，是降低功率模块成本的主要途径。此外，优化封装材料，精简封装工艺，提高自动化水平，也是降低封装成本的可行方向。

1.5 本 章 小 结

本章简要介绍了功率器件产业链的基本情况。随着学科间的不断交叉融合，需要结合晶圆、芯片、封装和应用等关键环节，从全链条的角度，解决功率器件的关键技术瓶颈，实现轻量化、小体积、长寿命、低成本的电气装备，以满足各种应用领域的严苛要求。宽禁带器件可以突破传统 Si 器件的性能极限，是下一代电气装备的核心器件。宽禁带器件具有高压、高频、高温的优异性能，为高功率密度、高可靠电气装备带来了新的机遇，同时也给封装测试和系统集成提出了新的挑战。

参 考 文 献

[1] Mitsubishi Eletric. Introducing Mitsubishi Electric power device technologies and product trends[EB/OL]. http://www.mitsubishielectric.com/semiconductors/triple_a_plus/technology/01/index.html, 2020.

[2] Statista. Semiconductor market size worldwide from 1987 to 2021[EB/OL]. http://www.statista.com/statistics/266973/global-semiconductor -sales-since-1988, 2020.

[3] TheBelgian Dentist. Semiconductor industry: from a blockbuster to a Netflix model[EB/OL]. http://www.seekingalpha.com/article/4203702-semiconductor-industry-from-blockbuster-to-netflix-model, 2020.

[4] Galoso R. The United States leads growing global industrial semiconductor market, IHS says[EB/OL]. http://www.technology.informa.com/575747/the-united-states-leads-growing-global-industrial-semiconductor-market-ihs-says, 2020.

[5] Baliga B J. Fundamentals of Power Semiconductor Devices[M]. USA, New York: Springer Press, 2008.

[6] 王彩琳. 电力半导体新器件及其制造技术[M]. 北京: 机械工业出版社, 2015.

[7] 陈治明, 李守智. 宽禁带半导体电力电子器件及其应用[M]. 北京: 机械工业出版社, 2009.

[8] Baliga B J. Wide Bandgap Semiconductor Power Devices[M]. United Kingdom, Cambridge: Woodhead Publishing, 2018.

[9] Wang F, Zhang Z, Jones E A. Characterization of Wide Bandgap Power Semiconductor Devices[M]. United Kingdom, London: IET Press, 2018.

[10] 盛永和, 罗纳德·P.科利诺. 电力电子模块设计与制造[M]. 梅云辉, 宁圃奇,译.北京: 机械工业出版社, 2016.

[11] Erickson R W, Maksimovic D. Fundamentals of Power Electronics[M]. USA, New York: Kluwer Academic Publishers, 2001.

[12] Mohan N, Undeland T M, Robbins W P. Power Electronics: Converters, Applications, and Design[M]. USA, Hoboken: John Wiley & Sons Press, 2003.

[13] Madjour K. Silicon carbide market update: from discrete devices to modules[C]. IEEE International Exhibition and Conference for Power Electronics, Intelligent Motion, Renewable Energy and Energy Management, 2004: 1-9.

[14] Lidow A, Strydom J, Rooij M, et al. GaN Transistors for Efficient Power Conversion[M]. United Kingdom, London: John Wiley & Sons Press, 2014.

[15] Yole Development. SiC, Sapphire, GaN ...: what is the business evolution of the non-Silicon based semiconductor industry [EB/OL].http://www.slideshare.net/Yole_Developpement/sic-sapphire-gan-what-is-the-business-evolution-of-the-nonsilicon-based-semiconductor-industry-presentation-held-by-on-semicon-west-2017-by-pierric-gueguen-from-yole-dveloppement, 2020.

[16] Müller S G, Sanchez E K, Hansen D M, et al. Volume production of high quality SiC substrates and epitaxial layers: defect trends and device applications[J]. Journal of Crystal Growth, 2012, 352(1): 39-42.

[17] Godignon P, Soler V, Cabello, et al. New trends in high voltage MOSFET based on wide band gap materials[C]. International Semiconductor Conference (CAS), Sinaia, 2017: 3-10.

[18] Grider D. SiC power device and material technology for high power electronics[EB/OL]. http://www.nist.gov/system/files/documents/pml/high_megawatt/Grider.pdf, 2020.

[19] Kimoto T, Cooper J A. Fundamentals of Silicon Carbide Technology: Growth, Characterization, Devices and Applications[M]. USA, New York: John Wiley & Sons Press, 2018.

[20] Godignon P, Soler V, Cabello M, et al. New trends in high voltage MOSFET based on wide band gap materials[C]. IEEE International Semiconductor Conference, 2017: 1-8.

[21] Kaminski N. The ideal chip is not enough: issues retarding the success of wide band-gap devices[J]. IOP Japanese Journal of Applied Physic, 2017, 56(4S): 1-6.

[22] Buttay C, Planson D, Allard B, et al. State of the art of high temperature power electronics[J]. Materials Science and Engineering: B, 2011, 176(4): 283-288.

[23] Casady J. Power products commercial roadmap for SiC from 2012-2020[EB/OL]. http://www.osch.oss-cn-shanghai.aliyuncs.com/blogContentFile/1571469811109.pdf, 2020.

[24] Fujihira T. The state-of-the-art and future trend of power semiconductor devices[EB/OL]. http://www.confadmin.cpss.org.cn/ueditor/net/upload/2015-11-16/1373a994-2860-477d-9fe4-98e71c9c56d1.pdf, 2020.

[25] Iwamuro N, Laska T. IGBT history, state-of-the-art, and future prospects[J]. IEEE Transactions on Electron Devices, 2017, 64(3): 741-752.

[26] Stow D, Akgun I, Barnes R, et al. Cost analysis and cost-driven IP reuse methodology for SoC design based on 2.5D/3D integration[C]. IEEE/ACM International Conference on Computer-Aided Design, 2016: 1-6.

[27] Qian C, Gheitaghy A M, Fan J, et al. Thermal management on IGBT power electronic devices and modules[J]. IEEE Access,

2018, 6: 12868-12884.

[28] Ruan X, Wang Y, Jin Q, et al. A review of envelope tracking power supply for mobile communication systems[J]. CPSS Transactions on Power Electronics and Applications, 2017, 2(4): 277-291.

[29] Popovic Z. Amping up the PA for 5G: Efficient GaN power amplifiers with dynamic supplies[J]. IEEE Microwave Magazine, 2017, 18(3): 137-149.

[30] Zhang Y, Rooij M. Envelope tracking power supply for cell phone base stations using eGaN® FETs[EB/OL]. http://www.epc-co.com/epc/Portals/0/epc/documents/application-notes/AN028%20Envelope%20Tracking%20Power%20Supply%20for%20Cell%20Phone%20Base%20Stations%20GaN.pdf, 2020.

[31] McBride R D, Stygar W A, Cuneo M E, et al. A primer on pulsed power and linear transformer drivers for high energy density physics applications[J]. IEEE Transactions on Plasma Science, 2018, 46(11): 3928-3967.

[32] Biela J, Aggeler D, Bortis D, et al. Balancing circuit for a 5-kV/50-ns pulsed-power switch based on SiC-JFET super cascode[J]. IEEE Transactions on Plasma Science, 2012, 40(10): 2554-2560.

[33] Okamura K, Fukuda K, Kaito T, et al. Development of a pulsed power supply utilizing 13kV class SiC-MOSFET[C]. JACoW International Particle Accelerator Conference, 2019: 4364-4366.

[34] 曾正, 邵伟华, 胡博容, 等. SiC 器件在光伏逆变器中的应用与挑战[J]. 中国电机工程学报, 2017, 37(1): 221-232.

[35] GE Power Conversion. Solar inverter LV5⁺series[EB/OL]. http://www.gepowerconversion.com/sites/gepc/files/downloads/GEA32647%20-%20GEPC%20LV5%2B%20Series%20Solar%20Inverter%20and%20Solar%20eHouse%20Solutions%20%28Web%29.pdf, 2020.

[36] CPES. High-frequency active-clamp flyback converter with GaN devices for low-power AC-DC adapter[EB/OL]. http://www.cpes.vt.edu/library/viewnugget/653, 2020.

[37] Schweber B. Effective implementation of SiC power devices for longer-range electric vehicles[EB/OL]. http://www.digikey.com/en/articles/effective-implementation-sic-power-devices-longer-range-electric-vehicles, 2020.

[38] Sarlioglu B, Morris C T. More electric aircraft: review, challenges, and opportunities for commercial transport aircraft[J]. IEEE Transactions on Transportation Electrification, 2015, 1(1): 54-64.

[39] Serafini J, Cremaschini M, Bernardini G, et al. Conceptual all-electric retrofit of helicopters: review, technological outlook, and a sample design[J]. IEEE Transactions on Transportation Electrification, 2019, 5(3): 782-794.

[40] Harrison D A, Ambrose R, Bluethmann B, et al. Next generation rover for lunar exploration[C]. IEEE Aerospace Conference, 2008: 1-14.

[41] Watson J, Castro G. High-temperature electronics pose design and reliability challenges[J]. Analog Dialogue, 2012, 46(4): 1-7.

[42] Millan J, Godignon P, Perpina X, et al. A survey of wide bandgap power semiconductor devices[J]. IEEE Transactions on Power Electronics, 2014, 29(5): 2155-2163.

第 2 章　SiC 器件的基本特性

　　器件结构是器件性能的基础。围绕二极管和晶体管器件，本章介绍各种 SiC 器件的基本结构，以及各自的优缺点。此外，围绕伏安特性、跨导特性和温敏特性，介绍 SiC 器件的静态特性。以最常见的半桥电路为例，对比分析 SiC 器件的动态特性。然后，探索 SiC 器件的参数分散性，及其对器件并联的影响。最后，介绍 SiC 器件的寄生参数，及其测量方法。

2.1　SiC 器件的基本结构

2.1.1　二极管

　　常见的二极管结构包括 PiN、SBD 和 JBS 等[1]。

　　PiN 二极管是经典 PN 结的一种衍生，如图 2.1(a)所示。在 PN 结的基础上，引入了一层低掺杂的 N 型半导体层，也称为外延层、漂移区或 N⁻层。该低掺杂层接近本征半导体，主要用于承受器件的高压。电导调制效应可以降低外延层引入的通态损耗。当小电流注入时，外延层呈现为半导体材料，电导率低。当大电流注入时，大量少子进入外延层，提高外延层的电导率。此外，当小电流注入时，外延层呈现为欧姆电阻，随着温度的升高，电阻值增大。大电流注入时，外延层呈现为反欧姆电阻，随着温度的升高，电阻值减小。因此，在 PiN 二极管的静态特性上，出现了一个零温度系数(zero temperature coefficient，ZTC) 点[2]。在某个特定的电流处，器件的导通电压不随温度发生改变。虽然电导调制效应能降低通态损耗，但是也会增加反向恢复损耗。在器件关断过程中，需要将外延层的少子抽取出来，形成反向恢复电流和反向恢复损耗。反向恢复损耗是 PiN 二极管主要的开关损耗。作为典型的双极型器件，电导调制和反向恢复是 PiN 二极管的典型特征。

　　SBD 二极管是典型的单极型器件，如图 2.1(b)所示。在 SBD 二极管中，肖特基金属代替 P 型半导体层，与 N 型半导体层形成肖特基势垒，实现与 PN 结类似的功能。在 SBD 二极管中，只有电子作为导电媒介，不存在 PiN 二极管那样的反向恢复过程，可以降低器件的开关损耗。然而，相对于 PiN 结构，SBD 二极管的浪涌电流耐受能力较低，反向漏电流较大。此外，SBD 二极管的额定电压较低。通常，Si 基 SBD 二极管的最大耐压为 200～300V，SiC 基 SBD 二极管的最大耐压约为 3.3kV。更高电压等级的二极管仍然需要采用 PiN 结构，以降低导通损耗。

　　为了充分利用 PiN 结构和 SBD 结构的优点，弥补各自性能的不足，采用 PiN 和 SBD

并联的复合结构，出现了 JBS 二极管，如图 2.1(c) 所示。JBS 二极管同时存在 PN 结和肖特基势垒，可以看作是 PiN 和 SBD 二极管的并联，兼具两者的优点，是 SiC 二极管的主流方向。

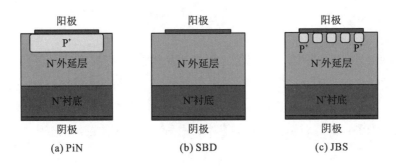

图 2.1   二极管的基本结构

2.1.2   晶体管

常见的晶体管结构包括 JFET、BJT、D-MOSFET、U-MOSFET、SJ-MOSFET 和 IGBT 等[1]。

如图 2.2(a) 所示，JFET 没有栅极氧化物，可靠性高，是最容易商业化的 SiC 器件。其中，以 Infineon 公司为代表，早期的 JFET 器件为常开型器件，需要施加电压，使沟道夹断，形成关断能力[3]。随后，UnitedSiC 公司研制了常闭型的 JFET 器件，采用低压 Si MOSFET 和 SiC JFET 复合的 Cascode 结构，利用低压 MOSFET 器件，控制 SiC JFET 的开关[4]。但是，随着 SiC MOSFET 技术的日益成熟，SiC JFET 器件的应用范围也在缩减。

如图 2.2(b) 所示，BJT 也没有栅极氧化物，其制造工艺也较为成熟。美国的 GeneSiC 公司开发了一系列 SiC BJT 产品[5]。但是，BJT 器件是电流驱动型器件，基极电路需要提供非常大的电流，控制 BJT 器件的开通和关断。驱动损耗较大是限制 BJT 器件应用的一大因素。

早期的 SiC MOSFET 通常采用平面栅技术，即 D-MOSFET 结构，栅极氧化物平行于芯片表面，其技术工艺相对简单，如图 2.2(c) 所示。但是，栅氧和沟道接触处所形成的陷阱，会吸附沟道中的电子，造成栅氧退化。因此，平面栅 SiC MOSFET 的栅氧可靠性问题是制约其应用的技术难题[6, 7]。近年来，SiC MOSFET 普遍采用更加先进的沟槽栅技术，即 U-MOSFET 结构，减小沟道与栅氧的接触面积，从而提高栅氧可靠性[8]，如图 2.2(d) 所示。但是，沟槽栅技术的制造工艺更加复杂，技术难度也更高。此外，MOSFET 器件存在一个寄生的 PiN 体二极管，为了提升 MOSFET 器件的性能，体二极管的性能往往未得到优化。体二极管的导通压降、反向恢复损耗和可靠性等性能指标，还有待进一步提升[9]。为了减小体二极管的影响，在 MOSFET 器件的封装中，往往会反并联一颗额外的二极管芯片。

目前，商业化的 JFET 和 BJT 器件，最高电压为 6.5kV。商业化的 SiC MOSFET，最高电压达到了 10kV[10]。为了进一步提高器件耐压性，需要增加外延层的厚度，这会增加器件的导通损耗。因此，需要进一步探索新的器件结构来平衡这一矛盾。

类似于 Si 器件的发展历程，随后出现了 SJ-MOSFET 结构，在控制通态电阻的同时，提高器件的耐压能力，如图 2.2(e) 所示。SJ-MOSFET 仍然存在一个 PiN 体二极管，且性能较 MOSFET 的体二极管更差，往往不能单独使用。通常，SJ-MOSFET 需要额外并联一个二极管，提供续流通道。

此外，也可以采用 SiC IGBT 结构，大幅提升器件的耐压能力，如图 2.2(f) 所示。不同于 MOSFET，由于电导调制效应，当大电流注入时，IGBT 的导通电阻将显著降低。然而，由于 PN 结的存在，器件存在一个较大的导通压降，增加器件的导通损耗。此外，IGBT 为双极型器件，在器件关断过程中，存在少数载流子的复合过程，呈现较长时间的拖尾电流，增加器件的开关损耗。

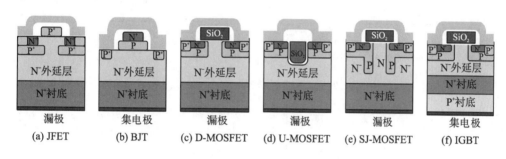

图 2.2　晶体管的基本结构

2.2　SiC 器件的静态特性

二极管的静态特性主要是伏安特性，涉及器件的导通电阻和门槛电压等，如图 2.3 所示。在 25℃ 环境温度下，针对 40A/1200V 等级的 SiC 二极管，图 2.3(a) 给出了不同器件结构对电学性能的影响。不同结构的 SiC 二极管器件，其门槛电压相差不大，但比 Si 器件更高。SiC SBD 器件具有最低的导通电阻，PiN 二极管的导通电阻最高，JBS 介于两者之间。

如图 2.3(b) 所示，对于 PiN 二极管，器件的导通特性还存在一个明显的 ZTC 点。在该导通电流状态下，器件的导通压降不随温度发生变化。

此外，可采用 MOSFET 的体二极管作为续流二极管。当 MOSFET 处于关断状态时，体二极管导通续流。为了保证 MOSFET 可靠关断，通常会给 MOSFET 管的栅-源极施加反向电压。不同的栅-源极电压，对体二极管导通特性的影响，如图 2.3(c) 所示。可见，栅极负偏压会增加二极管的门槛电压，增加二极管的导通损耗。应该尽可能降低驱动的栅极负偏压，提高变换器的效率。

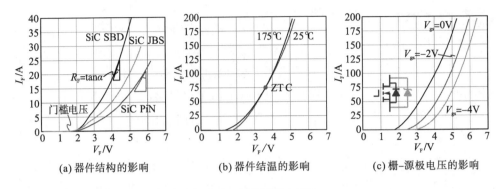

(a) 器件结构的影响　　　　(b) 器件结温的影响　　　　(c) 栅-源极电压的影响

图 2.3　二极管的静态特性

温度对二极管静态特性的影响，如图 2.4 所示。在小电流注入的情况下，随着结温 T_j 升高，器件的门槛电压 V_{F0} 降低，导通电阻 R_F 增加。

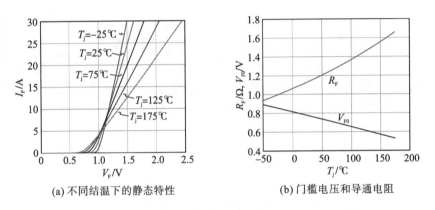

(a) 不同结温下的静态特性　　　　(b) 门槛电压和导通电阻

图 2.4　二极管静态特性的温度影响

晶体管的静态特性主要是伏安特性和跨导特性，涉及器件的导通电阻和阈值电压等。对于常用的 SiC MOSFET，其导通电阻的构成如图 2.5(a) 所示[1]。其中，R_{sc} 和 R_{dc} 分别为源极和漏极的接触电阻，R_s 为源极电阻，R_{ch} 为沟道电阻，R_{ac} 为累积层电阻，R_{jfet} 为 JFET 电阻，R_{drift} 为漂移区电阻，R_{sub} 为衬底区电阻。如图 2.5(b) 所示，从电阻的分布来看，沟道电阻占总电阻的 40%，其次是衬底区电阻和漂移区电阻。因此，为了降低导通电阻，需要优化器件的沟道和漂移区设计。

在 25℃ 环境下，针对 40A/1200V 等级的晶体管，不同厂商器件的伏安特性如图 2.6(a) 所示。器件的导通特性可以表示为

$$V_{ds} = V_{ds(sat)} + R_{dson} I_d \tag{2.1}$$

式中，V_{ds} 为漏-源极电压；R_{dson} 为导通电阻；I_d 为漏极电流。对于双极型的 IGBT 器件，$V_{ds(sat)}$ 为饱和压降，对于单极型的 MOSFET 器件，$V_{ds(sat)}$ 为 0。

晶体管的跨导特性如图 2.6(b) 所示，漏极电流可以表示为

$$I_d = g_f(v_{gs} - V_{th}) = \beta(v_{gs} - V_{th})^2 \tag{2.2}$$

式中，g_f 为跨导；β 为跨导系数；v_{gs} 为栅-源电压；V_{th} 为阈值电压。其中，跨导系数可以表示为[1]

$$\beta = \frac{\mu_n C_{ox} Z_{ch}}{2L_{ch}} \qquad (2.3)$$

式中，μ_n 为多子的迁移率；C_{ox} 为单位面积的栅氧电容，$C_{ox} = \varepsilon_{ox}/t_{ox}$，$\varepsilon_{ox}$ 为栅极 SiO_2 层的介电常数，t_{ox} 为栅氧的厚度；Z_{ch} 和 L_{ch} 为沟道的宽度和长度。

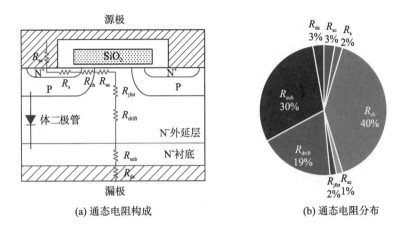

(a) 通态电阻构成　　　　　　　　　　　　(b) 通态电阻分布

图 2.5　晶体管 MOSFET 的导通电阻

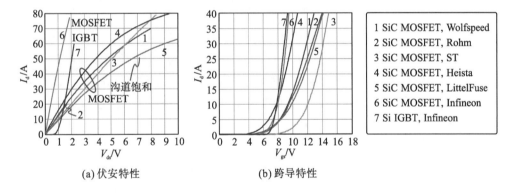

(a) 伏安特性　　　　　　　　　　　　(b) 跨导特性

图 2.6　晶体管的静态特性

　　根据图 2.6(a)，Si IGBT 的导通特性表现为饱和压降和导通电阻两部分，但是 SiC MOSFET 的导通电阻为一常数，且比 Si IGBT 更高。由于电导调制效应，Si IGBT 呈现出一定的饱和压降，该属性与二极管的门槛电压类似。但是，对于大电流注入来说，Si IGBT 的通态损耗可能会小于 SiC MOSFET。此外，根据图 2.6(b)，相对于 Si IGBT，SiC MOSFET 的阈值电压较低，且为了让器件沟道完全导通，需要更高的驱动电压。

　　温度对导通电阻和阈值电压的影响如图 2.7 所示。如图 2.7(a)所示，随着结温 T_j 增加，导通电阻呈 U 形分布，这是因为沟道电阻具有负温度系数，其余电阻主要为正温度系数。在低温区，导通电阻以沟道电阻为主。随着温度升高，沟道电阻呈指数衰减。在 0℃以上，导通电阻具有正温度系数，有利于器件的并联均流。

如图 2.7(b) 所示，阈值电压具有负温度系数，随着结温升高而降低。对于 Si IGBT，即使结温为 150℃，其阈值电压仍然超过 4V，有利于避免器件的误导通。然而，SiC MOSFET 的阈值电压普遍较低，当结温为 150℃时，其阈值电压不超过 2V，极易发生误导通。因此，SiC MOSFET 器件对于串扰等引起的误导通更加敏感。应该合理设计驱动电路，采用米勒钳位，或者栅极负偏压电路，抑制误导通现象。

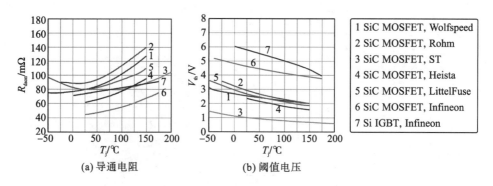

(a) 导通电阻   (b) 阈值电压

图 2.7   晶体管静态特性的温度影响

阈值电压和器件的参数有关，可以表示为[1]

$$V_{th} = \frac{1}{C_{ox}} \sqrt{\frac{2\varepsilon_{ox} k_b T_j p_0^2}{n_i}} + \frac{2k_b T_j}{q} \ln\left(\frac{p_0}{n_i}\right) \tag{2.4}$$

式中，p_0 为半导体内空穴浓度；n_i 为本征载流子浓度；k_b 为玻尔兹曼常数；q 为单位电荷量。通过优化器件结构设计和制造工艺，可以提高器件的阈值电压，譬如：Infineon 公司采用非对称的沟槽栅结构，使 SiC MOSFET 器件的阈值电压接近 Si IGBT，且完全兼容 Si IGBT 的驱动电平。

2.3 SiC 器件的动态特性

以 MOSFET 为例，晶体管的典型开关过程如图 2.8 所示[1, 11]。典型的开通过程分为 4 个阶段，开通和关断过程基本对称，且互为对偶。

阶段 1$(t_0 \sim t_1)$：驱动电压 V_G 为正的 V_C，且开始上升。栅极驱动给寄生电容 C_{gs} 充电，器件的栅-源电压 v_{gs} 上升，有

$$\begin{cases} v_{gs} = \dfrac{1}{R_G C_{gs} s + 1} V_G \\ i_g = \dfrac{C_{gs} s}{R_G C_{gs} s + 1} V_G \end{cases} \tag{2.5}$$

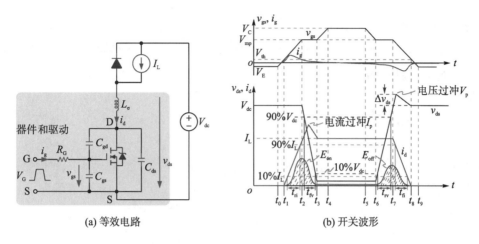

(a) 等效电路　　　　　　　　　　(b) 开关波形

图 2.8　晶体管的典型开关过程

式中，s 为拉普拉斯算子；R_G 为栅极驱动电阻。在该阶段，v_{gs} 小于器件的阈值电压 V_{th}，器件仍然处于关断状态。器件的漏-源电压 v_{ds} 为直流母线电压 V_{dc}，漏极电流 i_d 为 0。

阶段 2 ($t_1 \sim t_2$)：驱动继续给 C_{gs} 充电，v_{gs} 持续增加，当 $v_{gs} > V_{th}$ 时，晶体管的沟道开启，漏极电流 i_d 增加，有

$$i_d = \beta(v_{gs} - V_{th})^2 \tag{2.6}$$

此时，器件仍然没有完全导通，v_{ds} 仍然为直流母线电压 V_{dc}。

阶段 3 ($t_2 \sim t_3$)：器件完全导通，i_d 达到负荷电流 I_L，栅极给输入电容 $C_{iss} = C_{gs} + C_{gd}$ 充电。器件进入米勒平台，v_{gs} 维持为米勒平台电压 V_{mp}。v_{ds} 从 V_{dc} 跌落到 0。电流过冲主要来自桥臂对侧二极管的反向恢复电流，即

$$i_d = I_L - C_{ds}\frac{\mathrm{d}v_{ds}}{\mathrm{d}t} - C_F\frac{\mathrm{d}v_{ds}}{\mathrm{d}t} \tag{2.7}$$

其中，C_F 为二极管的结电容。电容 C_{ds} 的放电电流很小，可以忽略不计。

阶段 4 ($t_3 \sim t_4$)：如图 2.9 所示，在 SiC MOSFET 的结电容中，C_{gs} 远大于 C_{gd} 或 C_{ds}。米勒电容 C_{gd} 充电饱和后，栅极继续给 C_{gs} 充电，直至饱和，$v_{gs} = V_C$。v_{ds} 随着 v_{gs} 的持续充电，逐渐达到通态压降 $R_{dson}I_L$，i_d 维持为负荷电流 I_L。

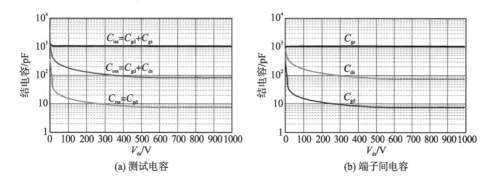

(a) 测试电容　　　　　　　　　　(b) 端子间电容

图 2.9　SiC MOSFET 器件的结电容

对于关断过程，其原理与开通过程类似。

阶段 5（$t_5 \sim t_6$）：当栅极驱动的负电压 V_E 接通后，C_{gs} 通过驱动回路放电，v_{gs} 开始下降。由于 $v_{gs} > V_{th}$，晶体管的沟道仍然导通，v_{ds} 仍然为饱和压降，i_d 仍然为负荷电流 I_L。

阶段 6（$t_6 \sim t_7$）：当 v_{gs} 达到米勒平台时，栅极同时给 C_{gs} 和 C_{gd} 放电。只要 $v_{gs} > V_{th}$，晶体管的沟道就处于导通状态，i_d 维持为 I_L。但是，随着 C_{gd} 放电，v_{ds} 开始从饱和压降上升到 V_{dc}。

阶段 7（$t_7 \sim t_8$）：当 C_{gd} 放电完之后，栅极继续对 C_{gs} 放电。虽然 $v_{gs} > V_{th}$，但是晶体管的沟道开始关断。电压过冲主要来自寄生电感 L_σ 上的感应电压，可近似表示为

$$\Delta v_{ds} = L_\sigma \frac{di_d}{dt} \tag{2.8}$$

在该阶段，i_d 开始从 I_L 跌落到 0。对于 IGBT 这样的双极型器件，电流下降过程分为两个阶段。第一阶段为沟道电流的夹断过程，第二阶段为漂移区少子的复合过程（也即是拖尾电流）。

阶段 8（$t_8 \sim t_9$）：$v_{gs} < V_{th}$，器件完全关断。栅极继续对 C_{gs} 放电直至驱动的负压 V_E。

器件电压或电流的上升时间定义为从最大值 F_{max} 的 10% 到 90% 所需的时间，即

$$t_r = t_{F=0.9F_{max}} - t_{F=0.1F_{max}} \tag{2.9}$$

根据式（2.6），电流的上升时间主要决定于 dv_{gs}/dt，可以表示为

$$\frac{di_d}{dt} = 2\beta(v_{gs} - V_{th})\frac{dv_{gs}}{dt} \tag{2.10}$$

此外，v_{gs} 和 dv_{gs}/dt 由驱动回路调节。驱动回路的充放电速度越快，dv_{gs}/dt 越大，器件开关速度越快。类似地，v_{ds} 的下降时间决定于 dv_{ds}/dt，并受驱动回路的充放电电流 i_g 控制。

器件电压或电流的下降时间定义为从最大值 F_{max} 的 90% 到 10% 所需要的时间，即

$$t_f = t_{F=0.1F_{max}} - t_{F=0.9F_{max}} \tag{2.11}$$

同样，电压和电流的下降时间，仍然和驱动电路密切相关。

第 2 阶段和第 3 阶段决定器件的开通损耗，可以表示为

$$E_{on} = \int_{t_1}^{t_2} V_{dc} i_d dt + \int_{t_2}^{t_3} v_{ds} I_L dt \tag{2.12}$$

式中，损耗的第一项和电流 i_d 的上升有关。如果 di_d/dt 较快，电流的上升时间很短，可以降低开通损耗。因此，优化驱动电路，提高器件开关速度，可以降低开通损耗。损耗的第二项和电压 v_{ds} 下降有关，该部分损耗的持续时间由米勒电容的充电时间决定。器件的米勒电容越小，驱动的充电电流越大，电压的下降时间越短，器件的损耗越小。此外，开通过程的电流过冲决定于 dv_{ds}/dt，器件开关速度越快，电流过冲越大。

第 6 阶段和第 7 阶段决定器件的关断损耗，可以表示为

$$E_{off} = \int_{t_6}^{t_7} v_{ds} I_L dt + \int_{t_7}^{t_8} V_{dc} i_d dt \tag{2.13}$$

式中，损耗的第一项决定于电压 v_{ds}。v_{ds} 的上升时间越短，该部分损耗越小。损耗的第二

部分决定于电流 i_d 的下降，i_d 的下降速度越快，di_d/dt 越大，持续时间越短，该部分损耗越小。然而，这也会引入更大的关断电压过冲。

二极管的典型开关过程如图 2.10 所示。所对比的 SiC SBD、Si MOSFET、Si SJ-MOSFET 器件如表 2.1 所示。Q_c 为总电容电荷，t_{rr} 为反向恢复时间。可见，对于开通过程，各种二极管的性能基本一致，开通损耗几乎可以忽略不计。对于关断过程，Si SJ-MOSFET 体二极管的反向恢复性能较差，需要配合额外的反并联二极管一起使用。Si PiN 二极管的反向恢复电流也较大，然而 SiC SBD 的反向恢复损耗非常小。

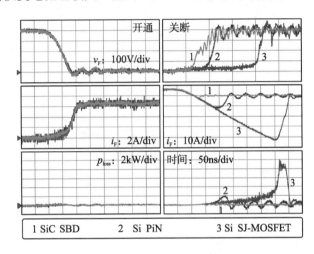

图 2.10　二极管的典型开关过程

注：div 表示一个格子，100V/div 表示一个格子代表 100V。后同。

表 2.1　不同器件的二极管性能参数

器件类型	制造商	型号	定额	Q_c	t_{rr}
SiC SBD	Rohm	SCS220KG	20A/1200V	65nC (800V, 500A/μs)	18ns
Si MOSFET	Infineon	IRFPS38N60L	38A/600V	1.24μC (400V, 100A/μs)	250ns
Si SJ-MOSFET	Infineon	IPW90R340C3	15A/900V	11μC (400V, 100A/μs)	510ns

晶体管的典型开关过程如图 2.11 所示。所对比的 SiC MOSFET 和 Si IGBT 器件如表 2.2 所示。可见，Wolfspeed 公司 SiC MOSFET 的结电容 C_{gs} 较小，器件开关速度较快。所对比的其他 SiC MOSFET 器件结电容均为 1800pF 左右。但是，器件内部的栅极电阻同样影响器件的开关速度，栅极电阻越大，器件开关越慢。相对于 Si IGBT，SiC MOSFET 器件能明显提高器件的开关速度，减小开关延迟时间，降低开关损耗。

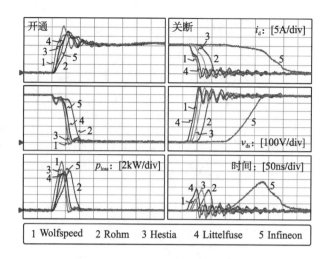

图 2.11　晶体管的典型开关过程

表 2.2　不同晶体管的性能参数

型号	制造商	晶体管	定额(@25℃)	栅极内电阻/Ω	C_{gs}/pF
C2M0080120D	Wolfspeed	SiC MOSFET	36A/1200V	4.6	950
SCH2080KE	Rohm	SiC MOSFET	40A/1200V	6.3	1850
H1M120F060	Hestia	SiC MOSFET	41A/1200V	4	1800
1MO120E0080	Littelfuse	SiC MOSFET	39A/1200V	1	1825
IHW20N120R3	Infineon	Si IGBT	40A/1200V	0	1503

注：@25℃表示该值(定额)是在 25℃条件下测定的。后同。

2.4　SiC 器件的参数分散性

相对于 Si 器件，SiC 器件的制造工艺还不够成熟，参数分散性更大，这将影响 SiC 器件的并联使用。

对于 n 个 SiC MOSFET 器件并联，考虑最坏的情况，一个器件流过最大电流 i_{dmax}，其余 $n-1$ 个器件均流过最小电流 i_{dmin}。并联器件的电流不平衡度可以表示为

$$\lambda_{I} = 2\frac{i_{dmax} - i_{dmin}}{i_{dmax} + i_{dmin}} \tag{2.14}$$

因此，n 个器件并联的电流退额率，可以表示为

$$\gamma_{I} = 1 - \frac{i_{all}}{ni_{dmax}} = 1 - \frac{i_{dmax} + (n-1)i_{dmin}}{ni_{dmax}} = \frac{n-1}{n}\frac{2\lambda_{I}}{2+\lambda_{I}} \tag{2.15}$$

考虑导通电阻的分散性，此时的电流分布可以表示为

$$\begin{cases} i_{dmax} = \dfrac{R_{dsmax} + R_{L1}}{R_{dsmax} + R_{dsmin} + R_{L1} + R_{L2}}i_{all} \\[3mm] i_{dmin} = \dfrac{R_{dsmin} + R_{L2}}{R_{dsmax} + R_{dsmin} + R_{L1} + R_{L2}}i_{all} \end{cases} \tag{2.16}$$

式中，R_{dsmax} 和 R_{dsmin} 分别为器件的最大和最小导通电阻；R_{L1} 和 R_{L2} 分别为并联器件支路的电阻。如果器件的导通电阻服从正态分布，最大值和最小值分别满足 $\mu_{R_{ds}}+3\sigma_{R_{ds}}$ 和 $\mu_{R_{ds}}-3\sigma_{R_{ds}}$。其中，$\mu_{R_{ds}}$ 和 $\sigma_{R_{ds}}$ 分别为导通电阻的均值和方差。那么，式 (2.14) 可以写为

$$\lambda_{\text{I}} = 2\frac{R_{dsmax} - R_{dsmin}}{R_{dsmax} + R_{dsmin} + 2R_{L0}} = \frac{6\sigma_{R_{ds}}}{\mu_{R_{ds}} + R_{L0}} \tag{2.17}$$

这里，不考虑支路寄生电阻的差异性，假设 $R_{L1} = R_{L2} = R_{L0}$。

假设器件数据手册所标注的导通电阻典型值为 $\mu_{R_{ds}}$，最大值和最小值为 $\mu_{R_{ds}}+3\sigma_{R_{ds}}$ 和 $\mu_{R_{ds}}-3\sigma_{R_{ds}}$。图 2.12 给出了常见 SiC MOSFET 器件的参数分散性结果。概率密度曲线越瘦高，器件的参数分散性越小。此外，由于器件结构和制造工艺的差异，不同厂商 SiC MOSFET 器件的参数分散性也不尽相同。

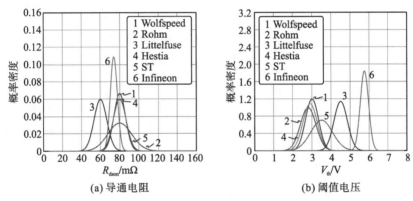

图 2.12　SiC MOSFET 器件的参数分散性

采用蒙特卡罗方法，模拟器件并联的电流退额情况，如图 2.13 (a) 所示。根据式 (2.17) 计算得到的电流退额率为数值模拟结果的边界，理论模型能够较好地刻画并联器件的电流退额现象。此外，随着器件并联数的增加，并联器件的电流退额率增大，当 10 颗器件并联时，电流退额率超过 30%。图 2.13 (b) 给出了不同厂商器件并联的电流退额率，器件导通电阻的分散性越大，并联器件的电流退额率也越大。

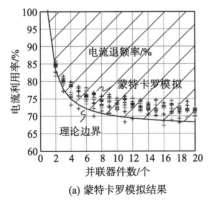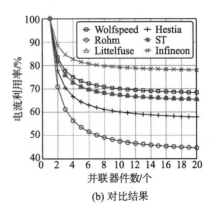

图 2.13　导通电阻引起的 SiC 器件并联电流退额

2.5　SiC 器件的寄生电参数

器件寄生参数包括寄生电阻、寄生电感、寄生电容，如图 2.14(a) 所示。R_{dson} 和 R_g 分别为器件的导通电阻和内部栅极电阻，L_d、L_g 和 L_s 分别为器件的漏极、栅极和源极寄生电感，C_{gd}、C_{ds} 和 C_{gs} 分别为器件的栅-漏、漏-源和栅-源电容。寄生电阻较小，对器件暂态行为影响较小，可以忽略不计。寄生电感影响电路的关断电压过冲，寄生电容影响器件的开关速度。考虑器件结电容的非线性特性和 dv/dt，图 2.14(b) 给出了寄生电感对于器件关断过电压的定量关系[12]。

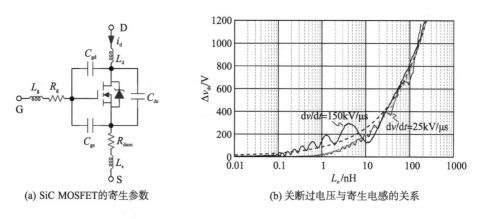

(a) SiC MOSFET的寄生参数　　　　　　(b) 关断过电压与寄生电感的关系

图 2.14　SiC MOSFET 的寄生参数及其典型影响

寄生参数对器件的动静态性能有直接影响。掌握器件的寄生参数，对于认识器件的行为特性具有重要的意义。寄生参数的估计可以分为计算法和测量法两大类。

计算法通常采用有限元或边界元，计算器件的寄生电参数。通常，采用 TCAD 软件，计算器件芯片层面的结电容和导通电阻等寄生参数。此外，采用 ANSYS Q3D 软件，计算器件封装层面的寄生电感和寄生电容等参数。然而，这些方法的精确性，依赖于器件结构、制造工艺和所用材料的详细信息。由于知识产权原因，有时这些信息是不可能获得的。

测量法不依赖于器件的精确信息，通过测量器件的激励-响应特性，逆向估计器件的寄生参数。通常，采用双脉冲测试方法，根据器件的开关波形，估计封装寄生电感和器件结电容等信息[13]。但是，该方法的精确度不高。此外，也可以采用商业化的器件特性测试仪，准确测量器件的结电容、导通电阻等寄生参数[14]。但是，该方法的成本较高。同时，也可以根据时频反射法，测量器件的寄生参数。借助于数字串行分析仪采样示波器，可较为准确地估计器件的寄生电感和结电容[15]。同样，该方法所用测试设备的成本较高。此外，也可以根据双 S 函数法，采用网络分析仪估计器件的寄生电感和寄生电容[16]。同样，高精度的网络分析仪成本较高。

2.6　本　章　小　结

　　本章介绍了 SiC 器件的基本结构和基本特性。在器件结构方面，JBS 是 SiC 二极管的主流结构，U-MOSFET 是 SiC 晶体管的主流结构。此外，随着高压器件的发展，SiC PiN 和 SiC IGBT 将是未来的发展趋势。在器件的动静态特性方面，器件结构和制造工艺对器件性能的影响较大。每一款商业化器件都在动静态特性、可靠性、耐用性和成本等多项性能之间寻求折中，不能仅以某项性能的指标来评价一款器件的优劣。此外，单极型器件不存在反向恢复过程，开关损耗小。但是，由于导通损耗大，不适用于高压、低频器件。双极型器件具有电导调制效应，控制器件的导通损耗，适合于高压器件。但是，存在反向恢复损耗、开关损耗较大，不适合于低压、高频器件。在器件的参数分散性方面，SiC 器件的制造技术不如 Si 器件成熟，参数分散性较大，多芯片并联电流退额较大，在多芯片功率模块封装过程中，应加强器件一致性的筛选，并采取一些辅助的均流措施。在器件的寄生参数方面，SiC 器件的 di/dt 和 dv/dt 非常大，为了保证器件安全运行，降低寄生参数非常重要。为了评估器件的寄生参数，各种寄生参数测量方法在成本和精度之间存在折中。

参 考 文 献

[1] Baliga B J. Fundamentals of Power Semiconductor Devices[M]. USA, New York: Springer Press, 2008.

[2] Hu J, Alatise O, Gonzalez J A O, et al. Comparative electrothermal analysis between SiC Schottky and silicon PiN diodes: paralleling and thermal considerations[C]. IEEE European Conference on Power Electronics and Applications, 2016: 1-8.

[3] Xu F, T J Han, Jiang D, et al. Development of a SiC JFET-based six-pack power module for a fully integrated inverter[J]. IEEE Transactions on Power Electronics, 2013, 28(3): 1464-1478.

[4] Alonso A R, Díaz M F, Lamar D G, et al. Switching performance comparison of the SiC JFET and SiC JFET/Si MOSFET cascode configuration[J]. IEEE Transactions on Power Electronics, 2014, 29(5): 2428-2440.

[5] Gao Y, Huang A Q, Krishnaswami S, et al. Comparison of static and switching characteristics of 1200V 4H-SiC BJT and 1200V Si-IGBT[J]. IEEE Transactions on Industry Applications, 2008, 44(3): 887-893.

[6] Yu L C, Dunne G T, Matocha K S, et al. Reliability issues of SiC MOSFETs: a technology for high-temperature environments[J]. IEEE Transactions on Device and Materials Reliability, 2010, 10(4): 418-426.

[7] Nguyen T T, Ahmed A, Thang T V, et al. Gate oxide reliability issues of SiC MOSFETs under short-circuit operation[J]. IEEE Transactions on Power Electronics, 2015, 30(5): 2445-2455.

[8] Boige F, Richardeau F. Gate leakage-current analysis and modelling of planar and trench power SiC MOSFET devices in extreme short-circuit operation[J]. Microelectronics Reliability, 2017, 76-77: 532-538.

[9] Adan A O, Tanaka D, Burgyan L, et al. The current status and trends of 1,200-V commercial silicon-carbide MOSFETs: deep physical analysis of power transistors from a designer's perspective[J]. IEEE Power Electronics Magazine, 2019, 6(2): 36-47.

[10] Mirzaee H, De A, Tripathi A, et al. Design comparison of high-power medium-voltage converters based on a 6.5-kV

Si-IGBT/Si-PiN diode, a 6.5-kV Si-IGBT/SiC-JBS diode, and a 10-kV SiC-MOSFET/SiC-JBS diode[J]. IEEE Transactions on Industry Applications, 2014, 50(4): 2728-2740.

[11] Zeng Z, Li X. Comparative study on multiple degrees of freedom of gate driver for transient behavior regulation of SiC MOSFET[J]. IEEE Transactions on Power Electronics, 2018, 33(10): 8754-8763.

[12] Meisser M, Schmenger M, Blank T. Parasitics in power electronic modules: How parasitic inductance influences switching and how it can be minimized[C]. IEEE International Exhibition and Conference for Power Electronics, Intelligent Motion, Renewable Energy and Energy Management, 2015: 1-9.

[13] Yang F, Wang Z, Liang Z, et al. Electrical performance advancement in SiC power module package design with kelvin drain connection and low parasitic inductance[J]. IEEE Journal of Emerging and Selected Topics Power Electronics, 2019, 7(1): 84-98.

[14] Keysight Technologies. B1505A power device analyzer/curve tracker users manual[EB/OL]. http://www.keysight.com/en/pd -1480796-pn-B1505A/power-device-analyzer-curve-tracer, 2020.

[15] Zhu H, Hefner A R, Lai J S. Characterization of power electronics system interconnect parasitics using time domain reflectometry[J]. IEEE Transactions on Power Electronics, 1999, 14(4): 622-628.

[16] Liu T J, Wong T T Y, Shen Z J. A new characterization technique for extracting parasitic inductances of SiC power MOSFETs in discrete and module packages based on two-port s-parameters measurement[J]. IEEE Transactions on Power Electronics, 2018, 33(11): 9819-9833.

第3章 SiC器件的电学特性

第2章介绍了SiC器件的基本结构和基本特性。围绕SiC MOSFET器件，本章主要介绍SiC器件的驱动、串扰和短路等电学特性。针对SiC器件开关行为难以控制的问题，介绍驱动的隔离方式、技术需求，分析驱动对器件开关行为的调节规律，给出高温驱动、谐振驱动、自适应驱动等特殊驱动电路。针对SiC器件dv/dt大，容易发生串扰的问题，介绍串扰的产生机理和抑制方法。最后，针对SiC器件短路能力弱的问题，阐述短路的产生机理、影响因素、短路耐量和保护方法。

3.1 SiC器件的驱动特性

3.1.1 驱动的隔离方式

在晶体管应用中，驱动是必不可少的组成部分。驱动可以实现低压和高压信号的隔离，同时隔离高压和低压电源，控制晶体管的开通和关断。电源的隔离通常采用隔离变压器。信号的隔离通常采用光耦、变压器、电容或绝缘衬底上硅(silicon on insulator，SOI)等隔离技术[1]，如图3.1所示。

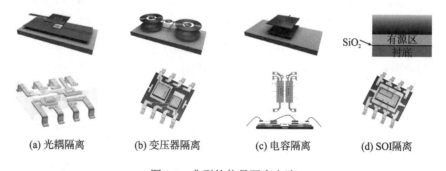

(a) 光耦隔离　　　(b) 变压器隔离　　　(c) 电容隔离　　　(d) SOI隔离

图3.1　典型的信号隔离电路

光耦隔离是一种低成本的隔离方案，Analog Devices和Broadcom(Avago)等公司的SiC驱动芯片普遍采用光耦隔离技术。但是，光耦会存在光衰问题，使用寿命和发光二极管的工作电流有关。此外，光耦的传输延迟较长，且传输延迟时间的分散性较大，会增加半桥电路的死区时间，制约SiC器件的最高工作频率。

变压器隔离是一种最为传统的隔离方案，具有稳定、可靠、便宜等优点，Power Integrations、Infineon等公司的SiC驱动芯片普遍采用变压器隔离技术。但是，变压器隔离对直流偏置较为敏感，且绕组的分布电容会限制器件的开关速度。

电容隔离是一种新的驱动隔离方案，在 TI 公司的部分 SiC 驱动芯片中使用。通过交流电场的耦合，在传递信号的同时，实现强弱电的隔离。

SOI 隔离是一种基于半导体技术的隔离方案，在 Infineon 公司的部分 SiC 驱动芯片中使用。在制造驱动芯片的同时，在芯片衬底和有源区之间插入 SiO_2 层，增强器件输入和输出端的绝缘强度。

3.1.2 驱动的性能要求

SiC 器件和 Si 器件的驱动之间存在一定的差异。以 Littelfuse 公司的 Si IGBT 器件 IXGH 20N120B 和 Wolfspeed 公司的 SiC MOSFET 器件 C2M0080120D 为例，说明 SiC 器件驱动的特殊性，器件的关键参数如表 3.1 所示。

从功率损耗的角度来看，对于 20A 的负荷电流，SiC MOSFET 器件的导通电阻 R_{dson} 为 80mΩ，对应通态压降 1.6V，Si IGBT 器件的饱和压降 $V_{ce(sat)}$ 为 2.9V。因此，SiC MOSFET 器件的导通损耗小于 Si IGBT。此外，在同样的负荷条件下，SiC MOSFET 器件的开通损耗和关断损耗分别为 265μJ 和 135μJ，Si IGBT 的开通损耗和关断损耗分别为 2.1mJ 和 3.5mJ。因此，SiC MOSFET 器件的开关损耗也低于 Si IGBT。然而，SiC MOSFET 的导通损耗和开关损耗，与驱动电压及驱动电阻有关。更高的驱动电压和更小的驱动电阻，都可以降低器件的损耗。此外，驱动的输出还控制器件的开关速度，影响器件的最大开关频率。

从开关速度的角度来看，SiC MOSFET 和 Si IGBT 的输入电容分别为 950pF 和 1700pF。SiC MOSFET 的栅-源极电容充放电速度比 Si IGBT 快。因此，SiC MOSFET 具有更快的开关速度。例如，SiC MOSFET 的典型上升和下降时间为 20ns 和 19ns，Si IGBT 的典型上升和下降时间为 15ns 和 160ns。因此，SiC MOSFET 器件具有高的 di/dt 和 dv/dt，容易造成电压和电流过冲。

表 3.1   SiC MOSFET 和 Si IGBT 器件的性能对比

	SiC MOSFET	Si IGBT
型号	C2M0080120D	IXGH 20N120B
击穿电压	1200 V	1200 V
持续导通电流 (25℃)	36 A	40 A
通态特性 (20A)	$R_{dson}=80$ mΩ	$V_{ce(sat)}=2.9$ V
开通损耗 (20A)	265 μJ	2.1 mJ
关断损耗 (20A)	135 μJ	3.5 mJ
输入电容	950 pF	1700 pF
电流上升时间	20 ns	15 ns
电流下降时间	19 ns	160 ns

典型的驱动电压波形如图 3.2 所示，v_g 为数字信号处理器 DSP（digital signal processor）输出的 PWM 信号，即驱动的输入信号，v_{gs} 为驱动的输出电压，i_g 为驱动的输出电流。为了适应 SiC MOSFET 器件的高速开关过程和高频工作能力，驱动至少需要满足以下要求[2]。

首先，要求驱动的传输延迟时间尽可能短，提高器件的开关频率。驱动输入和输出之间存在延迟，主要由驱动芯片的传输延迟时间决定。在半桥电路中，缩小传输延迟可以减小器件的死区时间。此外，还要求尽可能减小传输延迟时间的分散性，当死区时间不足时，过大的传输延迟时间差异，可能会导致桥臂上下器件直通。因此，通常的死区时间设置为[1]

$$t_{dead} = 1.2\left[(t_{doffmax} - t_{donmin}) + (t_{pddmax} - t_{pddmin})\right] \qquad (3.1)$$

式中，t_{dead} 为死区时间；1.2 为安全裕量；$t_{doffmax}$ 为最大的关断延迟时间；t_{donmin} 为最小的开通延迟时间；t_{pddmax} 和 t_{pddmin} 分别为驱动信号传递延迟时间的最大和最小值。

其次，要求驱动电压具有足够的前沿陡度，即足够的 dv_{gs}/dt。SiC MOSFET 开通的本质在于驱动电压向器件的结电容充电，当栅-源电容上的电压超过阈值电压 V_{th} 时，器件即导通。因此，还要求驱动能够输出足够大的电流。

然后，为了保证器件的沟道能够完全导通，需要驱动能够输出足够高的正压。为了保证器件关断过程不会出现误导通，还要求驱动能够输出一定的负压。但是，SiC MOSFET 的栅极比较脆弱，所能耐受的正压和负压都有一定的极限，驱动输出的电压不能超过其安全值。驱动的输出端通常会采用钳位二极管限制 v_{gs} 稳态过电压，并采用较大的电阻吸收瞬态过电压。

再次，为了保证驱动能够输出足够的电压和电流，并适应 SiC MOSFET 的高频开关过程，要求驱动电源具有足够的功率。

此外，对于电位浮动的器件，其栅极电压存在高频跳变。要求驱动具有较强的共模瞬态抑制（common mode transient immunity，CMTI）能力，尽可能降低驱动电路原副边的寄生电容，避免高频 dv/dt 产生较大的共模电流耦合到原边，干扰控制信号。

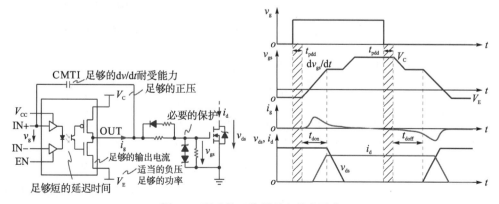

图 3.2　驱动的工作原理和基本要求

最后，为了匹配 SiC 器件的高温、高压和高频工作能力，针对特定的应用场景，SiC 器件的驱动有时还需要具有耐高压、耐高温和低功耗的能力。同时，驱动对于高可靠性和低成本的要求也非常高。

3.1.3 驱动的调节特性

考虑驱动电路以及功率回路的寄生电感，SiC MOSFET 的动态电路模型，以及典型工作波形，如图 3.3 所示。L_{LD} 为负荷电感，I_L 为稳态负荷电流，C_L 为负荷电感的寄生电容，L_F、R_F 和 C_F 分别为二极管的寄生电感、导通电阻和结电容，L_{bus} 为母线寄生电感，L_{ESL} 为直流母线电容的寄生电感，C_{dc} 和 V_{dc} 分别为直流母线电容和电压。可见，由于电路中的寄生电感，SiC 器件在开关过程中，会形成三个谐振回路，分别为驱动回路、功率回路和二极管换流回路。不合适的开关过程，会引起非常大的电压过冲，可能损坏器件的栅极，或击穿器件。但是，器件的动态行为可以通过驱动电路的多个自由度加以调节[3]。

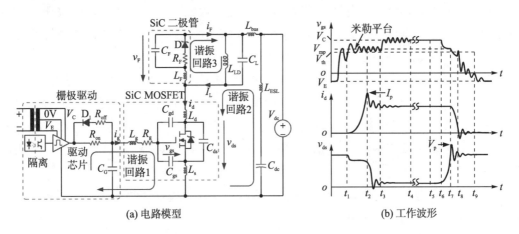

(a) 电路模型   (b) 工作波形

图 3.3 考虑驱动后 SiC 器件的开关过程

1. 栅极开通电阻的影响

当 $C_G = 0$ F、$R_{off} = \infty$、$V_C = 22$ V、$V_E = -5$ V 时，图 3.4 给出了不同 R_{on} 对器件开关行为的影响。增加 R_{on} 抑制振铃的同时，也降低了对 C_{gs} 和 C_{gd} 的充放电速度，降低了器件的开关速度，增加了器件的开关损耗。

图 3.5 进一步给出了不同驱动电阻 R_{on} 对器件开关损耗、上升/下降时间的影响规律。可见，随着电阻 R_{on} 的增加，开关损耗线性增加。v_{ds} 和 i_d 的上升和下降时间与 R_{on} 成正比。此外，E_{on} 和 E_{off} 对于 R_{on} 的斜率分别为 $\partial E_{on}/\partial R_{on} = 13.6\ \mu J/\Omega$ 和 $\partial E_{off}/\partial R_{on} = 12.8\ \mu J/\Omega$。对于漏极电流，其上升和下降时间对于 R_{on} 的斜率分别为 $\partial t_r/\partial R_{on} = 0.6$ ns/Ω 和 $\partial t_f/\partial R_{on} = 0.8$ ns/Ω。对于漏-源电压，其上升和下降时间对 R_{on} 的斜率分别为 $\partial t_r/\partial R_{on} = 1.2$ ns/Ω 和 $\partial t_f/\partial R_{on} = 0.8$ ns/Ω。此外，R_{on} 越大，其对振铃和过冲的抑制能力越强。随着 R_{on} 的增加，漏极电流和漏-源电压的

峰值指数衰减。且可表示为 $I_p = 7.5e^{-0.055R_{on}} + 12.1\,\text{A}$ 和 $V_p = 37.4e^{-0.019R_{on}} + 281.9\,\text{V}$。

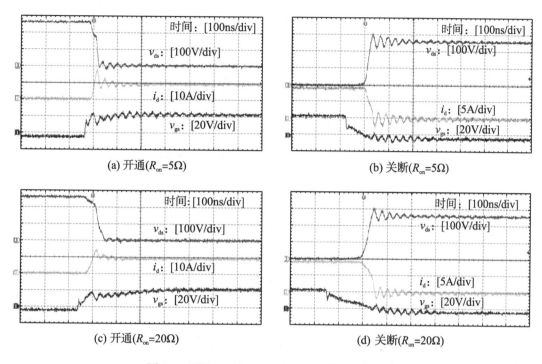

(a) 开通(R_{on}=5Ω)　　　　　　　　(b) 关断(R_{on}=5Ω)

(c) 开通(R_{on}=20Ω)　　　　　　　　(d) 关断(R_{on}=20Ω)

图 3.4　不同 R_{on} 对 SiC MOSFET 开关行为的影响

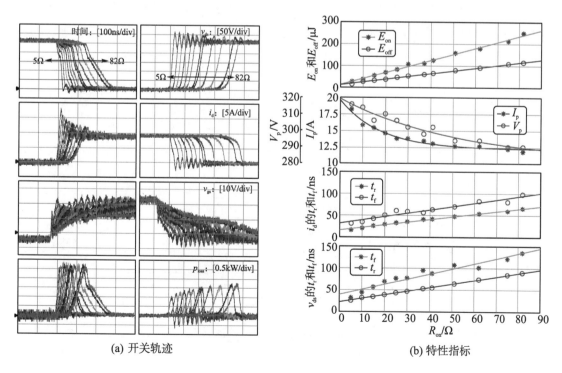

(a) 开关轨迹　　　　　　　　(b) 特性指标

图 3.5　不同 R_{on} 的影响规律

2. 栅极关断电阻的影响

对比图 3.4(c) 和图 3.4(d) 所示实验结果，图 3.6 给出了不同栅极关断电阻 R_{off} 的影响。R_{off} 可以调节栅极关断回路的放电速度，控制器件的关断时间和关断电压峰值。

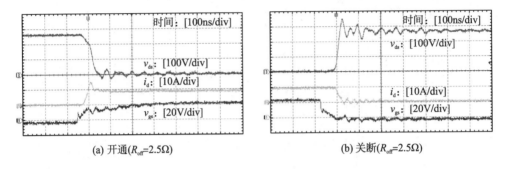

(a) 开通(R_{off}=2.5Ω)   (b) 关断(R_{off}=2.5Ω)

图 3.6 R_{off} 对 SiC MOSFET 开关行为的影响

图 3.7(a) 给出了不同 R_{off} 对器件开关行为的影响规律，其中 $R_{on}=20\ \Omega$、$C_G=0\ F$、$V_C=22\ V$、$V_E=-5\ V$。如图 3.3 所示，由于二极管 D_1 的阻断作用，R_{off} 对开通过程不起作用。然而，结电容的放电速度却受 R_{off} 影响，并影响器件的漏-源电压、漏极电流和开关延迟时间。图 3.7(b) 总结了 R_{off} 对器件开关行为的影响，从图中可以看出，减小 R_{off} 可以加速器件的关断过程，降低 v_{ds} 和 i_d 的暂态时间，减小开关损耗，但是会增加关断过电压的峰值。关断损耗的定量结果为 $E_{off}=33.6(1-e^{-0.049R_{off}})+14.6\ \mu J$，峰值电压的定量结果为 $V_p=26.6e^{-0.022R_{off}}+338.9\ V$，$i_d$ 下降时间的定量结果为 $t_f=18.9(1-e^{-0.068R_{off}})+22.9\ ns$，$v_{ds}$ 上升时间的定量结果为 $t_r=14.6(1-e^{-0.056R_{off}})+20.5\ ns$。

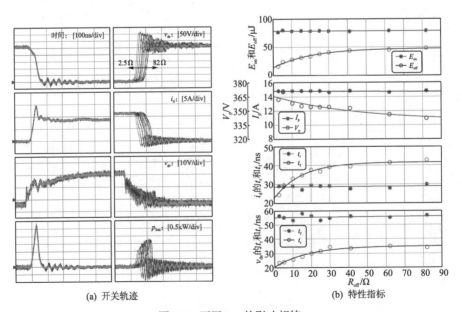

(a) 开关轨迹   (b) 特性指标

图 3.7   不同 R_{off} 的影响规律

3. 不同驱动电容的影响

当 $R_{on}=5\ \Omega$ 和 $C_G=10\ nF$ 时，SiC MOSFET 的开关过程如图 3.8 所示。与图 3.4(c) 和图 3.4(d) 进行对比可知，辅助的栅-源电容 C_G 可以抑制振铃，但是降低了器件的开关速度。

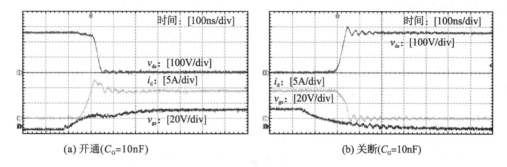

(a) 开通($C_G=10nF$)　　　　　　　　　(b) 关断($C_G=10nF$)

图 3.8　C_G 对 SiC MOSFET 开关行为的影响

当 $R_{on}=5\ \Omega$、$V_C=22\ V$、$V_E=-5\ V$ 时，不同 C_G 对开关过程的影响如图 3.9 所示。采用大的 C_G，可以降低振铃和过冲，但是会降低结电容的充放电速度，降低器件的开关速度。E_{on} 和 E_{off} 对于 C_G 的斜率为 $\partial E_{on}/\partial C_G=2.6\ \mu J/nF$ 和 $\partial E_{off}/\partial C_G=0.9\ \mu J/\Omega$。漏极电流峰值 I_p 和漏-源电压峰值 V_p 与 C_G 的关系可以表示为 $I_p=6.5e^{-0.22C_G}+11.2\ A$、$V_p=29.3e^{-0.052C_G}+288.1\ V$。$C_G$ 对漏极电流 i_d 上升和下降时间的影响可表示为 $t_r=204.6(1-e^{-0.023C_G})+9.2\ ns$ 和 $t_f=67.2(1-e^{-0.025C_G})+32.4\ ns$。$C_G$ 对漏-源电压 v_{ds} 上升和下降时间的影响可表示为 $t_r=53.5(1-e^{-0.013C_G})+27.8\ ns$、$t_f=66.2(1-e^{-0.025C_G})+31.9\ ns$。

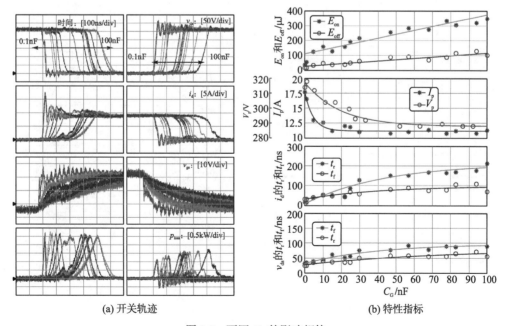

(a) 开关轨迹　　　　　　　　　　　　　(b) 特性指标

图 3.9　不同 C_G 的影响规律

4. 不同栅极驱动正压的影响

图 3.10 给出了栅极正压从 22V 降低为 14V 时的结果。与图 3.4 (a) 和图 3.4 (b) 进行对比可知，降低栅极驱动正压，可以抑制电压和电流波形中的振铃，但是会增加漏极电流和漏–源电压的动态时间。

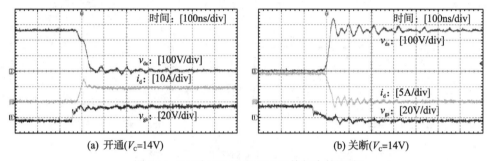

(a) 开通(V_C=14V)   (b) 关断(V_C=14V)

图 3.10 V_C 对 SiC MOSFET 开关行为的影响

当 $R_{on}=5\ \Omega$、$R_{off}=\infty$、$C_G=0\ F$ 和 $V_E=-5\ V$ 时，不同 V_C 的影响如图 3.11 所示。V_C 主要影响开通过程，V_C 越大，器件的动态响应越快，开关损耗越小。此外，V_C 越大，栅–源电容 C_{gs} 在关断过程中的放电电荷越多，增加了器件的关断延迟时间。V_C 越大，di_d/dt 和 dv_{ds}/dt 越大，开通损耗越低，电流过冲线性增加。改变 V_C 几乎不影响关断过程。通常，V_C 的最大值由器件厂商推荐。开通损耗的定量表征为 $E_{on}=14437.9e^{-0.44V_C}+102.8\ \mu J$，$i_d$ 上升时间的定量表征为 $t_r=2955.1e^{-0.42V_C}+34.1\ ns$，$v_{ds}$ 下降时间的定量表征为 $t_f=107053e^{-0.79V_C}+57.2\ ns$，电流过冲峰值为 $I_p=0.38V_C+6.8\ A$。

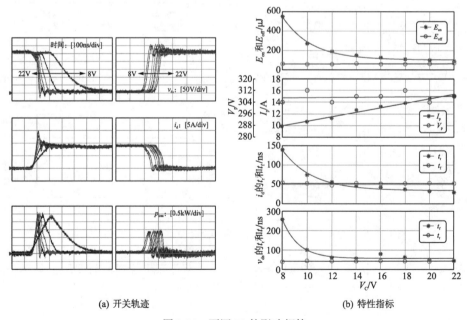

(a) 开关轨迹   (b) 特性指标

图 3.11   不同 V_C 的影响规律

5. 不同栅极驱动负压的影响

当栅极驱动负压 V_E 从 -5 V 增加到 0 V 时，SiC MOSFET 的开关动态如图 3.12 所示。对比图 3.4(a) 和图 3.4(b) 可知，V_E 越高，器件的关断过程越慢。

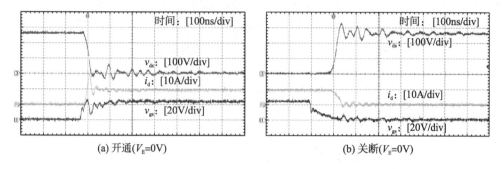

(a) 开通(V_E=0V)　　　　　　　　(b) 关断(V_E=0V)

图 3.12　V_E 对 SiC MOSFET 开关行为的影响

当 $R_{on}=5\,\Omega$、$R_{off}=\infty$、$C_G=0$ F 和 $V_C=22$ V 时，图 3.13 给出了不同 V_E 对 SiC MOSFET 开关行为的影响规律。栅极驱动负压主要影响器件的关断行为，除引入一定的开通延迟外，几乎不影响开通行为。随着 V_E 的减小，$\mathrm{d}i_d/\mathrm{d}t$ 和 $\mathrm{d}v_{ds}/\mathrm{d}t$ 会增加。考虑到器件栅氧可靠性和开关性能的折中，通常推荐 $V_E=-5$ V。不同 V_E 对关断损耗的影响可以表示为 $E_{off}=57.5\mathrm{e}^{0.17V_E}+34.9\,\mu\mathrm{J}$，对 i_d 下降时间的影响可以表示为 $t_f=78.5\mathrm{e}^{0.052V_E}-7.3$ ns，对 v_{ds} 上升时间的影响可以表示为 $t_r=45.2\mathrm{e}^{0.067V_E}+10.5$ ns，对关断电压峰值的影响可以表示为 $V_p=-1.91V_E+298.2$ V。

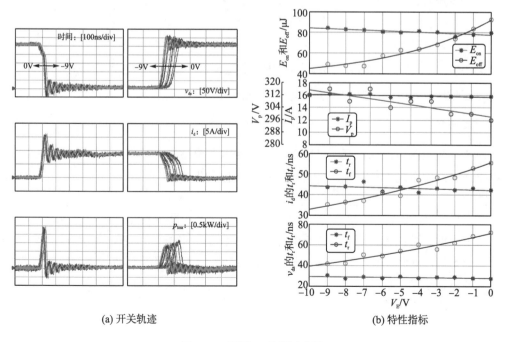

(a) 开关轨迹　　　　　　　　　　(b) 特性指标

图 3.13　不同 V_E 的影响规律

3.1.4　驱动的特殊需求

典型的电压驱动电路如图 3.14 所示。当 PWM 为高电平时，隔离后的高电平驱动图腾柱的上管开通，驱动电源的正电压 V_C 接入到 SiC MOSFET 的栅-源极。当 PWM 为低电平时，图腾柱的下管开通，负电压 V_E 接入到器件的栅-源极。开通和关断回路相互独立，回路串入的驱动电阻也完全解耦，可以分别控制器件的开通和关断过程[4]。

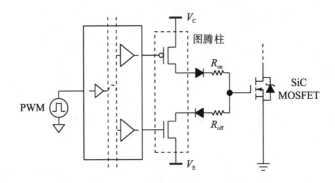

图 3.14　典型的电压驱动电路

然而，由于 SiC MOSFET 器件的开关频率非常快，对电源的要求也较高。驱动电源的功率可以表示为

$$P_{gd} = P_{IC} + P_Q \tag{3.2}$$

式中，P_{IC} 为驱动 IC 芯片的损耗；P_Q 为器件结电容充放电的功耗，且可以表示为

$$P_Q = Q_g f_s (V_C - V_E) \tag{3.3}$$

式中，Q_g 为栅极电荷；f_s 为开关频率。若 f_s=100kHz、Q_g=106nC、V_C=20V、V_E=−5V、P_{IC}=0.8W，可计算得到 P_Q=0.3W，驱动电源的功率至少为 1.1W。随着开关频率的增加，P_{IC} 和 P_Q 均会增加，所需驱动电源的功率要求更高。

1. 电流驱动

为了降低驱动电源的损耗，可以在驱动回路引入电感储能元件，构造无功电流，从而减小驱动电源的有功消耗。典型的电流型驱动电路如图 3.15 所示[5]。

2. 谐振驱动

为了降低驱动电源的损耗，在驱动回路引入电感的基础上，也可以让电感和器件的结电容形成谐振，从而使驱动输出的电压和电流不重叠，有效降低驱动电源的功耗。典型的谐振驱动电路如图 3.16 所示[6]。

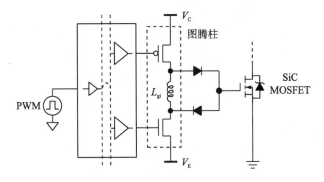

图 3.15　典型的电流驱动电路

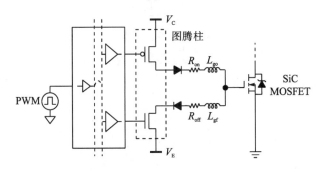

图 3.16　典型的谐振驱动电路

3. 高温驱动

　　为了适应 SiC 器件的高温工作能力，要求驱动电路也能耐受高的环境温度。因此，高温驱动成为 SiC 器件的一项关键技术。高温驱动的实现，难点在于耐高温的无源器件和隔离器件，其中高温 BJT 和高温无源元件易于获得。传统驱动芯片采用 Si 基器件，工作温度不超过 175℃。为了提高工作结温，驱动芯片可以采用 SiC 或 GaN 基材料[7]。此外，采用 SOI 技术，也可以提高驱动芯片的耐高温能力[8]。采用非晶或纳米晶磁芯材料，变压器的环境耐受温度甚至可以超过 200℃[9]，是一种不错的高温隔离方式。一个典型的高温驱动电路如图 3.17 所示，该电路采用了变压器隔离和高温无源元件[10]。

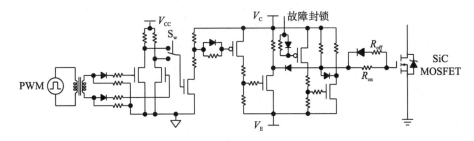

图 3.17　典型的高温驱动电路

4. 自适应驱动

根据第 2.3 节的分析可知，SiC MOSFET 的开通或关断过程分为明显的 4 个阶段。在每个阶段，驱动输出端的负荷电容不尽相同，对驱动电流的需求也大小各异。因此，理想情况下，驱动应在器件的不同开关阶段，自适应地调节输出电流，优化控制器件的开关轨迹，降低开关损耗，减小开关过冲。驱动输出电流的调节，可以通过自适应地改变驱动电阻或驱动电压来实现[11-15]。以驱动电阻的控制为例，典型的自适应驱动方案如图 3.18 所示。

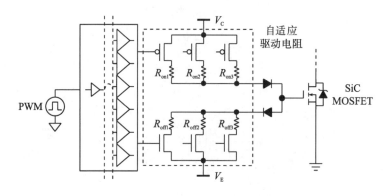

图 3.18　典型的自适应驱动电路

3.2　SiC 器件的串扰特性

3.2.1　串扰的产生机理

SiC MOSFET 的阈值电压通常比较低，但是其开关速度非常快。非常高的 dv/dt 和较大的米勒电容可能致使器件误导通。

如图 3.19 所示，以常见的半桥电路为例，若上管处于关断状态，在下管开通过程中，上管的源极和栅极将经历从 $V_{dc}/2$ 到 0 的快速电压暂态。此时，上管的米勒电容上将产生一个短暂的位移电流 $i_{gdH}=C_{gd}dv_{ds}/dt$。该位移电流将流过器件的栅-源电容，以及驱动回路，并在驱动电阻上产生电压降 v_{gsH}。当 v_{gsH} 超过器件的阈值电压时，上管也会开启，从而出现短暂的上下管直通现象[16]。类似地，上管的开关过程，也可能造成下管的误导通。

在半桥电路中，器件开关过程给对侧器件造成的干扰称为串扰。串扰引起的误导通现象，会增加器件的开关损耗，甚至造成器件的失效[17]。

串扰的大小主要与器件的开关速度、驱动电阻和米勒电容有关。驱动的开通电阻越小，器件的关断电阻越小，器件开关速度越快，串扰所产生的感应电压越大，越容易发生误导通。驱动电路不同栅-源电容和开通电阻所产生的感应电压，典型实验结果如图 3.20 所示。可见，下管驱动的栅-源电容或开通电阻越大，器件开关速度越慢，dv/dt 越小，上管所产生的感应电压越小，发生误导通的可能性越小。

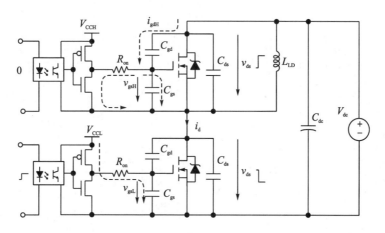

图 3.19　串扰的产生机理

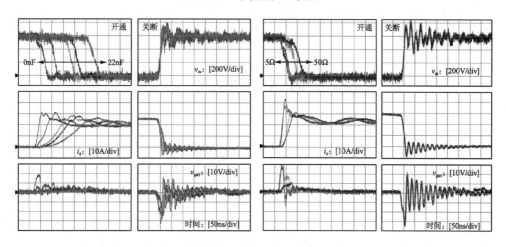

图 3.20　驱动对串扰的影响

3.2.2　串扰的抑制方法

抑制串扰产生的误导通，通常有四种方法。

第一种，改变驱动的栅极电阻。开通和关断的栅极电阻独立调节，增加开通电阻，减小关断电阻，如图 3.21（a）所示。但是，增加开通电阻，降低器件的开关速度，会增加器件的开关损耗。

第二种，引入额外的栅-源电容。降低器件的开关速度，并分流米勒电容产生的位移电流，如图 3.21（b）所示。但是，额外的栅-源电容同样会增加器件的开关损耗。

第三种，利用负的栅极电压。降低栅-源感应电压的峰值，避免发生误导通，如图 3.21（c）所示。但是，负压驱动会增加驱动电源的成本。

第四种，采用米勒钳位技术。短接位移电流，消除感应电压，如图 3.21（d）所示。但是，这会增加驱动的尺寸。

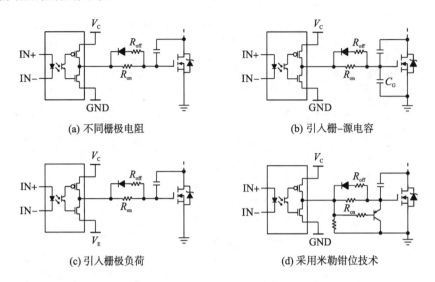

(a) 不同栅极电阻　　　　　　　　　　　　　(b) 引入栅–源电容

(c) 引入栅极负荷　　　　　　　　　　　　　(d) 采用米勒钳位技术

图 3.21　串扰的抑制方法

3.3　SiC 器件的短路特性

3.3.1　短路的典型分类

以电机驱动应用为例，SiC MOSFET 在实际电路中容易出现两类短路故障[18-20]，如图 3.22 和图 3.23 所示。

第一类短路故障为硬开关短路，模拟桥臂的直通，特点为短路回路的阻抗非常小，通常为数百纳亨，器件一直处于退饱和状态。器件两端电压为直流母线电压，短路电流高达数百安培。器件的芯片内部产生非常高的损耗，结温急剧升高。若短路状态持续较长时间，芯片的表面金属可能会发生融化，芯片的栅氧层也可能失效，此外高温也可能使器件漏电流失控，这些因素都将导致器件的短路失效。

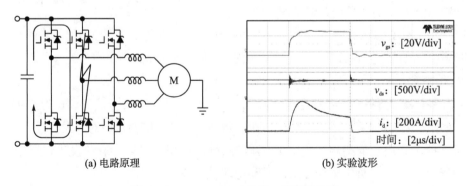

(a) 电路原理　　　　　　　　　　　　　(b) 实验波形

图 3.22　SiC MOSFET 的第一类短路故障

第二类短路故障为负荷短路，模拟电机的机端短路，特点为短路回路的阻抗较大，通常为几微亨。器件开通的初期，漏-源电压下降到饱和电压，但是随着器件电流的剧增，回路电感因饱和而直通，器件逐渐退饱和，继而进入短路状态，如图 3.23 所示。负荷短路也是器件的一种不正常工作状态，仍然可能导致器件损坏。

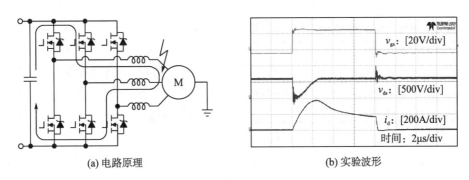

(a) 电路原理　　　　　　　　　　　(b) 实验波形

图 3.23　SiC MOSFET 的第二类短路故障

3.3.2　短路的动态过程

如图 3.24 所示，以第一类短路为例，SiC MOSFET 的短路过程分为以下 4 个阶段[21]。

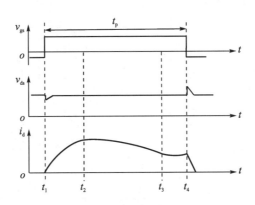

图 3.24　第一类短路故障的详细过程

阶段 1 ($t_1 \sim t_2$)：t_1 时刻，正的驱动电压开始施加在被测器件上，SiC MOSFET 开通，直流母线电压直接施加在被测器件两端，主功率回路阻抗很小，流过 SiC MOSFET 的电流快速增大。di/dt 在回路寄生电感产生一定的电压降落。但是，开关管的工作区由截止区转移到饱和区，漏-源电压迅速恢复至直流母线电压，短路电流持续增大。

阶段 2 ($t_2 \sim t_3$)：开关管仍工作在饱和区。由于开关管漏-源电压为直流母线电压，且短路电流较大，被测器件功率损耗很大，器件结温迅速上升，沟道载流子迁移率降低，导致流过 SiC MOSFET 的电流减小，di/dt 为负。

阶段 3 ($t_3 \sim t_4$)：SiC MOSFET 沟道载流子电流减小的速率，小于热电离激发漏电流增大的速率，短路电流逐渐增大，di/dt 为正，器件结温进一步升高。

阶段 4($t_4\sim$)：t_4 时刻，被测器件两端驱动电压撤除，可能会出现两种情况。若短路时间在安全工作区范围内，被测器件关断安全可靠，漏极电流逐渐减小到零。若短路能量累积超过器件所能承受的极限，被测器件失效，无法正常关断。

3.3.3 短路的影响规律

以第一类短路为例，短路电流主要与器件结温、驱动电压和直流母线电压有关。

如图 3.25(a)所示，在驱动电压和母线电压不变的情况下，短路电流峰值与结温成反比。SiC MOSFET 的导通电阻具有正温度系数，器件结温越高，在短路过程中释放的能量 E_J 越小，SiC MOSFET 的短路电流峰值越小。

如图 3.25 (b)所示，在直流母线电压和器件结温不变的情况下，短路电流峰值和驱动电压成正比。较大的栅极驱动电压，导致短路期间电流密度增加，总积累能量增大，器件的短路能力将降低。

如图 3.25(c)所示，在器件结温和栅-源电压不变的情况下，短路电流峰值和直流母线电压成正比。直流母线电压越大，短路饱和电流也越大，累积能量也越多，将导致更大的结温变化率，短路耐受时间将会降低。

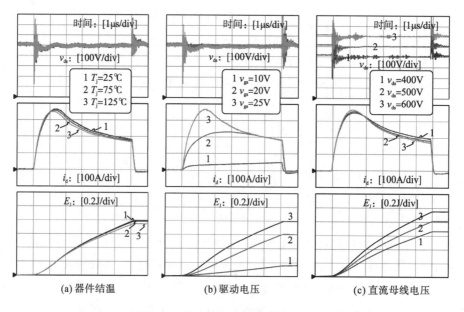

(a) 器件结温   (b) 驱动电压   (c) 直流母线电压

图 3.25　第一类短路故障的影响因素

3.3.4 短路的耐受极限

如果器件在 t_4 时刻关断以后失效，定义驱动信号持续的时间为短路耐受时间[18]：

$$t_{SC} = t_4 - t_1 \tag{3.4}$$

定义器件消耗的能量为临界短路能量：

$$E_{SC} = \int_{t_1}^{t_4} v_{ds} i_d \mathrm{d}t \qquad (3.5)$$

选取 Rohm 和 Wolfspeed 两家公司的两种典型商业化 SiC MOSFET 器件 SCT2080KE 和 C2M0080120D 进行测试。所选器件的额定电压均为 1200V，额定电流分别为 40A、36A，为了避免开关过程中尖峰电压超过额定电压，直流母线电压取 600～750V，并分别在 25℃、100℃结温下进行短路测试。

结温 25℃时，对于 Rohm 公司的 SiC MOSFET，不同直流母线电压条件下的短路测试结果如图 3.26 所示。在 600V 直流母线电压条件下，短路耐受时间为 13μs，如图 3.26(a) 所示。直流母线为 700V 时，短路耐受时间下降到 10μs，如图 3.26(b) 所示。随着直流母线电压进一步上升到 750V，短路耐受时间只有 8.5μs，如图 3.26(c) 所示。随着直流母线电压的抬升，器件关断以后的拖尾电流也逐渐增大，最终导致器件无法正常关断而损坏。

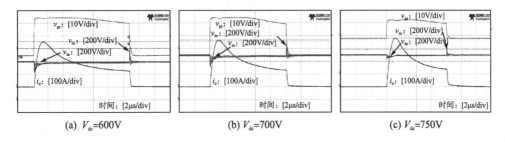

(a) V_{dc}=600V　　　　　(b) V_{dc}=700V　　　　　(c) V_{dc}=750V

图 3.26　Rohm 公司 SiC 器件的短路极限测试结果

结温为 25℃时，对于 Wolfspeed 公司的 SiC MOSFET，不同直流母线电压条件下的短路测试结果如图 3.27 所示。在 600V 直流母线电压条件下，短路耐受时间为 7.5μs。直流母线为 700V 时，短路耐受时间下降到 5.5μs。当直流母线电压进一步上升到 750V 时，短路耐受时间降低到 4μs。

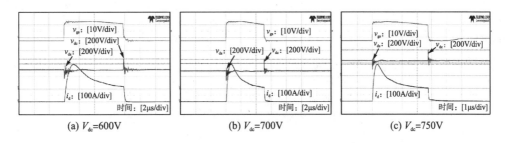

(a) V_{dc}=600V　　　　　(b) V_{dc}=700V　　　　　(c) V_{dc}=750V

图 3.27　Wolfspeed 公司 SiC 器件的短路极限测试结果

在结温 25℃和直流母线电压 600V 条件下，不同厂家 SiC 器件的泄漏电流随短路时间的变化趋势如图 3.28 所示。随着短路时间的逐渐增大，芯片上累积的热量越来越大，温度快速上升，器件的泄漏电流也逐渐增大，最终导致器件热击穿失效。SiC MOSFET 作为一种单极性器件,器件正常关断时不存在拖尾电流。但是,在图 3.28 中,可以观察到随着短路时间的不断延长,在两种器件的短路过程结束以后,即使不再施加驱动信号,仍在器件的漏极测量到漏电流引起的拖尾电流。

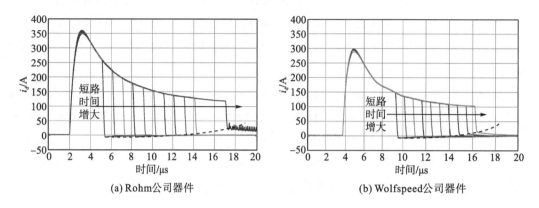

(a) Rohm公司器件　　　　　　　　　　(b) Wolfspeed公司器件

图 3.28　600V 条件下 SiC 器件的泄漏电流增长趋势

短路测试过程中,芯片的损耗较大,热量不能及时散逸,造成器件结温快速上升并激发出一种器件正常运行过程中不存在的电流,并最终造成器件的损坏。短路测试时间较短时,芯片热损耗较小,结温较低,激发出的电流增加小于载流子电流的衰减时,电流变化率为负,即电流逐渐降低。随着测试时间的增长,结温升高,激发出的电流增加率大于载流子电流的衰减,电流变化率为正,漏极电流会逐渐增长,这种不可控的电流增长到一定程度将导致器件损坏。

不同直流母线电压条件下,Rohm 公司 SiC 器件的漏极电流如图 3.29 (a) 所示。随着直流母线电压的上升,短路耐受时间逐渐降低,器件关断以后的拖尾电流逐渐增大,最终将导致器件无法正常关断而损坏。

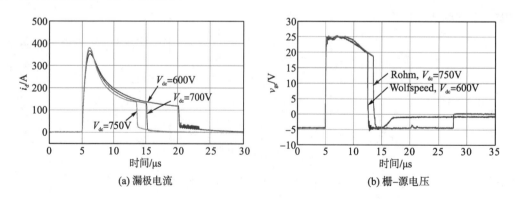

(a) 漏极电流　　　　　　　　　　　　(b) 栅-源电压

图 3.29　SiC 器件短路失效前的特性

当直流母线电压为 750V 时,器件短路失效后的电阻特性如表 3.2 所示。器件短路失效后,对于 Rohm 公司的器件,栅-源极电阻较小;对于 Wolfspeed 公司的器件,栅-源电阻较大。如图 3.29(b)所示,在短路失效后,Rohm 公司的器件表现为栅–源极短路,而 Wolfspeed 公司的器件表现为驱动负压抬升。同时,短路失效后,两种器件的栅–漏、漏–源特性从开路转变为大电阻。

表 3.2 SiC 器件短路失效后的电阻特性

结温/℃	器件	R_{gs}/R_{sg}/Ω	R_{gd}/R_{dg}/kΩ	R_{ds}/R_{sd}/kΩ	芯片面积/mm²
25	C2M0080120D	6.68/6.68	81/∞	∞/91	10.4
	SCT2080KE	0.658/0.656	90/∞	∞/90	12.7
100	C2M0080120D	55.13/55.13	91/∞	∞/91	10.4
	SCT2080KE	0.735/0.730	86/∞	∞/86	12.7

与 25℃条件下的短路失效类似,100℃条件下,Rohm 公司的 SCT2080KE 在短路失效后,栅源极电阻仍只有零点几欧姆,对外表现为栅源极短路;而 Wolfspeed 公司的 C2M0080120D 栅源极电阻有几十欧姆,短路失效以后的外特性为驱动电压的抬升。其余电阻虽然数值上会有一定的差别,但是总的外特性基本和常温下的失效一致,表明:不同温度条件下,器件短路失效后的外特性是一致的。

两种器件的短路耐受时间和临界短路能量如图 3.30 所示。对于同一型号的器件,短路耐受时间随着直流母线电压和环境温度的升高而降低。临界短路能量则不同,在不同直流母线电压条件下,临界短路能量基本保持不变;随着工作环境温度的上升,破坏器件需要累积的能量减少,临界短路能量会相应地降低。

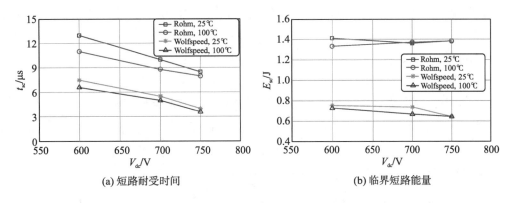

(a) 短路耐受时间　　　　　　　　　　　　　　(b) 临界短路能量

图 3.30 SiC 器件的短路耐受时间和临界短路能量

3.3.5 短路的保护方法

SiC MOSFET 的短路保护方法,通常包括短路检测和软关断两部分。快速、准确的故障检测是短路保护的关键。在快速检测出短路电流之后,保护电路通常采用软关断措施,降低关断过电压。下面,详细阐述常用的短路电流检测方法[22-25],如图 3.31 所示。

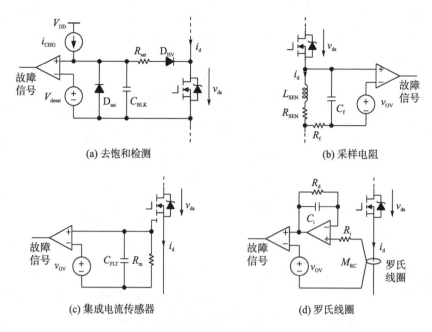

(a) 去饱和检测   (b) 采样电阻

(c) 集成电流传感器   (d) 罗氏线圈

图 3.31 SiC MOSFET 器件的短路检测方法

1. 基于去饱和检测的检测方法

该方法类似于 Si IGBT 的去饱和检测方法，可以检测 SiC MOSFET 的管压降，确定漏极电流的大小，如图 3.31(a) 所示。当 SiC MOSFET 开通时，驱动芯片内部的恒流源 i_{CHG} 使二极管 D_{HV} 导通，并在检测电阻 R_{sat} 上产生压降。因此，保护电路检测到的电压 V_{dt} 为

$$V_{dt} = i_{CHG}R_{sat} + V_{DHV} + V_{ds} \tag{3.6}$$

式中，V_{DHV} 为二极管 D_{HV} 的导通压降；V_{ds} 为 SiC MOSFET 的漏-源电压。当 V_{dt} 超过预设的保护电压 V_{desat} 时，输出故障信号，封锁 PWM 脉冲。为了消除 SiC MOSFET 器件开关暂态对保护电路的干扰，可以通过电容 C_{BLK} 设置短路保护的消影时间。

去饱和保护方法具有电路简单、损耗低的优点。但是，高压快恢复二极管 D_{HV} 会增加保护电路的成本。尤其是对于高于 1200V 的应用，通常需要采用多个快恢复二极管的串联方式，且需要考虑串联二极管的均压问题。

2. 基于采样电阻/电感的检测方法

在电机驱动等领域，采样电阻也是一种常用的短路电流检测方法，如图 3.31(b) 所示。在 SiC MOSFET 的主功率回路，布置小阻值的采样电阻 R_{SEN}，通过比较采样电阻压降和预设保护电压 v_{OV}，快速检测短路状态。采样电阻的结构，以及电路板的布局，导致测量回路会存在一定的寄生电感 L_{SEN}。因此，保护电路检测到的电压为

$$v_{dt} = \frac{L_{SEN}s + R_{SEN}}{R_f C_f s + 1} i_d \tag{3.7}$$

式中，R_f 和 C_f 为低通滤波器的电阻和电容。当 $R_f C_f = L_{SEN}/R_{SEN}$ 时，保护电路检测到的电压为 $R_{SEN} i_d$。该方法具有速度快、成本低的优点。但是，对于大功率应用，采用电阻的损耗较大。此外，L_{SEN} 难以准确测量，滤波网络与采样电路很难匹配。此外，采样电阻的响应时间也会限制短路保护的速度。

基于式 (3.7)，也可以布置固定的采样电感 L_{SEN}，R_{SEN} 为其寄生电阻。类似地，当滤波网络和采样电感的参数匹配时，$R_f C_f = L_{SEN}/R_{SEN}$，检测电路的输出电压，仍然为 $R_{SEN} i_d$。

3. 基于集成电流传感器的检测方法

在电动汽车等应用领域，一些功率芯片集成有温度、电流传感器。该类芯片上集成的电流传感器响应速度快、精确度高，且对于交直流电流均适用，可以用作短路电流检测，如图 3.31(c) 所示。然而，该类短路电流检测方法的成本较高，不具有普适性。

4. 基于罗氏线圈的检测方法

罗氏线圈作为高频电流的一种灵活检测方法，也可以用于 SiC MOSFET 器件的短路电流检测和短路保护，如图 3.31(d) 所示。罗氏线圈的输出电压经过有源积分器之后，得到检测电压为

$$v_{dt} = \frac{M_{RC}}{R_i C_i s} i_d \tag{3.8}$$

式中，M_{RC} 为罗氏线圈的耦合电感；R_i 和 C_i 为有源积分器的电阻和电容。

该方法对噪声的抑制能力较强，成本较低。但是，有源积分电路容易受偏置电压和电流的干扰，影响检测精度。此外，罗氏线圈的高频带宽有限，且无法检测直流电流。

3.4　本 章 小 结

本章介绍了 SiC 器件的电学特性，主要包括驱动、串扰和短路等方面。在驱动方面，SiC 器件的开关行为较为复杂，在 dv/dt、di/dt、开关时间、稳定和损耗等方面存在性能折中。驱动电路的电压、电阻和电容等自由度，可以调节 SiC 器件的开关行为。为了满足 SiC 器件高温、高频、低损耗的性能要求，高温、谐振和自适应驱动是未来的发展趋势。在串扰方面，与 Si 器件相比，SiC 器件的 dv/dt 非常高，阈值电压较低，容易发生串扰和误导通。为了抑制串扰，驱动电路应当采用负压或米勒钳位。在短路方面，与 Si 器件相比，SiC 芯片的面积更小，短路电流更大，短路电流的耐受能力更差。在短路情况下，为了快速识别并安全关断 SiC 器件，对短路保护电路的快速性、准确性和可靠性，提出了更高的要求。

参 考 文 献

[1] 安德烈亚斯·福尔克,麦克尔·郝康普. IGBT 模块: 技术、驱动和应用[M]. 韩金刚, 译. 北京: 机械工业出版社, 2017.

[2] Peftitsis D, Rabkowski J. Gate and base drivers for silicon carbide power transistors: an overview[J]. IEEE Transactions on Power Electronics, 2016, 31(10): 7194-7213.

[3] Zeng Z, Li X. Comparative study on multiple degrees of freedom of gate driver for transient behavior regulation of SiC MOSFET[J]. IEEE Transactions on Power Electronics, 2018, 33(10): 8754-8763.

[4] Li Y, Liang M, Chen J, et al. A low gate turn-off impedance driver for suppressing crosstalk of SiC MOSFET based on different discrete packages[J]. IEEE Journal of Emerging and Selected Topics in Power Electronics, 2019, 7(1): 353-365.

[5] Inamori S, Furuta J, Kobayashi K. MHz-switching-speed current-source gate driver for SiC power MOSFETs[C]. IEEE European Conference on Power Electronics and Applications, 2017: 1-7.

[6] Anthony P, McNeill N, Holliday D. High-speed resonant gate driver with controlled peak gate voltage for silicon carbide MOSFETs[J]. IEEE Transactions on Industry Applications, 2014, 50(1): 573-583.

[7] Rahman A, Roy S, Murphree R, et al. High-temperature SiC CMOS comparator and op-amp for protection circuits in voltage regulators and switch-mode converters[J]. IEEE Journal of Emerging and Selected Topics in Power Electronics, 2016, 4(3): 935-945.

[8] Wang Z, Shi X, Tolbert L M, et al. A high temperature silicon carbide MODFET power module with integrated silicon-on-insulator- based gate drive[J]. IEEE Transactions on Power Electronics, 2015, 30(3): 1432-1445.

[9] Nayak P, Pramanick S K, Rajashekara K. A high-temperature gate driver for silicon carbide MOSFET[J]. IEEE Transactions on Industrial Electronics, 2018, 65(3): 1955-1964.

[10] Qi F, Xu L. Development of a high-temperature gate drive and protection circuit using discrete components[J]. IEEE Transactions on Power Electronics, 2017, 32(4): 2957-2963.

[11] Camacho A P, Sala V, Ghorbani H, et al. A novel active gate driver for improving SiC MOSFET switching trajectory[J]. IEEE Transactions on Industrial Electronics, 2017, 64(11): 9032-9042.

[12] Nayak P, Hatua K. Parasitic inductance and capacitance-assisted active gate driving technique to minimize switching loss of SiC MOSFET[J]. IEEE Transactions on Industrial Electronics, 2017, 64(10): 8288-8298.

[13] Yang Y, Wen Y, Gao Y. A novel active gate driver for improving switching performance of high-power SiC MOSFET modules[J]. IEEE Transactions on Power Electronics, 2019, 34(8): 7775-7787.

[14] Obara H, Wada K, Miyazaki K, et al. Active gate control in half-bridge inverters using programmable gate driver ICs to improve both surge voltage and converter efficiency[J]. IEEE Transactions on Industry Applications. 2018, 54(5): 4603-4611.

[15] Engelmann G, Senoner T, Doncker R W D. Experimental investigation on the transient switching behavior of SiC MOSFETs using a stage-wise gate driver[J]. CPSS Transactions on Power Electronics and Applications, 2018, 3(1): 77-87.

[16] Zhang Z, Dix J, Wang F, et al. Intelligent gate drive for fast switching and crosstalk suppression of SiC devices[J]. IEEE Transactions on Power Electronics, 2017, 32(12): 9319-9332.

[17] Jahdi S, Alatise O, Gonzalez J A O, et al. Temperature and switching rate dependence of crosstalk in Si-IGBT and SiC power modules[J]. IEEE Transactions on Industrial Electronics, 2016, 63(2): 849-863.

[18] Ceccarelli L, Reigosa P D, Iannuzzo F, et al. A survey of SiC power MOSFETs short-circuit robustness and failure mode

analysis[J]. Microelectronics Reliability, 2017, 76-77: 272-276.

[19] Wang Z, Shi X, Tolbert L M, et al. Temperature-dependent short-circuit capability of silicon carbide power MOSFETs[J]. IEEE Transactions on Power Electronics, 2016, 31 (2): 1555-1566.

[20] Reigosa P D, Iannuzzo F, Luo H, et al. A short-circuit safe operation area identification criterion for SiC MOSFET power modules[J]. IEEE Transactions on Industry Applications, 2017, 53 (3): 2880-2887.

[21] 邵伟华, 冉立, 曾正, 等. SiC MOSFET 短路特性评估及其温度依赖性模型[J]. 中国电机工程学报, 2018, 38 (7): 2121-2131.

[22] Wang Z Q, Shi X J, Xue Y, et al. Design and performance evaluation of overcurrent protection schemes for silicon carbide (SiC) power MOSFETs[J]. IEEE Transactions on Industrial Electronics, 2014, 61 (10): 5570-5581.

[23] Wen X, Fan T, Ning P Q, et al. Technical approaches towards ultra-high power density SiC inverter in electric vehicle applications[J]. CES Transactions on Electrical Machines and Systems, 2017, 1 (3): 231-237.

[24] Sadik D P, Colmenares J, Tolstoy G, et al. Short-circuit protection circuits for silicon-carbide power transistors[J]. IEEE Transactions on Industrial Electronics, 2016, 63 (4): 1995-2004.

[25] Wang J, Shen Z, Burgos R, et al. Design of a high-bandwidth Rogowski current sensor for gate-drive shortcircuit protection of 1.7 kV SiC MOSFET power modules[C]. IEEE Workshop on Wide Bandgap Power Devices and Applications, 2015: 104-107.

第4章　SiC 器件的热学特性

第3章介绍了 SiC 器件的电学特性，本章继续介绍 SiC 器件的热学特性。热阻是制约器件应用的一个技术瓶颈，本章首先介绍稳态和瞬态热阻的物理意义。然后，以 SiC 二极管为例，介绍 SiC 器件的热网络模型。随后，给出 SiC 器件的热阻仿真结果。最后，针对 TO-220 封装的 SiC 器件，给出热阻的测试方法和实验结果。

4.1　热阻的定义

4.1.1　稳态热阻的定义

为了突破封装的限制，充分发挥 SiC 器件的优异性能，需要探索适合于 SiC 器件的新型封装结构、封装材料和封装工艺。热阻是评测封装水平的一项重要指标，不仅量化了器件内的热传递过程，还表征了器件封装的优化方向[1, 2]。此外，热阻的大小，还直接关系到器件的电-热稳定性[3-5]。因此，为了优化器件的封装设计、提升器件的热学性能，评测 SiC 器件的热阻是一项关键技术。

以 SiC 二极管为例，其反向恢复电流非常小，开关损耗 P_{sw} 通常可以忽略不计。因此，器件的损耗 P_H 主要为导通损耗 P_{on}，即

$$P_H = P_{on} + P_{sw} \approx V_F I_F \tag{4.1}$$

由于塑料外壳的隔热性能好，不考虑热辐射和热对流作用。在封装内部，SiC 器件的散热方式以热传递为主。SiC 芯片所产生的损耗，经过芯片到外壳之间的热传递路径，耗散到散热器和环境中。通常采用器件结-壳热阻 R_{thjc} 来表征器件的热路特性，即

$$R_{thjc} = (T_j - T_c)/P_H \tag{4.2}$$

式中，T_j 和 T_c 分别为器件的结温和壳温。

损耗和壳温之间的关系[6]，如图 4.1(a)所示。若器件的最高结温为 175℃，当壳温低于 25℃时，器件所能承受的损耗，受到芯片内部电流的限制，保持为常数。当壳温高于 25℃时，曲线以斜率 $1/R_{thjc}$ 下降，要求芯片降额运行。在芯片所允许的最高结温处，要求芯片的损耗降低为 0，即芯片停止工作。

以典型的 SiC 器件为例，图 4.1(b)给出了损耗和壳温之间的关系，分别对应 Rohm 公司器件 SCS220KG、Wolfspeed 公司器件 C4D20120A、GPT 公司器件 G2S12020A，这些器件的击穿电压和持续导通电流均为 1200V 和 20A。经计算可以得到 Rohm、Wolfspeed 和 GPT 器件的热阻 R_{thjc} 分别为 0.71℃/W、0.63℃/W 和 0.78℃/W。根据器件 SCS220KG

的数据手册，其热阻的典型值和最大值分别为 0.62℃/W、0.71℃/W。根据器件 C4D20120A 的数据手册，其热阻的典型值为 0.62℃/W。根据器件 G2S12020A 的数据手册，其热阻的典型值为 0.78℃/W。可见，器件热阻与损耗之间存在确定的关系，优化封装热阻，可以提升器件的散热能力。在相同损耗的情况下，器件封装热阻越小，芯片工作结温越低，越有利于功率器件和电气装备的高效、可靠运行。

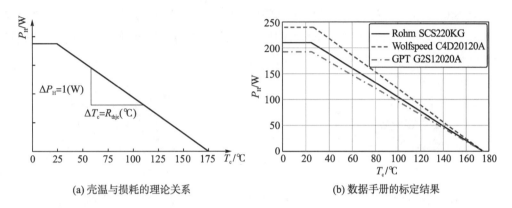

(a) 壳温与损耗的理论关系 　　　　　　　(b) 数据手册的标定结果

图 4.1　典型 SiC 器件的耗散功率曲线

4.1.2　瞬态热阻的定义

稳态热阻表征了静态的热响应。对于动态的热响应，还需要引入热容的概念。

热阻和热容是材料的基本属性，热阻表征了材料对热传导的阻碍能力，热容表征了材料对热的吸收能力。对于厚度为 h_E、面积为 A_E 的材料，其热阻和热容可以表示为

$$\begin{cases} R_{th} = \dfrac{h_E}{\lambda_E A_E} \\ C_{th} = c_E m_E = c_E \rho_E V_E = c_E \rho_E h_E A_E \end{cases} \quad (4.3)$$

式中，λ_E、c_E、ρ_E、V_E 和 m_E 分别为材料的热导率、比热容、密度、体积和质量。给该材料的表面施加损耗为 P_H 的热源，材料另一侧的温度 T_{con} 可以表示为

$$T_{con} = R_{th} P_H \left[1 - e^{-t/(R_{th}C_{th})}\right] + T_a = R_{th} P_H \left[1 - e^{-t/\tau}\right] + T_a \quad (4.4)$$

式中，T_a 为环境温度；$\tau = R_{th} C_{th}$ 为热时间常数。为了表征热阻和热容的综合效应，通常定义瞬态热阻：

$$Z_{th}(t) = \frac{T_{con} - T_a}{P_H} = R_{th} \left[1 - e^{-t/(R_{th}C_{th})}\right] \quad (4.5)$$

对于功率器件，其封装结构往往含有多层材料。通常定义器件的结-壳热阻，表征芯片结温与器件壳温之间的关系。瞬态的结-壳热阻可以表示为各层材料的级联[6]：

$$Z_{th}(t) = \frac{T_j - T_c}{P_H} = \sum_i R_{thi} - \sum_i R_{thi} e^{-t/(R_{thi}C_{thi})} \quad (4.6)$$

式中，T_c 为壳温。一旦功率器件的各层材料和尺寸确定之后，即可计算各层的热阻和热容，

并确定器件的瞬态热阻。

4.2　热网络的模型

以 TO-220 封装的 SiC 二极管为例，图 4.2 给出了典型 SiC 器件的物理结构。除塑料外壳，该 SiC 二极管分立器件主要由 4 大部分组成，即 SiC 芯片、焊料、框架和键合线，各层材料的物理属性和几何尺寸如表 4.1 所示。当分析器件内的热传递过程时，通常忽略键合线的影响，芯片产生的损耗 P_H 通过芯片、焊料和框架传递到外部的散热器。

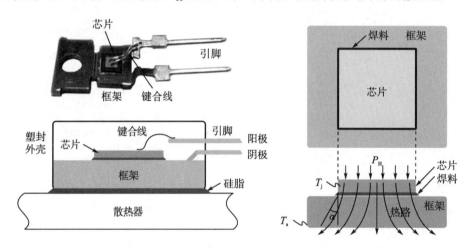

图 4.2　典型 SiC 器件的内部结构

表 4.1　典型 SiC 二极管的热网络计算实例

参数	芯片	焊料	框架
热导率 λ/[W/(m·℃)]	370	24.2	350
密度 ρ/(g/cm³)	3.22	7.56	8.89
比热容 c/[J/(g·℃)]	0.9	1.7	1.3
厚度 h/mm	0.45	0.1	1.3
面积 A/mm²	3.6×3.6	3.6×3.6	13×8.5
热阻 R_{thi}/(℃/kW)	93.8	318.8	273
比热容 C_{thi}/(mJ/℃)	16.9	16.7	229.8
热时间常数 τ_i/ms	1.6	5.3	62.7

器件内的热传递过程，可以用热网络模型来描述。常见的热网络模型有两种，即 Cauer 模型和 Foster 模型[1]，如图 4.3 所示。

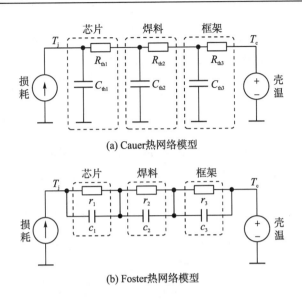

(a) Cauer热网络模型

(b) Foster热网络模型

图 4.3　典型 SiC 器件的热网络模型

对于 Cauer 模型，各参数具有明确的物理意义。图 4.3 (a) 所示 SiC 器件的结-壳热阻主要由三部分组成：芯片、焊料和框架。稳态结-壳热阻为 $R_{\text{thjc}} = R_{\text{th1}} + R_{\text{th2}} + R_{\text{th3}}$。

针对 Cauer 模型，可以利用传热学知识，计算各层的热阻：

$$R_{\text{th}i} = \frac{h_i}{\lambda_i A_i} \tag{4.7}$$

式中，第 i 层热阻 $R_{\text{th}i}$ 由其材料的热导率 λ_i、厚度 h_i、垂直于传热路径的横截面积 A_i 共同决定。类似于光的折射效应，当热在两层材料之间传递时，其热路会发生弯曲，并产生热扩展[6]，如图 4.2 所示，芯片发热后，沿弯曲的热路将功耗 P_{H} 传递到外壳，其中，第 i 层与第 $i+1$ 层间的扩展角 α_i 可表示为

$$\alpha_i = \tan^{-1}(\lambda_i / \lambda_{i+1}) \tag{4.8}$$

式中，λ_i 和 λ_{i+1} 分别为 i 层和 $i+1$ 层的热导率。图 4.2 给出了焊料层与框架之间的扩展角，根据表 4.1 所示材料数据，可计算得到 $\alpha_2 = 4.8°$。

计及热扩展之后，下一层的等效传热面积可以表示为

$$A_{i+1} = (a_i + 2h_{i+1} \tan \alpha_i)(b_i + 2h_{i+1} \tan \alpha_i) \tag{4.9}$$

式中，a_i 和 b_i 分别为第 i 层的长和宽；h_{i+1} 为第 $i+1$ 层的厚度。

基于图 4.2 和图 4.3 (a)，根据表 4.1 的材料属性，可以计算出各层热阻和热容分布情况，如表 4.1 所示。由于焊料的尺寸与芯片基本一致，且厚度很薄，其热扩展效应可以忽略不计。

可以发现，SiC 器件的结-壳热阻 R_{thjc} 为 0.69℃/W，框架的热阻占 40%，是未来进一步降低器件热阻的关键。采用更薄的框架，或采用导热性能更好的金属材料，都是可行的方案。

SiC 芯片占整个器件热阻的 14%。Si 芯片的热导率为 148W/(m·℃)，约为 SiC 芯片的

1/3。但是，对于相同额定电流的器件，SiC 芯片的面积约是 Si 芯片的一半[7, 8]。可见，相对于 Si 芯片，SiC 芯片的热阻能减小 33%。然而，由于 SiC 芯片面积较小，其焊料层和框架层的传热面积较小。实际上，相对于同等功率等级的 Si 器件，SiC 器件的结-壳热阻会增加 17% 左右。

此外，焊料占整个器件热阻的 46%。SiC 器件的封装，对焊料耐热性和导热性的要求都非常高，若采用 Au80Sn20、Au88Ge12 等高温焊料，热导率更大，器件结-壳热阻更低。但是，焊料的选择还需结合应用场合，并兼顾封装成本。因此，在现有商业化 SiC 器件中，很少使用 Au 等贵金属焊料，普遍采用 Sn96.5Ag3.0Cu0.5（SAC305）等焊料，在封装的耐热性和热阻方面，会有所牺牲。

在器件寿命评估、短路分析等场合，为了分析结温的波动、循环等过程[9]，需要考虑不同材料层的热容，如图 4.4 所示。其中，T_{jmax}、T_{jmin} 和 T_{javg} 分别为最大、最小和平均结温，t_p 和 t_d 分别为加热时间和脉冲周期时间。对于图 4.3（a）所示的 Cauer 模型，第 i 层的热容 C_{thi} 定义为

$$C_{thi} = c_i \rho_i V_i = c_i m_i \tag{4.10}$$

式中，c_i 为材料的比热容，J/(g·℃)；ρ_i 为材料的密度，g/cm³；V_i 为材料的体积，cm³；m_i 为材料的质量。热容的单位为 J/℃。各层热容的计算结果如表 4.1 所示。

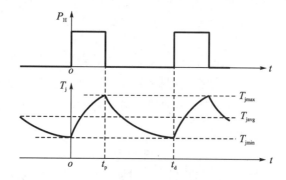

图 4.4　SiC 器件的结温波动过程

器件由芯片、焊料和框架三层结构组成，对于图 4.3（a）所示的 Cauer 模型，其瞬态热阻定义为

$$Z_{th}(s) = \cfrac{1}{sC_{th1} + \cfrac{1}{R_{th1} + \cfrac{1}{sC_{th2} + \cfrac{1}{R_{th2} + \cfrac{1}{sC_{th3} + \cfrac{1}{R_{th3}}}}}}} \tag{4.11}$$

式中，R_{thi} 和 C_{thi} 分别为第 i 层的热阻和热容。基于表 4.1 所示的物料数据和计算结果，可以得到 SiC 器件的瞬态热阻如图 4.5 所示。与 Rohm 公司器件 SCS220KG 的仿真结果相比，

理论计算和仿真结果基本一致。瞬态热阻的终值，代表了稳态结-壳热阻的大小：

$$Z_{th}(t \to \infty) = Z_{th}(s \to 0) = \sum_{i=1}^{3} R_{thi} = R_{thjc} \tag{4.12}$$

根据图 4.5，该 SiC 器件的结-壳热阻 R_{thjc} 为 $0.68℃/W$。

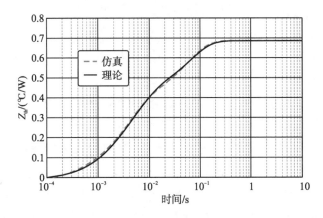

图 4.5　SiC 二极管的理论热阻曲线

对于 SiC 器件的热网络，也可以采用图 4.3(b) 所示的 Foster 模型来描述，将器件的每一层利用独立的 RC 元件来代替，由此可以得到其瞬态热阻：

$$Z_{th}(s) = \sum_{i=1}^{n} \frac{r_i}{r_i c_i s + 1} \tag{4.13}$$

式中，r_i 和 c_i 为 Foster 模型第 i 层的热阻和热容。

Cauer 模型和 Foster 模型都用于描述器件内的热传递过程，式(4.11)和式(4.13)所示 $Z_{th}(s)$ 的最终结果是一致的。因此，两种热网络模型的参数，可以相互转换[10]，如表 4.2 所示。

表 4.2　Cauer 模型和 Foster 模型参数的转换

模型	第一层		第二层		第三层	
	热阻/(mK/W)	热容/(mJ/K)	热阻/(mK/W)	热容/(mJ/K)	热阻/(mK/W)	热容/(mJ/K)
Foster 模型	313.6	8.1	157.4	23.9	214.7	256.9
Cauer 模型	93.8	16.9	318.8	16.7	273.0	229.8

根据图 4.3(b) 所示的 Foster 网络模型，如图 4.4 所示，在脉冲功率作用下，器件结温的上升过程可以表示为

$$T_j(t) = \sum_{i=1}^{3} r_i P_H \left[1 - e^{-t/(r_i c_i)} \right] + T_c, \ t \in [0, t_p] \tag{4.14}$$

式中，最大结温在 t_p 时刻取得，$T_{jmax} = T_j(t_p)$。类似地，结温下降过程可以表示为

$$T_j(t) = T_{jmax} \sum_{i=1}^{3} e^{-(t-t_p)/(r_i c_i)} + T_c, \ t \in [t_p, t_d] \tag{4.15}$$

前述分析建立了 SiC 器件的热阻模型和分析方法，但是热阻的辨识仍然具有挑战性。

一方面，虽然表 4.1 和式(4.6)给出了器件热阻的解析计算方法，但是表 4.1 所示参数难以确定，譬如焊料层的厚度。此外，材料参数还在一定程度上受温度影响，譬如：铜等大多数均质固体的热导率与温度呈线性关系，即

$$\lambda = L_0(1 + \beta_\lambda T) \tag{4.16}$$

式中，β_λ 为温敏系数。

另一方面，虽然式(4.11)和式(4.12)分别给出了瞬态和稳态热阻的定义，但是结-壳热阻仍然不便于直接测量。

结-壳热阻反映了器件封装结构和封装材料的热学性能，和器件的工作频率、寄生电参数等关系不大，是一个可测量的物理量。电子器件工程联合委员会(Joint Electron Device Engineering Council，JEDEC)给出了一个瞬态热阻的测试方案：瞬态双界面(transient double interface, TDI)法[11]。测试原理和方法为：$t = 0$ 时给半导体器件施加恒定损耗 P_H，同时外壳与散热器良好接触，器件的热阻 $Z_{th}(t)$ 定义为

$$Z_{th}(t) = \frac{T_j(t) - T_j(t = 0)}{P_H} \tag{4.17}$$

即热阻等于结温 $T_j(t)$ 随时间的变化量除以损耗 P_H。

由于热阻是器件的基本物理属性，即使外壳的冷却条件改变，对热阻也没有影响。除非与散热器接触的外壳受到其他热源的干扰而存在升温。每次测量过程中，若器件与散热器之间的接触热阻不同，那么所得到的稳态热阻也不同。此外，不同测量条件下的热阻曲线，将从外壳表面接触处开始分离。

在 TDI 测试过程中，所测得的器件结-壳热阻实际是测试系统的热阻(器件、硅脂、散热器)减去硅脂和散热器的热阻，从而有效去除了不同测试条件下，硅脂厚度、散热器尺寸大小不一致对结-壳热阻测试结果的影响，使得测试结果可以与数据手册标定的结果进行对比。

为了测得器件的结-壳热阻，TDI 测试法中，利用接触热阻不同的两次测量可确定与散热器接触的外壳表面。两次测量中分离点处的热阻定义为 R_{thjc}。该方法是一种普适性方法，对于其他 SiC、GaN、Si 分立器件或功率模块，TDI 测试同样适用。此外，基于该方法还能提取器件的热结构函数，用于测定散热器热阻、导热硅脂热阻、功率器件的分层热阻等。

4.3　热阻的仿真结果

以 Rohm 公司的 SiC 器件 SCS220KG 为例，验证热网络模型和测试方法的有效性和可行性。

基于 Simetrix 仿真软件，采用器件 SCS220KG 的电-热仿真模型。在器件壳温与环境温度之间引入热阻 R_{cs} 和热容 C_{cs}，通过改变其取值，模拟考虑硅脂和不考虑硅脂这两种不同热交互材料(thermal interface material, TIM)的工况。当考虑硅脂时，R_{cs} 设置为 0.4℃/W，当不考虑硅脂时，R_{cs} 设置为 0.8℃/W，仿真原理如图 4.6 所示。

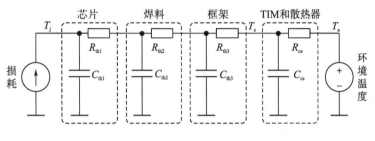

图 4.6　仿真测试原理

依据 TDI 测试方法，使用不同的导通电流 I_F，模拟不同的功耗 P_H，图 4.7 给出了瞬态热阻的提取结果。对于考虑和不考虑导热硅脂这两种测试条件，即使采用不同的导通电流，所测得的热阻完全一致，表明热阻是器件的固有物理属性，并不会随着器件使用条件的改变而改变，这为结-壳热阻的辨识提供了可能。

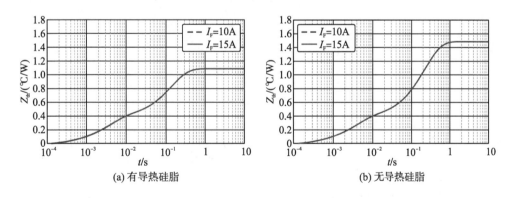

图 4.7　不同热交互材料时 SiC 器件的热阻

基于图 4.7 所示的结果，由于器件外壳接触热阻的不同，引起瞬态热阻的分离，如图 4.8 所示。基于 TDI 测试方法，两条测试曲线的分离点对应了器件的结-壳热阻。该点之前，对应器件封装内部的热网络，而该点之后的热网络由硅脂和散热器决定。可见，仿真所得器件的热阻与器件数据手册中所标示的热阻 0.62K/W 较为接近。

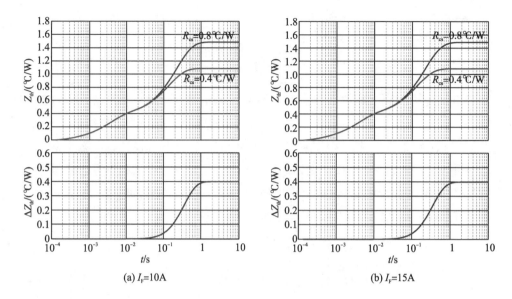

图 4.8   不同导通电流时 SiC 器件的热阻

图 4.9 给出了在 $R_{cs} = 0.8℃/W$ 的情况下，不同壳温对器件热阻的影响。可见，热阻是和器件封装材料相关的一个物理量，基本上不会随温度大幅变化。

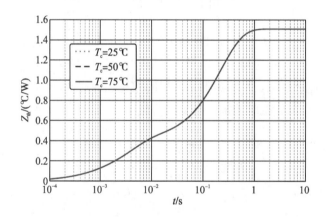

图 4.9   不同壳温时 SiC 器件的热阻

4.4   热阻的测量结果

在实验测试中，按照 JEDEC 的建议，可以采用器件的温敏电参数(temperature sensitive electric parameter, TSEP)来间接测量芯片的结温[12]。需要提前标定结温和 TSEP 之间的关系。

以 SCS220KG 器件的导通压降作为 TSEP，图 4.10 给出了 V_F 和 T_j 关系的标定过程。将被测器件涂上导热硅脂，浸没在温度可调的加热台上，保持 10 分钟，利用测试电路产生一个恒定的小电流 I_M，保持器件导通，读取导通压降 V_F。改变加热台的温度，重复上述步骤，可以得到器件在不同结温下的导通压降，如图 4.11 所示。

图 4.10 温度标定实验

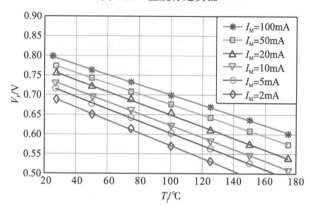

图 4.11 器件 SCS220KG 结温与导通压降之间关系

采用不同的测试电流 I_M，保持二极管导通，测试 V_F 和 T_j 之间的关系，如图 4.11 所示。可见，测试电流 I_M 越大，导通压降越高，这主要是由于 $V_F = V_{F0} + R_F I_M$。测试电流越大，器件的自加热效应也越明显，因此 I_M 应该尽可能小。但是，过小的 I_M 容易受到噪声干扰，产生测量误差。TDI 实验中，取 $I_M = 10\text{mA}$。

搭建如图 4.12(a) 所示的测试平台，测试原理如图 4.12(b) 所示，其中 I_M 为测试结温用的小电流源。利用恒定的电流 I_H 给器件加热，直到结温达到稳定，此时的发热功耗为 P_H，随后关断恒流源，使器件自然冷却，利用降温曲线，测试器件的瞬态热阻。理论上，器件的升温和降温曲线都可以测试器件的热阻。但是，在恒流源加热、器件升温的过程中，器件结温是变化的，V_F 也是变化的。损耗 P_H 并不是一个恒定值，加热功率并不便于量化。因此，通常采用降温曲线来测试器件的结-壳热阻。

(a) 测试平台

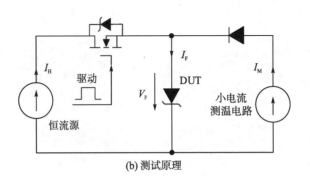

(b) 测试原理

图 4.12   SiC 器件热阻测试实验平台

在不同导通电流 I_H 和 TIM 热阻条件下，V_F 的实验波形如图 4.13 所示。对于有硅脂的情况，在被测器件与散热器之间加一层导热硅脂，并将器件安装固定到散热器上；对于无导热硅脂的测试条件，直接将被测器件安装固定到散热器上。

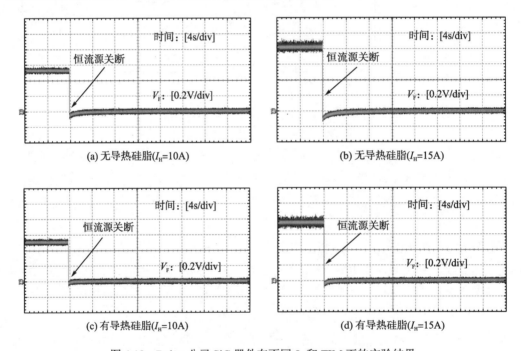

图 4.13   Rohm 公司 SiC 器件在不同 I_H 和 TIM 下的实验结果

根据图 4.11 所示的温度标定结果，可以将电压 V_F 转换为器件的结温信息，并进一步得到热阻的测试结果，如图 4.14 所示。由于热阻是器件的固有特性，加热电流 I_H 为 10A 或 15A，对提取结-壳热阻的影响不大。但是，相同 TIM 条件下，加热电流 I_H 越大，功耗越大，芯片结温越高；相同加热电流 I_H 条件下，TIM 热阻越小，器件的结温越小。

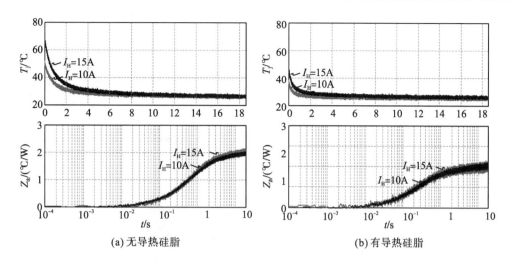

(a) 无导热硅脂　　　　　　　　　　　　　　(b) 有导热硅脂

图 4.14　Rohm 公司 SiC 器件瞬态热阻测试结果

　　针对不同的 TIM 测试条件，对比有、无导热硅脂时的瞬态热阻曲线，结-壳热阻为两条曲线的分离处。为了精确识别结-壳热阻的大小，采用 Infineon 公司开发的软件TDIM-Master[13]进行定量分析。图 4.15 给出了 $I_H=10A$ 条件下，有硅脂和无硅脂时的热阻曲线，测试结果表明：器件 SCS220KG 的结-壳热阻为 0.644℃/W。

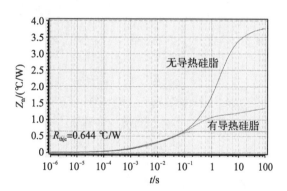

图 4.15　Rohm 公司 SiC 二极管的瞬态热阻

　　为了验证 SiC 器件热阻的可辨识性，对比不同公司、不同封装的 SiC 器件的热阻特性。Wolfspeed 公司器件 C4D20120A 的温度标定结果如图 4.16(a)所示。在 $I_H=10A$ 的测试条件下，Wolfspeed 公司 SiC 二极管的测试结果如图 4.16(b)所示。寻找有硅脂和无硅脂两条热阻曲线之间的分离点，得到器件的结-壳热阻为 0.642℃/W。

　　针对 GPT 公司的器件 G2S12020A，其结温的标定结果如图 4.17(a)所示。类似地，当采用不同的 TIM 时，两组热阻曲线的分离点对应器件的结-壳热阻，如图 4.17(b)所示。测试得到的结-壳热阻为 0.845℃/W。

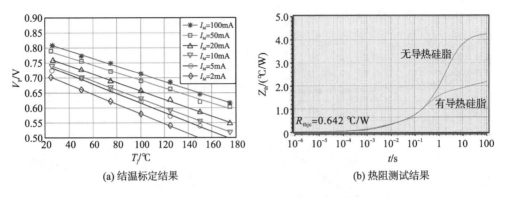

图 4.16   Wolfspeed 公司 SiC 器件的瞬态热阻

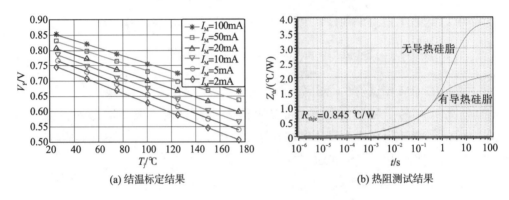

图 4.17   器件 G2S12020A 结温与导通压降之间关系

综上,可以得到相同功率等级的三种 SiC 器件的结-壳热阻,如表 4.3 所示。所得热阻的测试结果与表 4.1 所示的理论计算结果相比,测试误差主要来自理论模型的封装材料信息失配。与厂家数据手册的标定结果相比,测试比较接近。

表 4.3   不同公司 SiC 二极管的热阻对比

制造商	型号	数据手册标定 R_{thjc}	实验测试 R_{thjc}
Rohm	SCS220KG	0.62℃/W	0.644℃/W
Wolfspeed	C4D20120A	0.62℃/W	0.642℃/W
GPT	G2S12020A	0.78℃/W	0.845℃/W

为了验证结-壳热阻与环境温度之间的依赖关系,针对 Rohm 公司 SiC 器件,将器件置于 50℃和 75℃的环境中,测试器件热阻。热阻测试方法与之前相同,测试结果如图 4.18 所示。可以发现,随着温度升高,测试所得热阻略有升高,这主要是封装材料的热导率受温度影响所致。

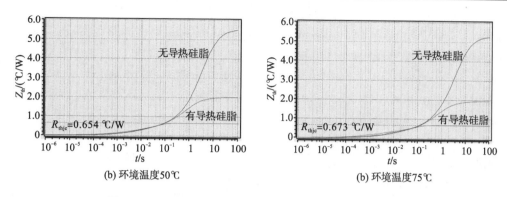

图 4.18　Rohm 公司 SiC 器件在不同环境温度下的瞬态热阻

4.5　本章小结

围绕热阻的建模、表征和测试，本章介绍了 SiC 器件的热学特性。SiC 器件的结-壳热阻是器件的物理属性，是器件电-热响应的关键指标，表征了器件的封装工艺和技术水平，在封装优化设计、器件电-热分析、电气装备热设计等方面，具有重要的应用价值。瞬态热阻表征了器件的热响应过程，适合于非平稳工况的研究。稳态热阻是瞬态热阻的极值，适合于平稳工况的分析。Cauer 和 Foster 模型是最常用的两种热网络模型。Cauer 模型具有明确的物理意义，与各层材料之间具有一一对应关系，便于热网络的理论计算。Foster 模型是一种抽象模型，便于热网络的实验测试。但是，两种模型描述的物理对象是相同的，模型参数之间可以相互转换。JEDEC 给出了器件结-壳热阻的标准测试方法，借助温敏电参数，采用大电流加热恒流源，以及小电流源测温恒流源，可以测量器件的结-壳热阻。采用不同器件、不同加热电流、不同壳温等条件的测试结果，验证了结-壳热阻的可测性。

参 考 文 献

[1] Wintrich A, Nicolai U, Tursky W, et al. Application Manual Power Semiconductors[M]. Germany, Ilmenau: ISLE Verlag, 2015.

[2] 安德烈亚斯·福尔克,麦克尔·郝康普. IGBT 模块：技术、驱动和应用[M]. 韩金刚, 译. 北京: 机械工业出版社, 2017.

[3] Castellazzi A, Funaki T, Kimoto T, et al. Thermal instability effects in SiC Power MOSFETs[J]. Microelectronics Reliability, 2012, 52(9-10): 2414-2419.

[4] Riccio M, Castellazzi A, Falco G D, et al. Experimental analysis of electro-thermal instability in SiC Power MOSFETs[J]. Microelectronics Reliability, 2013, 53(9-11): 1739-1744.

[5] Buttay C, Raynaud C, Morel H, et al. Thermal stability of silicon carbide power diodes[J]. IEEE Transactions on Electron Devices, 2012, 59(3): 761-769.

[6] 哈珀.电子封装与互联手册[M]. 贾松良, 蔡坚, 沈卓身, 等译. 北京: 电子工业出版社, 2009.

[7] Wolfspeed. CPW4-1200-S020B bare die datasheet[EB/OL]. http://www.wolfspeed.com/cpw4-1200-s020b, 2020.

[8] IXYS. DWHP16-12 bare die datasheet[EB/OL]. http://www.ixys.com/Documents/CHIPCATALOGIXYS_2008.pdf, 2020.

[9] Ibrahim A, Ousten J P, Lallemand R, et al. Power cycling issues and challenges of SiC-MOSFET power modules in high temperature conditions[J]. Microelectronics Reliability, 2016, 58: 204-210.

[10] 蓝元良, 汤广福, 印永华, 等. 大功率晶闸管热阻抗分析方法的研究[J]. 中国电机工程学报, 2007, 27(19): 1-6.

[11] JEDEC JESD51-14. Transient dual interface test method for the measurement of the thermal resistance junction to case of semiconductor devices with heat flow through a single path[S]. JEDEC Solid State Technology Association, 2010.

[12] 马青, 冉立, 胡博容, 等. SiC MOSFET 静态性能及参数温度依赖性的实验分析及与 Si IGBT 的对比[J]. 电源学报, 2016, 14(6): 67-79.

[13] Infineon. TDIM-Master manual[EB/OL]. http://www.jedec.org/standards-documents/docs/jesd51-14-0, 2020.

第 5 章　SiC 器件的扩容

第 3、4 章分别介绍了 SiC 器件的电学和热学特性。为了满足大功率应用，需要大电流、高电压的 SiC 器件，而大容量 SiC 芯片的成本非常高。多芯片并联、串联和级联是常用的 SiC 器件扩容方法。本章详细分析多芯片并联的电流不均衡问题，及其抑制方法，介绍 Si 和 SiC 器件的混合并联方法。此外，还阐释 SiC 器件串联电压不均衡及其抑制方法。最后，还介绍 Si MOSFET 和 SiC JFET 的级联方法。

5.1　SiC 器件的并联

5.1.1　并联的必要性

由于材料缺陷的原因，SiC 芯片的电流容量和成本之间存在折中。随着额定电流的增加，Si IGBT 芯片的成本呈线性增加，然而，SiC MOSFET 芯片的成本呈指数增加[1-3]，如图 5.1(a)所示。对于 SiC 二极管，虽然芯片成本与额定电流仍成正比，但是大电流 SiC 二极管的成本仍然是 Si 二极管的 8 倍以上，如图 5.1(b)所示。

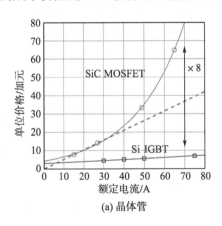
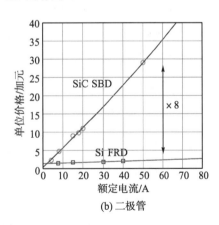

(a) 晶体管　　　　　　　　　　(b) 二极管

图 5.1　SiC 和 Si 功率器件的成本

大功率 SiC 模块需要将大量的芯片并联。对于 1200V 等级的商业化 SiC 功率模块，最大电流约 800A。对于同等电压等级的 Si IGBT 功率模块，最大电流已达到 3600A。由于 SiC 器件的参数分散性较大，多芯片并联的动静态电流均衡问题，限制了大功率 SiC 功率模块的商业化。

5.1.2 并联的不均流现象

以 2 个 SiC MOSFET 并联为例，图 5.2 给出了不平衡电流的产生机理。由于器件参数的分散性、封装寄生电感的不平衡，以及工作结温的不一致，并联 SiC MOSFET 器件的电流应力会出现不平衡，从而在并联支路之间产生环流 $\Delta i_d = i_{d1} - i_{d2}$，进而产生不平衡的损耗。电热应力的不平衡不但使器件电流退额，还将导致并联器件的不均衡老化，不利于并联器件的正常运行[4]。

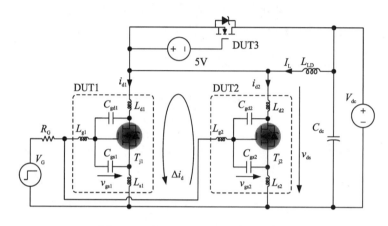

图 5.2 2 个 SiC MOSFET 并联的电路

典型的不平衡电流分布如图 5.3 所示。可见，并联 SiC MOSFET 器件存在明显的动态和静态不平衡电流。动态不平衡电流主要源自器件阈值电压分散性和回路寄生电感的不一致，静态不平衡电流主要源自器件导通电阻的不一致。

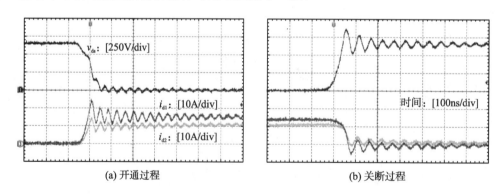

(a) 开通过程   (b) 关断过程

图 5.3 并联 SiC MOSFET 的不平衡电流

导通电阻的正温度系数，有利于并联器件的自均流。对于 Si MOSFET 器件，其导通电阻较大，且对温度较为敏感，如图 5.4 (a) 所示[5]。但是，SiC MOSFET 器件的导通电阻较小，且对温度不敏感，对静态不平衡电流的抑制能力较差。此外，如图 5.4 (b) 所示，SiC

MOSFET 器件的阈值电压为负温度系数，无法抑制动态不平衡电流。因此，应采取必要的辅助措施，抑制并联 SiC MOSFET 的不平衡电流。

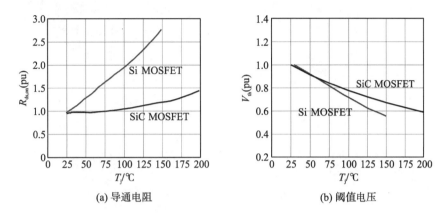

(a) 导通电阻　　　　　　　　　　　(b) 阈值电压

图 5.4　MOSFET 器件的温敏特性

5.1.3　不平衡电流的产生机理

不平衡电流由器件、电路和结温等多种因素的不一致性共同决定，可以表示为

$$\Delta i_{\mathrm{d}} = f_{\mathrm{im}}(\Delta V_{\mathrm{th}}, \Delta \beta, \Delta L_{\mathrm{d}}, \Delta L_{\mathrm{s}}, \Delta T_{\mathrm{j}}) \tag{5.1}$$

式中，ΔV_{th} 和 $\Delta \beta$ 为器件阈值电压和跨导系数的差异；ΔL_{d} 和 ΔL_{s} 为漏极和源极电感的差异；ΔT_{j} 为器件结温的差异。

根据图 5.2，器件栅-源电压和驱动输出电压 V_{G} 之间的传递函数模型可以表示为

$$V_{\mathrm{gs}}(s) = \frac{1}{(L_{\mathrm{g}} + L_{\mathrm{s}})C_{\mathrm{gs}}s^2 + R_{\mathrm{G}}s + 1} V_{\mathrm{G}} \tag{5.2}$$

SiC MOSFET 的漏极电流与阈值电压和跨导系数有关。根据式(2.2)，ΔV_{th} 引起的不平衡电流可以表示为

$$\Delta i_{\mathrm{d}}(\Delta V_{\mathrm{th}}) = \frac{\partial i_{\mathrm{d}}}{\partial V_{\mathrm{th}}} \Delta V_{\mathrm{th}} = -2\beta(v_{\mathrm{gs}} - V_{\mathrm{th}})\Delta V_{\mathrm{th}} \tag{5.3}$$

类似地，$\Delta \beta$ 引起的不平衡电流可以表示为

$$\Delta i_{\mathrm{d}}(\Delta \beta) = \frac{\partial i_{\mathrm{d}}}{\partial \beta} \Delta \beta = (v_{\mathrm{gs}} - V_{\mathrm{th}})^2 \Delta \beta \tag{5.4}$$

以 Wolfspeed 公司的器件 C2M0080120D 为例，典型参数为 $V_{\mathrm{G}} = 20\mathrm{V}$、$V_{\mathrm{th}} = 2.6\mathrm{V}$、$\beta = 1\mathrm{A/V}^2$、$R_{\mathrm{G}} = 20\Omega$、$C_{\mathrm{gs}} = 1980\mathrm{pF}$、$L_{\mathrm{g}} = 9.2\mathrm{nH}$ 和 $L_{\mathrm{s}} = 7.5\mathrm{nH}$。考虑 ΔV_{th} 的影响，根据式(5.2)和式(5.3)，当负荷电流为 30A 时，不平衡电流的分布规律如图 5.5 所示。SiC MOSFET 的开关频率极限可以高达数兆赫兹，但是实际应用中的开关频率仅为几十到几百千赫兹。从图 5.5 可见，不平衡电流的频域分布超过 1MHz。此外，器件的跨导系数越大，ΔV_{th} 引起不平衡电流也越大。

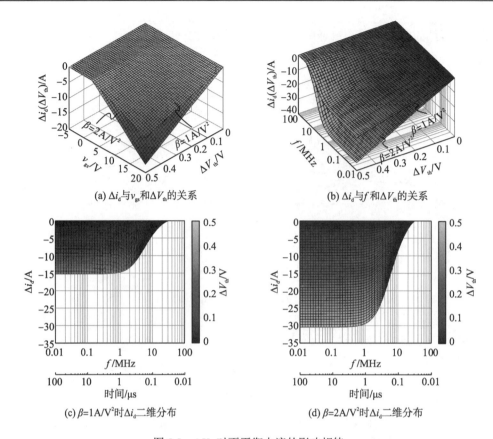

(a) Δi_d 与 v_{gs} 和 ΔV_{th} 的关系   (b) Δi_d 与 f 和 ΔV_{th} 的关系

(c) $\beta=1A/V^2$ 时 Δi_d 二维分布   (d) $\beta=2A/V^2$ 时 Δi_d 二维分布

图 5.5 ΔV_{th} 对不平衡电流的影响规律

类似地，根据式(5.2)和式(5.4)，$\Delta\beta$ 引起的不平衡电流分布规律如图 5.6 所示。可见，动态不平衡电流 Δi_d 随着 v_{gs}、$\Delta\beta$ 和 f 的增加而增加。此外，提高器件的阈值电压 V_{th}，有利于降低由 $\Delta\beta$ 引起的不平衡电流。

功率回路寄生参数的不对称，同样会导致并联器件的不平衡电流。对于 L_d 的不一致，根据图 5.2，由基尔霍夫电压定理可知：

$$L_{d1}\frac{di_{d1}}{dt}+L_{s1}\frac{di_{d1}}{dt}+i_{d1}R_{dson1}=L_{d2}\frac{di_{d2}}{dt}+L_{s2}\frac{di_{d2}}{dt}+i_{d2}R_{dson2}=v_{ds} \tag{5.5}$$

式中，R_{dson1} 和 R_{dson2} 为 SiC MOSFET 的导通电阻。不考虑导通电阻和源极寄生电感的影响，假设 $R_{dson1}=R_{dson2}=R_{dson}$ 和 $L_{s1}=L_{s2}=L_s$。此外，假设 $L_{d1}=L_{d2}+\Delta L_d$，其中，ΔL_d 为并联支路漏极寄生电感的差异。式(5.5)可以简化为

$$\Delta L_d\frac{di_{d1}}{dt}+(L_{d2}+L_s)\frac{d\Delta i_d}{dt}+R_{dson}\Delta i_d=0 \tag{5.6}$$

漏极电流的斜率 di_{d1}/dt 可以近似表示为

$$\frac{di_{d1}}{dt}\approx\frac{1}{2}\frac{I_L}{t_r} \tag{5.7}$$

式中，I_L 为负荷电流；t_r 为器件漏极电流从 0 变化到 $I_L/2$ 的时间。

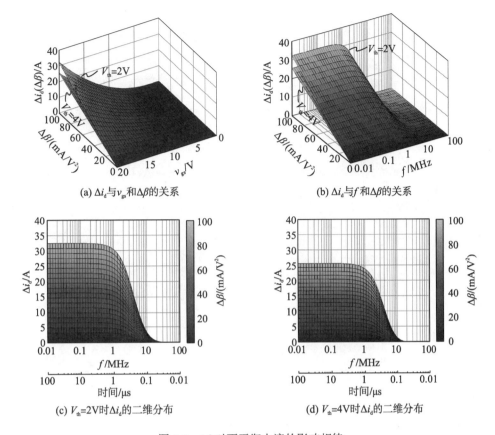

(a) Δi_{d} 与 v_{gs} 和 $\Delta\beta$ 的关系　　　　　　　　(b) Δi_{d} 与 f 和 $\Delta\beta$ 的关系

(c) $V_{th}=2\text{V}$ 时 Δi_{d} 的二维分布　　　　　　　(d) $V_{th}=4\text{V}$ 时 Δi_{d} 的二维分布

图 5.6　$\Delta\beta$ 对不平衡电流的影响规律

因此，ΔL_{d} 产生的不平衡电流可以表示为

$$\Delta i_{d}(\Delta L_{d})=-\frac{I_{L}}{2t_{r}[(L_{d2}+L_{s})s+R_{dson})]}\Delta L_{d} \tag{5.8}$$

可见，不平衡电流 Δi_{d} 正比于 I_{L}/t_{r}。因此，降低器件的开关速度，可以减小 ΔL_{d} 引起的不平衡电流。此外，该部分不平衡电流的最大值出现在 $s=0$ 时，即

$$\Delta I_{d}(\Delta L_{d})=\Delta i_{d}\big|_{s=0}=-\frac{I_{L}}{2R_{dson}t_{r}}\Delta L_{d} \tag{5.9}$$

考虑模型参数 $L_{d2}=5.9\text{nH}$、$R_{dson}=80\text{m}\Omega$、$L_{s}=7.5\text{nH}$、$g_{f}=2.4\text{S}$，根据式(5.8)，不平衡电流 Δi_{d} 与 ΔL_{d} 和 t_{r} 的关系如图 5.7 所示。负荷电流越大、开关速度越快、ΔL_{d} 越大，ΔL_{d} 引起的不平衡电流也越大。

类似地，考虑源极电感 L_{s} 的不匹配，并联器件的漏极电流可以表示为

$$\begin{cases} i_{d1}=g_{m1}(v_{gs}-v_{s1}-V_{th1}) \\ i_{d2}=g_{m2}(v_{gs}-v_{s2}-V_{th2}) \end{cases} \tag{5.10}$$

式中，$v_{s1}=L_{s1}\mathrm{d}i_{d1}/\mathrm{d}t$ 和 $v_{s2}=L_{s2}\mathrm{d}i_{d2}/\mathrm{d}t$ 为源极电感的感应电压。不考虑器件阈值电压和跨导的差异，即 $V_{th1}=V_{th2}=V_{th}$、$g_{f1}=g_{f2}=g_{f}$，式(5.10)可以化简为

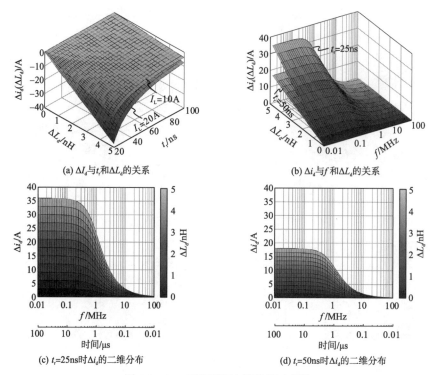

(a) ΔI_d 与 t_r 和 ΔL_d 的关系　　　　　　　(b) Δi_d 与 f 和 ΔL_d 的关系

(c) $t_r=25\mathrm{ns}$ 时 Δi_d 的二维分布　　　　　　(d) $t_r=50\mathrm{ns}$ 时 Δi_d 的二维分布

图 5.7　ΔL_d 对不平衡电流的影响规律

$$\Delta L_s \frac{di_{d1}}{dt} + L_{s2} \frac{d\Delta i_d}{dt} = -\frac{1}{g_f} \Delta i_d \tag{5.11}$$

式中，$\Delta L_s = L_{s1} - L_{s2}$。动态不平衡电流可以表示为

$$\Delta i_d(\Delta L_s) = -\frac{g_f I_L}{2t_r(g_f L_{s2} s + 1)} \Delta L_s \tag{5.12}$$

　　类似于式(5.9)，最大不平衡电流出现在 $s=0$ 处，且可以表示为

$$\Delta I_d(\Delta L_s) = \Delta i_d\big|_{s=0} = -\frac{g_f I_L}{2t_r} \Delta L_s \tag{5.13}$$

　　当 $L_{s2} = 7.5\mathrm{nH}$ 和 $g_f = 2.4\mathrm{S}$ 时，L_s 不匹配所产生的不平衡电流如图 5.8 所示。因为 $1/g_m > R_{dson}$，ΔL_s 对不平衡电流的影响比 ΔL_d 小。负荷电流越大、器件开关速度越快、ΔL_s 越大，ΔL_s 引起的不平衡电流越大。

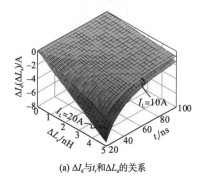

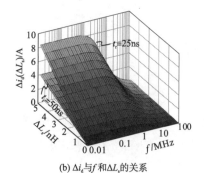

(a) ΔI_d 与 t_r 和 ΔL_d 的关系　　　　　　　(b) Δi_d 与 f 和 ΔL_s 的关系

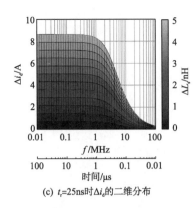
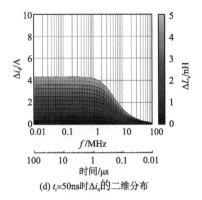

(c) t_r=25ns 时 Δi_d 的二维分布　　　　　　(d) t_r=50ns 时 Δi_d 的二维分布

图 5.8　ΔL_s 对不平衡电流的影响规律

SiC MOSFET 的电气特性高度依赖于温度。由于并联 SiC 器件在散热器或直接覆铜板（direct bonded copper，DBC）上的布局不对称，使并联器件间的热阻不相等。即使在并联器件损耗相同的情况下，器件的结温仍然存在差异。此外，器件的阈值电压和跨导受温度影响，将进一步影响并联器件的不平衡电流。根据式(2.2)，器件漏极电流受结温的影响可以表示为

$$\frac{\partial i_d}{\partial T_j} = (v_{gs} - V_{th})\frac{\partial g_f}{\partial T_j} - g_f\frac{\partial V_{th}}{\partial T_j} \tag{5.14}$$

式中，T_j 为 SiC MOSFET 器件的结温。由结温差异引起的不平衡电流可以表示为

$$\Delta i_d(\Delta T_j) = \frac{\partial i_d}{\partial T_j}\Delta T_j \tag{5.15}$$

典型 SiC MOSFET 的温敏特性如图 5.9 所示，V_{th} 和 g_f 与温度的典型关系可以表示为

$$\begin{cases} V_{th} = 2.71 - 6.37\times10^{-3}T_j \\ g_f = 2.39 + 1.62\times10^{-2}T_j \end{cases} \tag{5.16}$$

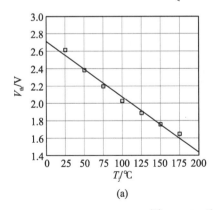
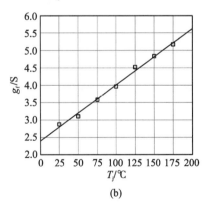

(a)　　　　　　　　　　　　　　　　　(b)

图 5.9　V_{th} 和 g_f 的温度影响规律

当 $V_{th} = 2.7\text{V}$、$g_f = 2.4\text{S}$、$T_j = 25℃$ 和 $I_L = 30\text{A}$ 时，ΔT_j 对不平衡电流的影响如图 5.10 所示。可见，不平衡电流 Δi_d 随着 ΔT_j 和 v_{gs} 的增加而增加。提高器件的阈值电压有助于抑

制不平衡电流。此外，该部分不平衡电流具有正温度系数，可能导致并联器件的热失控，甚至损坏。

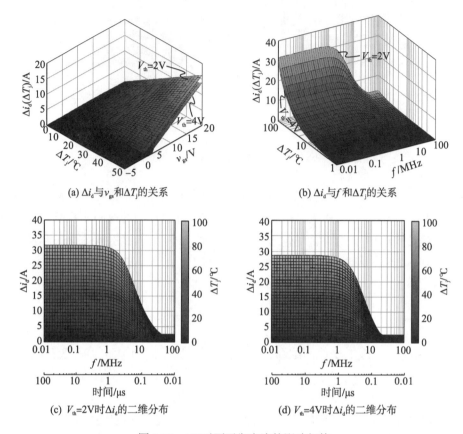

(a) Δi_d 与 v_{gs} 和 ΔT_j 的关系　　　　　　　　　　(b) Δi_d 与 f 和 ΔT_j 的关系

(c) V_{th}=2V 时 Δi_d 的二维分布　　　　　　　　　　(d) V_{th}=4V 时 Δi_d 的二维分布

图 5.10　ΔT_j 对不平衡电流的影响规律

5.1.4　不平衡电流的抑制方法

SiC MOSFET 并联不平衡电流的抑制方法通常有 5 种。

第一种，可以通过串联电阻，抑制静态不平衡电流[6]，如图 5.11(a) 所示。

第二种，可以通过有源的驱动，闭环调节器件的动态行为，消除不平衡电流[7, 8]，如图 5.11(b) 所示。

第三种，可以在并联器件的栅极和源极植入无源网络，来调节器件的开关过程，抑制不平衡电流[9-11]，如图 5.11(c) 所示。

第四种，可以在并联的功率回路串入耦合电感，强迫并联回路的电流均衡[5]，如图 5.11(d) 所示。

第五种，可以通过对称的 DBC 布局，消除由并联回路不对称引起的不平衡电流[12, 13]，如图 5.11(e) 所示。

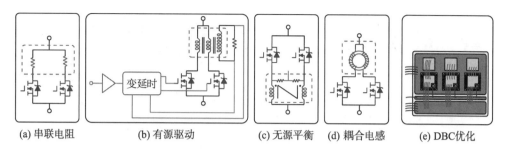

(a) 串联电阻　　　　(b) 有源驱动　　　(c) 无源平衡　(d) 耦合电感　(e) DBC优化

图 5.11　不平衡电流的抑制方法

这些方法的原理不同，在各项性能指标方面也存在差异，如图 5.12 所示。

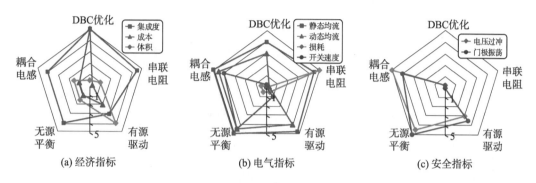

(a) 经济指标　　　　　　　　(b) 电气指标　　　　　　　　(c) 安全指标

图 5.12　不平衡电流抑制方法的对比

在经济性能指标方面，DBC 优化直接针对功率模块的芯片布局，该方法最容易集成到模块内部。有源驱动需要高带宽、低延迟的电流传感器，以及闭环控制回路，调节不同器件的驱动延迟时间，该方法的体积最大，也最难于集成到模块内部。但是，DBC 布局的改变，所需投入的成本也是最高的。

在电气性能指标方面，串联电阻只能抑制静态不平衡电流，无法抑制动态不平衡电流，其他方法均能抑制动态和静态不平衡电流。然而，无源平衡和耦合电感方法改变了并联器件的回路阻抗，会降低器件的开关速度，增加器件的开关损耗。串联电阻流过负荷电流，会增加电路的导通损耗。

在电气安全性能指标方面，无源平衡和耦合电感方法会引入一定的寄生电感，会增加器件的关断电压过冲，可能引起栅极电压振荡。

综合评价来看，耦合电感方法是一种低成本、易集成和性能较佳的不平衡电流抑制方法。但是，需要优化设计耦合电感的结构和参数，尽可能减小寄生电感。

耦合电感的工作原理如图 5.13 所示。如图 5.13 (a) 所示，平衡的支路电流为共模电流，在磁芯中产生的主磁通 B_{core} 为零。并联支路的电流仅受与空气交链的漏磁通 B_{air} 影响，该部分磁通对应于耦合电感的漏感。如图 5.13 (b) 所示，不平衡的支路电流为差模电流，并在磁芯中激励主磁通，该部分磁通对应耦合电感的激磁电感。

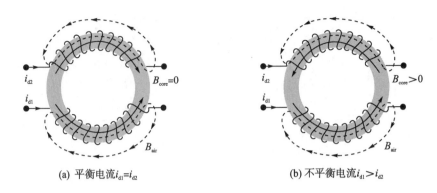

(a) 平衡电流 $i_{d1}=i_{d2}$ (b) 不平衡电流 $i_{d1}>i_{d2}$

图 5.13   耦合电感中的磁通分布

从阻抗的角度来看，不平衡电流可以表述为

$$\Delta i_d = v_{ds}/Z_1 - v_{ds}/Z_2 = v_{ds}(Z_2 - Z_1)/(Z_1 Z_2) \tag{5.17}$$

式中，Z_1 和 Z_2 为并联支路的等效阻抗。

如图 5.14 所示，耦合电感抑制不平衡电流的工作原理可以分为以下 4 个阶段。

(1)阶段 1：分析的起始阶段，假设 $Z_1 = Z_2$，即并联 SiC MOSFET 的负荷电流平衡，$i_{d1} = i_{d2}$。

(2)阶段 2：由于器件参数分散性、布局不对称或器件结温差异等原因，导致并联支路的等效阻抗不相等($Z_1 \neq Z_2$)，例如 $Z_1 < Z_2$，那么 $i_{d1} > i_{d2}$，式(5.17)所示的不平衡电流为并联支路之间的环流。

(3)阶段 3：根据耦合电感的同名端定义，耦合电感的两个绕组在并联支路所感应的电压大小相等，方向相反，即 v_m 和 $-v_m$，其中，$v_m = L_m d\Delta i_d/dt$。

(4)阶段 4：感应电压调节不平衡电流，i_{d2} 增加，i_{d1} 减小，Δi_d 逐渐减小，使并联支路的电流趋于一致。

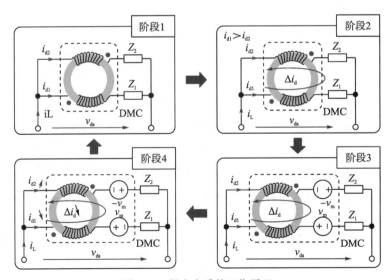

图 5.14   耦合电感的工作原理

可见，在抑制不平衡电流的过程中，耦合电感的一个绕组吸收功率 $P_{in} = v_m \Delta i_d$，并将电能转换为磁能。然而，另一个绕组产生功率 $P_{out} = -v_m \Delta i_d$，将磁能转换为电能。因此，耦合电感利用磁通作为媒介，将一个支路的电流转移到另一个支路，抑制不平衡电流，且几乎没有能量损失。

采用耦合电感实现 SiC MOSFET 并联均流的电路图如图 5.15 所示。根据耦合电感的几何结构，不平衡电流所产生的主磁通可以表述为

$$B_{core} = 2n\mu_r\mu_0 \frac{i_{d1} - i_{d2}}{\pi(D_{max} + D_{min})} = \frac{2n\mu_r\mu_0}{\pi(D_{max} + D_{min})}\Delta i_d \tag{5.18}$$

式中，n 为绕组的匝数；μ_0 和 μ_r 为真空磁导率和磁芯的相对磁导率；D_{max} 和 D_{min} 为磁芯的外径和内径。空气中的漏磁通可以表述为

$$B_{air} = n\mu_r\mu_0 i_d / l \tag{5.19}$$

式中，l 为绕组的长度。

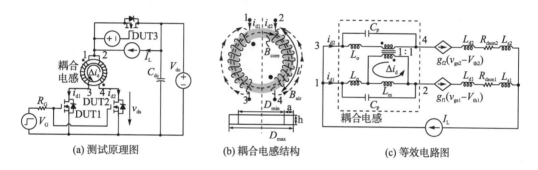

(a) 测试原理图　　　　　　(b) 耦合电感结构　　　　　(c) 等效电路图

图 5.15　耦合电感中的磁通分布

图 5.15（c）给出了采用耦合电感均流的等效电路。其中，C_p 为耦合电感绕组的等效并联电容，可能造成开关过程中的振荡，但是不会影响并联电流的均衡。通过优化耦合电感的绕组，可以降低 C_p 的大小。根据耦合电感的几何结构，激磁电感 L_m 和漏感 L_σ 可以表示为

$$\begin{cases} L_m = \dfrac{nB_{core}S_{core}}{\Delta i_d} = \mu_r\mu_0 \dfrac{2n^2 S_{core}}{\pi(D_{max} + D_{min})} \\ L_\sigma = nB_{air}S_{core}/i_d = n^2\mu_0 S_{core}/l \end{cases} \tag{5.20}$$

式中，$S_{core} = ah = 0.5(D_{max} - D_{min})h$，为磁芯的截面积。

忽略 C_p，根据图 5.15（c），加入耦合电感后，并联支路的电流为

$$(L_\sigma + L_{d1} + L_{s1})\frac{di_{d1}}{dt} + L_m\frac{d\Delta i_d}{dt} + R_{dson1}i_{d1} = (L_\sigma + L_{d2} + L_{s2})\frac{di_{d2}}{dt} - L_m\frac{d\Delta i_d}{dt} + R_{dson2}i_{d2} \tag{5.21}$$

假设 $R_{dson1} = R_{dson2} + \Delta R_{ds}$，式 (5.21) 可以化简为

$$(2L_m + L_\sigma + L_{d2} + L_{s2})\frac{d\Delta i_d}{dt} + (\Delta L_d + \Delta L_s)\frac{di_{d1}}{dt} + R_{dson2}\Delta i_d + \Delta R_{ds}i_{d1} = 0 \tag{5.22}$$

因此，此时的不平衡电流 Δi_d 可以表示为

$$\Delta i_{\mathrm{d}} = -\frac{\Delta R_{\mathrm{ds}} + (\Delta L_{\mathrm{d}} + \Delta L_{\mathrm{s}})/t_{\mathrm{r}}}{(2L_{\mathrm{m}} + L_{\sigma} + L_{\mathrm{d2}} + L_{\mathrm{s2}})s + R_{\mathrm{dson2}}}\frac{I_{\mathrm{L}}}{2} \tag{5.23}$$

可见，Δi_{d} 随负荷电流 I_{L} 的增加而增加。为了避免耦合电感饱和，需要优化设计磁芯的材料和绕组的匝数。在动态过程中，$s \neq 0$ 且 $L_{\mathrm{m}} >> L_{\sigma} + L_{\mathrm{d2}} + L_{\mathrm{s2}}$，因此，高频的不平衡电流主要由 L_{m} 抑制。在稳态，$s = 0$，式(5.23)可化简为

$$\Delta i_{\mathrm{dmax}} = \Delta i_{\mathrm{d}}\big|_{s=0} = -\frac{\Delta R_{\mathrm{ds}} + (\Delta L_{\mathrm{d}} + \Delta L_{\mathrm{s}})/t_{\mathrm{r}}}{R_{\mathrm{dson2}}}\frac{I_{\mathrm{L}}}{2} \tag{5.24}$$

最大不平衡电流 Δi_{dmax} 理论上决定于等效阻抗 $\Delta R_{\mathrm{dson}} + (\Delta L_{\mathrm{d}} + \Delta L_{\mathrm{s}})/t_{\mathrm{r}}$。根据式(5.23)，定义电流不平衡率为

$$\gamma_{\mathrm{im}} = \frac{\Delta i_{\mathrm{d}}}{I_{\mathrm{L}}/2} = -\frac{\Delta R_{\mathrm{ds}} + (\Delta L_{\mathrm{d}} + \Delta L_{\mathrm{s}})/t_{\mathrm{r}}}{(2L_{\mathrm{m}} + L_{\sigma} + L_{\mathrm{d2}} + L_{\mathrm{s2}})s + R_{\mathrm{dson2}}} \tag{5.25}$$

如图 5.16 所示，当 $\Delta L_{\mathrm{d}} = \Delta L_{\mathrm{s}} = 2\mathrm{nH}$、$L_{\sigma} = 1\mathrm{nH}$ 和 $\Delta R_{\mathrm{dson}} = 10\mathrm{m\Omega}$ 时，γ_{im} 随着 L_{m} 的增加而急剧减小。然而，过大的 L_{m} 意味着耦合电感具有较大的体积、重量和成本。因此，当确定 L_{m} 时，存在性能折中。

图 5.16(a) 可以投影到二维平面，如图 5.16(b) 和图 5.16(c) 所示。一旦确定了所期望的 γ_{im}，就可以根据图 5.16 确定 L_{m} 的取值。例如，当 $t_{\mathrm{r}} = 25\mathrm{ns}$ 时，若期望 $\gamma_{\mathrm{im}} = 5\%$，根据图 5.16(b)，$L_{\mathrm{m}}$ 的最小值为 $2\mu\mathrm{H}$。当 $t_{\mathrm{r}} = 10\mathrm{ns}$ 时，若仍然期望 $\gamma_{\mathrm{im}} = 5\%$，根据图 5.16(c)，$L_{\mathrm{m}}$ 的最小值为 $7\mu\mathrm{H}$。

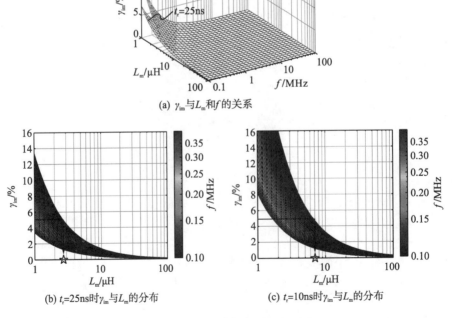

(a) γ_{im} 与 L_{m} 和 f 的关系

(b) $t_{\mathrm{r}}=25\mathrm{ns}$ 时 γ_{im} 与 L_{m} 的分布

(c) $t_{\mathrm{r}}=10\mathrm{ns}$ 时 γ_{im} 与 L_{m} 的分布

图 5.16　L_{m} 对电流不平衡率的影响

磁芯的主磁通可以抑制不平衡电流，而空气中的漏磁通却会增加开关振荡。因此，在确保磁芯不饱和的情况下，应该增加主磁通，减小漏磁通。在优化设计耦合电感的过程中，还应该满足一些基本规律：选择高频材料、确定合适的绕组匝数、保证足够的主磁通、优化绕组结构等。

（1）优化选择磁芯和绕组材料。

对于高频应用，磁芯可以选择 AlSiFe 磁粉芯，降低涡流和磁滞引起的损耗。此外，绕组可以选择多股的利兹线，降低集肤效应引起的损耗。

（2）优化确定绕组匝数。

耦合电感的绕组匝数决定于所期望的 L_m。根据式（5.20），绕组的匝数至少应为

$$n = \sqrt{\frac{\pi(D_{\max} + D_{\min})L_m}{\mu_r \mu_0 (D_{\max} - D_{\min})h}} \tag{5.26}$$

（3）确定磁芯的主磁通。

磁芯中的主磁通大小取决于所需处理的最大不平衡电流，可以表示为

$$B_{op} = \frac{2n\mu_r \mu_0}{\pi(D_{\max} + D_{\min})} \Delta i_{d\max} \tag{5.27}$$

同时，B_{op} 也受到磁芯饱和磁通 B_{sat} 的限制，$B_{op} \leqslant B_{sat}$。定义磁通的裕量：

$$\varepsilon_B = (B_{sat} - B_{op})/B_{sat}, \quad \varepsilon \in [0, 1] \tag{5.28}$$

式中，ε_B 为量化剩余磁通的系数。在设计磁芯的工作磁通时，应保证足够的裕量，以防止极端负荷条件导致磁芯饱和。

（4）优化绕组的结构。

为了降低器件的关断过电压，应该尽可能减小耦合电感的漏感。此外，绕组的等效并联电容也可能激发开关振荡，也应该尽可能减小。通过绕组结构的优化，这些参数都可以得到降低。

分布绕组和并绕是两种常见的绕组形式，如图 5.17 所示。相对于分布绕组，采用并绕方式，两个反向的绕组耦合更加紧密，可以减小漏磁通和漏感。此外，并绕方式还表现出更低的等效并联电容。

（5）设计案例。

步骤 1：选择 AlSiFe 磁芯 CS229125，其基本参数为 $\mu_r = 125$、$B_{sat} = 1.05T$、$D_{\max} = 23mm$、$D_{\min} = 14mm$、$h = 7.62mm$。选择 100 股的利兹线，截面积为 $0.78mm^2$。

步骤 2：根据图 5.16，若希望 $\gamma_{im} = 5\%$，可以确定 $L_m = 9\mu H$。根据式（5.26），绕组匝数可以确定为 $n = 10$。

步骤 3：若需要处理的最大不平衡电流为 $\Delta i_{d\max} = 20A$，根据式（5.27），B_{op} 为 0.54T。相对于所选磁芯的饱和磁通，磁芯的主磁通有接近 50% 的裕量。

步骤 4：采用并绕绕组，降低耦合电感的漏感和等效并联电容。

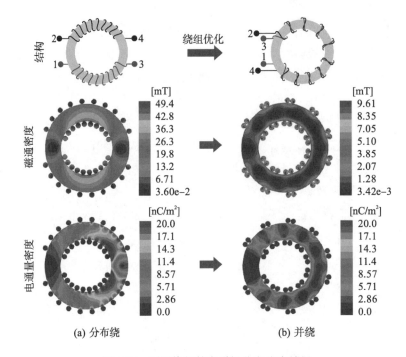

图 5.17　不同绕组的电磁场分布仿真结果

　　采用不同绕组形式的耦合电感，并联 SiC MOSFET 的典型实验结果如图 5.18 所示。采用分布绕组，由于漏感和等效并联电容较大，器件漏极电流的振荡频率接近 10MHz。采用并绕绕组，电流的振荡频率接近 20MHz，表明并绕可以降低耦合电感的寄生参数。此外，相对于分布绕组，采用并绕绕组可以将电流不平衡度从 40% 降低至 7%。

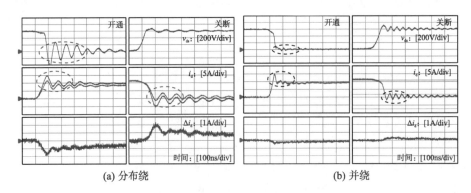

图 5.18　不同绕组耦合电感的实验结果

　　图 5.19 给出了不同措施的并联均流实验结果。如图 5.19(a) 所示，在器件并联支路串入 1Ω 的电阻后，可以抑制静态不平衡电流。但是，串联电阻对动态不平衡电流没有影响，电流不平衡度为 28%。如图 5.19(b) 所示，采用耦合电感后，静态和动态不平衡电流都得到了有效抑制，电流不平衡度降低到 7%。

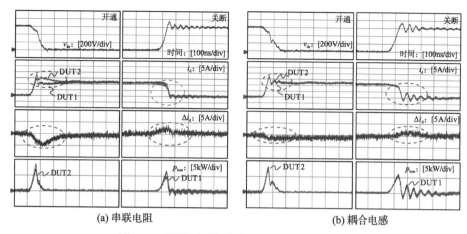

(a) 串联电阻　　　　　　　　(b) 耦合电感

图 5.19　不同不平衡电流抑制方法的实验结果

图 5.20 进一步给出了不同负荷电流条件下的对比实验结果。可见，串联电阻无法抑制动态不平衡电流，不平衡电流随着负荷电流的增加而增加。采用耦合电感后，能够保证并联器件开关行为的一致性和同步性。

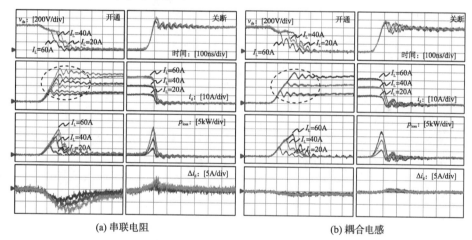

(a) 串联电阻　　　　　　　　(b) 耦合电感

图 5.20　不同负荷电流的实验结果

不同负荷电流情况下，并联器件的开关轨迹 v_{ds}-i_d 如图 5.21 所示，图中直观地表明，耦合电感能较好地抑制并联器件的不平衡电流。

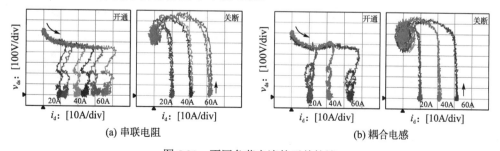

(a) 串联电阻　　　　　　　　(b) 耦合电感

图 5.21　不同负荷电流的开关轨迹

　　为了验证耦合电感对器件开关速度的适应性，图 5.22 给出了不同栅极驱动电阻条件下的实验结果。小的栅极驱动电阻可以提高器件的开关速度和 di/dt。若不采取措施，静态和动态不平衡电流随着驱动电阻的减小而增加。采用耦合电感后，能够较好地抑制并联器件之间的不平衡电流。

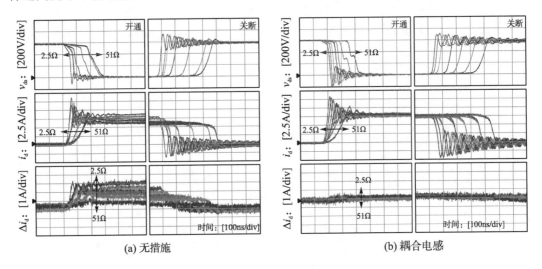

(a) 无措施　　　　　　　　　　　　　　　　　　　　　(b) 耦合电感

图 5.22　不同开关速度的实验结果

5.2　SiC 器件的混合并联

　　在不过多牺牲器件整体性能的前提下，SiC 器件和 Si 器件的混合并联，可以减少 SiC 器件的使用，降低混合器件的成本。这类 SiC 混合器件主要有两大类。

5.2.1　混合功率模块

　　这一类混合器件为 Si IGBT 和 SiC 二极管的并联，利用 SiC SBD 或 SiC JBS 二极管代替 Si PiN 或 Si FRD 二极管，作为 Si IGBT 的反并联二极管。这类混合器件只需替换传统功率模块中的二极管，便于商业化。为了区别于传统的全 Si 功率模块，将 Si IGBT 和 SiC 二极管的并联称为混合功率模块[13]。全 Si 模块和混合功率模块的开关波形如图 5.23 所示。由于 SiC 二极管的反向恢复损耗很小，相对于全 Si 功率模块，混合模块可以减少 20%～40%的开关损耗。在相同封装下，提高器件的输出电流，提高 Si IGBT 的开关频率。虽然该类器件相对于全 Si 器件增加了部分成本，但是相对于全 SiC 器件，该类混合器件不失为一种性价比较高的方案。

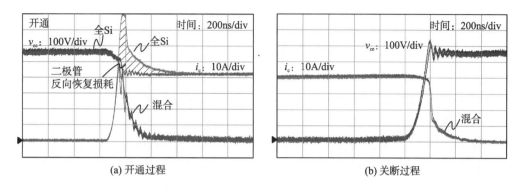

(a) 开通过程　　　　　　　　　　　　　　　(b) 关断过程

图 5.23　全 Si 功率模块和混合功率模块的开关过程

5.2.2　混合开关

这类混合并联器件采用 Si IGBT 和 SiC MOSFET 并联。如图 5.24(a)所示,该类混合器件利用 SiC MOSFET 开关速度快的优势,在开通过程中,让 SiC MOSFET 提前开通,让 Si IGBT 实现零电压开通;在关断过程中,让 SiC MOSFET 提前关断,保证 Si IGBT 零电流关断[15-17]。在器件开关过程中,降低器件两端电压和电流的交叠时间,减小器件的开关损耗。当器件稳态导通时,利用便宜的 Si IGBT 承受负荷电流。相对于全 SiC 器件,该类混合器件可以有效降低器件的成本。如图 5.24(b)所示,调节 Si IGBT 和 SiC MOSFET 之间的容量比例,可以在性能和成本之间寻求折中。

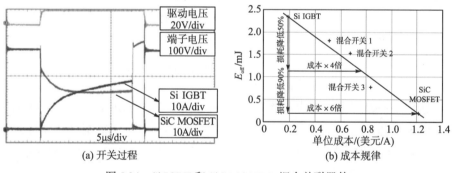

(a) 开关过程　　　　　　　　　　　　　　　(b) 成本规律

图 5.24　Si IGBT 和 SiC MOSFET 混合并联器件

针对混合并联器件,近年来,出现了大量封装集成的功率模块,如图 5.25 所示。典型的功率模块包括 Linpak[XS] 概念[18]、FREEDM-Pair 概念[19]和 HyS 概念[20]。

(a) Linpak[XS]　　　　　　　(b) FREEDM-Pair　　　　　　　(c) HyS

图 5.25　Si IGBT 和 SiC MOSFET 混合并联功率模块

5.3   SiC 器件的串联

在中压并网逆变器、中压变频器、固态变压器和 MMC 变换器等领域，对 3.3~15kV 的 SiC 器件具有广泛的需求[21, 22]。目前，中压 SiC 功率器件在稳定的外延生长和高良品率方面还存在技术挑战，尚未商业化。即使商业化，其昂贵的材料成本和制造工艺，也将限制其大规模应用。此外，器件电压越高，其宇宙辐射故障越高，器件运行电压退额越大。

SiC 器件的串联是实现中压器件的另一条途径。由于器件阈值电压、漏极电流、结电容等参数的分散性，SiC MOSFET 器件的串联仍然具有不小的挑战。SiC 器件的直接串联往往面临器件电压分布不均衡的问题。通过合理设计器件的无源或有源电压均衡网络，可以实现串联器件的均压，如图 5.26 (a) 和图 5.26 (b) 所示[23]。此外，也可以采用单端驱动，借助多米诺骨牌效应驱动串联的 SiC 器件，减小多个驱动的分散性，如图 5.26 (c) 所示[24, 25]。

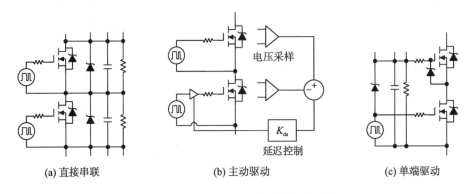

(a) 直接串联   (b) 主动驱动   (c) 单端驱动

图 5.26   SiC MOSFET 串联的电路结构

为了便于工业应用，出现了基于器件串联的中压 SiC 功率模块。如图 5.27 (a) 和图 5.27 (b) 所示，基于 40A/1200V 的 SiC 芯片，80A/3.6kV 和 200A/10kV 的 SiC 功率模块分别采用了 3 串 2 并、9 串 4 并的电路结构[26, 27]。如图 5.27 (c) 所示，基于 SiC 芯片 CPM2-1200-0025B，60A/7.2kV 的 SiC 功率模块采用 6 芯片串联的电路结构[28]。

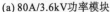

(a) 80A/3.6kV功率模块   (b) 200A/10kV功率模块   (c) 60A/7.2kV功率模块

图 5.27   基于器件串联的 SiC MOSFET 中压功率模块

5.4　SiC 器件的级联

除 SiC MOSFET 外，SiC JFET 器件也是一种具有商业化潜力的 SiC 器件。JFET 结构不需要栅极氧化物层，避免了 SiC MOSFET 器件栅极可靠性不高的难题，成为最早商业化的 SiC 晶体管。但是，JFET 器件通常为常开型器件，限制了其应用领域。

如图 5.28 所示，采用低压 Si MOSFET 器件和高压 SiC JFET 的级联，所形成的 Cascode 结构可以衍生常闭型的 SiC 器件[29]。

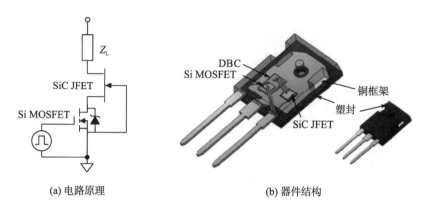

(a) 电路原理　　　　　　　　　　　　(b) 器件结构

图 5.28　Si MOSFET 和 SiC JFET 级联器件

该器件具有三种工作状态，即正向导通、非同步反向导通和同步反向导通，如图 5.29 所示。在正向导通工作状态，给 Si MOSFET 栅极施加驱动电压，MOSFET 导通后，使 SiC JFET 导通。在非同步反向导通工作状态，Si MOSFET 栅-源极承受负压，MOSFET 关断，Si MOSFET 的反并联二极管和 SiC JFET 形成续流通道。在同步反向导通工作状态，Si MOSFET 栅-源极承受正压，续流二极管和 JFET 形成电流通道。

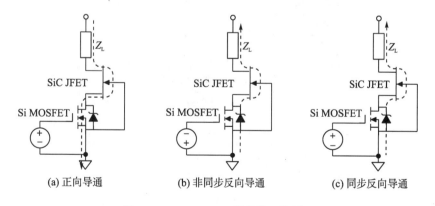

(a) 正向导通　　　　　　　(b) 非同步反向导通　　　　　　　(c) 同步反向导通

图 5.29　SiC Cascode 器件的工作原理

以UnitedSiC公司的器件UJ3C120080K3S为例,采用Cascode结构之后,由Si MOSFET器件控制级联器件的开关,其阈值电压高,有利于抑制串扰。此外,根据图 5.30(a)所示跨导特性,Cascode 级联 SiC 器件的跨导系数比同等级 SiC MOSFET 更大,器件的开关速度更快。此外,图 5.30(b)给出了器件的反向导通特性,由于 Cascode 器件反向导通为低压的 Si 二极管,其导通压降比 SiC MOSFET 更低。此外,若采用低压 Si SBD 二极管,还能减小 Cascode 器件的反向恢复损耗。

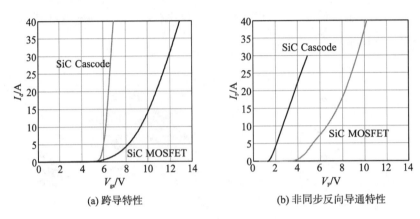

(a) 跨导特性   (b) 非同步反向导通特性

图 5.30   Si MOSFET 和 SiC JFET 级联器件的静态特性

图 5.31 给出了 Cascode 级联 SiC 器件和 SiC MOSFET 的典型开关过程。采用 Si MOSFET 和 SiC JFET 级联结构,可以达到与 SiC MOSFET 器件相媲美的开关速度。但是,在 Cascode 器件中,Si 二极管的反向恢复损耗比 SiC 二极管略大。

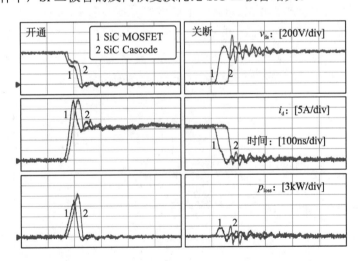

图 5.31   Si MOSFET 和 SiC JFET 级联器件的动态特性

此外,采用更多的 SiC JFET 器件级联,可以获得更高电压等级的器件[30, 31],如图 5.32(a)所示。如图 5.32(b)所示,采用 Si MOSFET 级联驱动 6 个串联的 SiC JFET 器件,实现了

8.5kV/200A 的功率模块。

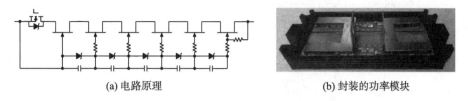

(a) 电路原理　　　　　　　　　　　　　　　(b) 封装的功率模块

图 5.32　Si MOSFET 和 SiC JFET 多级级联结构

5.5　本　章　小　结

　　本章介绍了 SiC 器件的扩容方法。在 SiC 器件并联方面，器件参数分散性、回路参数不平衡和结温不一致等因素，是不平衡电流产生的主要原因，采用 DBC 优化、有源驱动、无源平衡、耦合电感和串联电阻等方法，可以抑制不平衡电流，各种方法在经济性、有效性和安全性方面存在折中。在 SiC 器件串联方面，为了抑制不平衡电压应力分布，可以采用无源平衡、有源驱动和单端驱动等方法。在 SiC 器件级联方面，低压 Si MOSFET 与 SiC JFET 器件级联，可以获得与 SiC MOSFET 相媲美的电学性能，且成本较低。

参 考 文 献

[1] Deshpande A, Luo F. Practical design considerations for a Si IGBT + SiC MOSFET hybrid switch: parasitic interconnect influences, cost, and current ratio optimization[J]. IEEE Transactions on Power Electronics, 2019, 34(1): 724-737.

[2] Guan Q X, Li C, Zhang Y, et al. An extremely high efficient three-level active neutral-point-clamped converter comprising SiC and Si hybrid power stages[J]. IEEE Transactions on Power Electronics, 2018, 33(10): 8341-8352.

[3] Ning P, Li L, Wen X, et al. A hybrid Si IGBT and SiC MOSFET module development[J]. CES Transactions on Electrical Machines and Systems, 2017, 1(4): 360-366.

[4] 曾正, 邵伟华, 胡博容, 等. 基于耦合电感的 SiC MOSFET 并联主动均流[J]. 中国电机工程学报, 2017, 37(7): 2068-2080.

[5] Zeng Z, Zhang X, Zhang Z. Imbalance current analysis and its suppression methodology for parallel SiC MOSFETs with aid of a differential mode choke[J]. IEEE Transactions on Industrial Electronics, 2020, 67(2): 1508-1519.

[6] Wang H, Wang F. Power MOSFETs paralleling operation for high power high density converters[C]. IEEE Industry Applications Conference Forty-First IAS Annual Meeting, 2006: 1-6.

[7] Peftitsis D, Baburske R, Rabkowski J, et al. Challenges regarding parallel connection of SiC JFETs[J]. IEEE Transactions on Power Electronics, 2013, 28(3): 1449-1463.

[8] Xue Y, Lu J, Wang Z, et al. A compact planar Rogowski coil current sensor for active current balancing of parallel-connected silicon carbide MOSFETs[C]. IEEE Energy Conversion Congress and Exposition, 2015: 4685-4690.

[9] Mao Y, Miao Z, Wang C M, et al. Balancing of peak currents between paralleled SiC MOSFETs by drive-source resistors and coupled power-source inductors[J]. IEEE Transactions on Industrial Electronics, 2017, 64(10): 8334-8343.

[10] Mao Y, Miao Z, Wang C M, et al. Passive balancing of peak currents between paralleled MOSFETs with unequal threshold voltages[J]. IEEE Transactions on Power Electronics, 2017, 32(5): 3273-3277.

[11] Miao Z, Mao Y, Lu G Q, et al. Magnetic integration into a silicon carbide power module for current balancing[J]. IEEE Transactions on Power Electronics, 2019, 34(11): 11026-11035.

[12] Bęczkowski S, Jørgensen A B, Li H, et al. Switching current imbalance mitigation in power modules with parallel connected SiC MOSFETs[C]. IEEE European Conference on Power Electronics and Applications, 2017: 1-8.

[13] Zeng Z, Zhang X, Li X. Layout-dominated dynamic current imbalance in multichip power module: mechanism modeling and comparative evaluation[J]. IEEE Transactions on Power Electronics, 2019, 34(11): 11199-11214.

[14] Mirzaee H, De A, Tripathi A, et al. Design comparison of high-power medium-voltage converters based on a 6.5-kV Si-IGBT/Si-PiN diode, a 6.5-kV Si-IGBT/SiC-JBS diode, and a 10-kV SiC-MOSFET/SiC-JBS diode[J]. IEEE Transactions on Industry Applications, 2014, 50(4): 2728-2740.

[15] Song X, Huang A Q. 6.5kV FREEDM-pair: ideal high power switch capitalizing on Si and SiC[C]. IEEE European Conference on Power Electronics and Applications, 2015: 1-9.

[16] Song X, Huang A Q, Liu P, et al. 1200V/200A FREEDM-pair: loss and cost reduction analysis[C]. IEEE Workshop on Wide Bandgap Power Devices and Applications, 2016: 1-6.

[17] Wang Y, Chen M, Yan C, et al. Efficiency improvement of grid inverters with hybrid devices[C]. IEEE Transactions on Power Electronics, 2019, 34(8): 7558-7572.

[18] Kicin S, Vemulapati U, Skibin S, et al. Characterization of 1.7kV SiC MOSFET / Si IGBT cross-switch hybrid on the LinPak platform[C]. IEEE International Exhibition and Conference for Power Electronics, Intelligent Motion, Renewable Energy and Energy Management, 2019: 1-8.

[19] Zhang L, Zhao X, Song X, et al. Gate driver design and continuous operation of an improved 1200V/200A FREEDM-pair half-bridge power module[C]. IEEE Applied Power Electronics Conference and Exposition, 2018: 1-5.

[20] Li L, Ning P, Wen X, et al. A 1200V/200A half-bridge power module based on Si IGBT/SiC MOSFET hybrid switch[J]. CPSS Transactions on Power Electronics and Applications, 2018, 3(4): 292-300.

[21] She X, Huang A Q, Lucía Ó, et al. Review of silicon carbide power devices and their applications[J]. IEEE Transactions on Industrial Electronics, 2017, 64(10): 8193-8205.

[22] She X, Huang A Q, Burgos R. Review of solid-state transformer technologies and their application in power distribution systems[J]. IEEE Journal of Emerging and Selected Topics in Power Electronics, 2013, 1(3): 186-198.

[23] Biela J, Aggeler D, Bortis D, et al. Balancing circuit for a 5-kV/50-ns pulsed-power switch based on SiC-JFET super cascode[J]. IEEE Transactions on Plasma Science, 2012, 40(10): 2554-2560.

[24] Yang C, Wang L, Zhu M, et al. A cost-effective series-connected gate drive circuit for SiC MOSFET[C]. IEEE International Symposium on Power Electronics for Distributed Generation Systems, 2019: 1-5.

[25] Li X, Zhang H, Alexandrov P. Medium voltage power switch based on SiC JFETs[C]. IEEE Applied Power Electronics Conference and Exposition, 2016: 1-8.

[26] Wu X, Cheng S, Xiao Q, et al. A 3600V/80A series-parallel-connected silicon carbide MOSFETs module with a single external gate driver[J]. IEEE Transactions on Power Electronics, 2014, 29(5): 2296-2306.

[27] Xiao Q, Dong Z, Wu X, et al. A 10kV/200A SiC MOSFET module with series-parallel hybrid connection[C]. IEEE Applied Power Electronics Conference and Exposition, 2014: 1-5.

[28] Zhang L, Sen S, Guo Z, et al. 7.2-kV/60-A Austin SuperMOS: An intelligent medium voltage SiC power switch[J]. IEEE Journal of Emerging and Selected Topics in Power Electronics, 2020, 8(1): 6-15.

[29] UnitedSiC. Cascode configuration eases challenges of applying SiC JFETs[EB/OL]. http://www.unitedsic.com/appnotes/USCi_AN0004-Cascode-Configuration-Eases-Challenges-of-Applying-SiC-JFETs.pdf, 2020.

[30] Gao B, Morgan A J, Xu Y, et al. 6.0kV, 100A, 175kHz super cascode power module for medium voltage, high power applications[C]. IEEE Applied Power Electronics Conference and Exposition, 2018: 1-6.

[31] Gao B, Morgan A J, Xu Y, et al. 6.5kV SiC JFET-based super cascode power module with high avalanche energy handling capability[C]. IEEE Workshop on Wide Bandgap Power Devices and Applications, 2018: 1-4.

第6章 功率器件的封装结构和封装工艺

第2~5章介绍了 SiC 器件的基本结构和性能表征。本章介绍器件封装的基本结构和工艺方法。首先，从电流、尺寸和功率的角度，总结功率器件封装的发展历程。其次，以典型的 TO-247 封装和 EconoPack 封装为例，阐述功率器件封装的基本结构。然后，对比分析不同封装材料的典型物理属性。随后，以引线键合式封装为例，介绍封装的工艺流程和关键步骤。再次，归纳 SiC 功率模块的现状，并从寄生电感、结-壳热阻和寿命的角度对比 Si 和 SiC 功率模块的差异，揭示 SiC 功率模块在大电流、低热阻和高可靠封装技术方面的技术难题。最后，为了适应低感、低热阻和高可靠的目标，介绍多种改进的 SiC 功率模块封装技术。

6.1 功率器件的封装结构

6.1.1 功率器件封装的发展历程

经过四十多年的发展，功率器件封装演化出了多种形式，以适应各种应用场景的不同需求。从电流、功率和尺寸三个维度，图 6.1 给出了现有功率器件封装的现状[1]。对于白

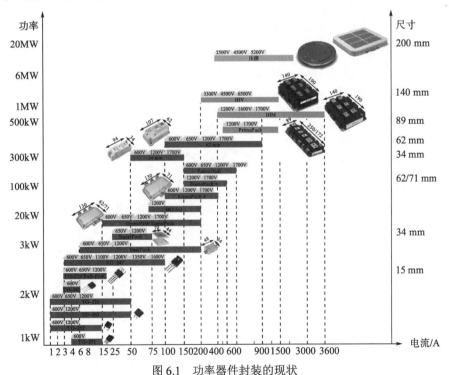

图 6.1 功率器件封装的现状

色家电、消费电子、开关电源等小功率应用场景，所需器件的额定电流较小，通常采用分立器件封装，包括 TO-263、TO-220、TO-247 等典型封装形式。对于变频器、并网逆变器、焊机、电动汽车、电能质量治理等中功率应用场景，通常采用功率模块封装，包括 34mm、62mm、EasyPack、EconoPack 等典型封装形式。对于 MW 级并网逆变器、轨道交通、储能变流器、柔性直流输电等大功率应用场景，也通常采用功率模块封装，包括 PrimePack、IHV、压接等典型封装形式。

6.1.2　功率器件封装的典型结构

分立器件和功率模块的内部存在较为明显的差异，如图 6.2 所示[2, 3]。对于小功率的分立器件，功率芯片通常直接焊接在铜框架上，芯片的电极通过键合线，连接到器件的引出端子，器件的顶面采用塑料密封。通常，分立器件的底面也是器件的一个电极，没有电气隔离。对于中大功率的功率模块，通常采用更为复杂的结构，包括兼具导电、绝缘和导热功能的 DBC 层，以及具有机械支撑功能的基板。

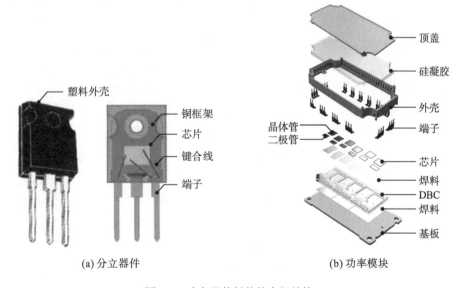

(a) 分立器件　　　　　　　　　(b) 功率模块

图 6.2　功率器件封装的内部结构

以功率模块为例，说明功率器件封装的组成及功能。在功率模块中，各部件相互连接，为功率芯片的电、热、力等性能提供保障[4]。功率芯片为晶体管(IGBT 或 MOSFET)和二极管，是功率模块的核心部件。但是，功率芯片的面积较小、厚度较薄，且容易被水汽、粉尘、应力等损坏。因此，封装在实现电气连接功能的同时，还需要提供多个维度的保护和支撑功能。

在电气性能方面，封装需要实现电气连接功能，主要由 DBC、键合线、端子、焊料等部件承担。此外，封装还需要具备一定的电气绝缘能力，主要由 DBC、外壳、硅凝胶实现。在机械性能方面，DBC 和基板为芯片提供足够的机械支撑和应力缓冲，外壳和硅凝胶为芯片提供必要的机械保护和机械密封。在热学性能方面，封装还需要为功率芯片提供必要的散热通道，主要由 DBC、焊料、基板构成。此外，封装还要求外壳和硅凝胶具备一定的隔热能力。

6.1.3 功率器件封装的材料属性

针对封装的多样化功能，对封装材料的物理性质也提出了多元化需求[4]。各类封装材料的基本物理属性如图 6.3 所示。在热学性能方面，封装材料的热导率与热膨胀系数呈负相关，如图 6.3 (a) 所示。封装中既需要高热导率的陶瓷材料，也需要低热导率的填充材料。同时，封装材料的热膨胀系数还应尽可能接近功率芯片的热膨胀系数，以减小温度循环对封装连接处的应力应变影响[2,3]。此外，在热-力性能方面，如图 6.3 (b) 所示，封装材料的热导率和杨氏模量之间存在正相关。热导率越大的材料，杨氏模量也越大，温度交变引起的应变也越大。在电-热性能方面，如图 6.3 (c) 所示，半导体、陶瓷和填充剂的电阻率非常高。此外，金属和焊料等导体的电阻率和热导率呈明显的负相关，热导率越大的材料，电阻率越小，导电能力也越强。

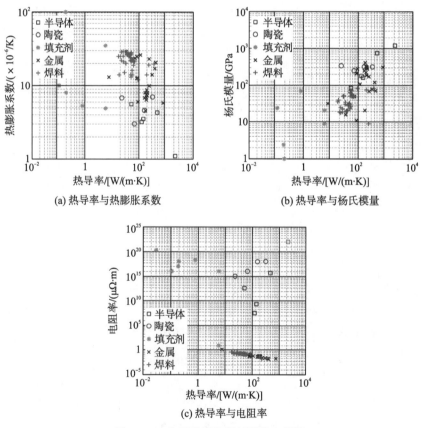

(a) 热导率与热膨胀系数   (b) 热导率与杨氏模量

(c) 热导率与电阻率

图 6.3 功率器件封装材料的物理属性

综上，各种封装材料在电、热、力性能方面存在多样化的选择。应该根据功率芯片的各项性能，优化匹配功率器件的封装材料。

6.2　功率模块的封装工艺

以功率模块为例，典型功率器件的封装工艺如图 6.4 所示，主要包括：材料清洗与芯片归组、一次回流焊、超声键合、二次回流焊、外壳和灌胶等基本过程[5]。

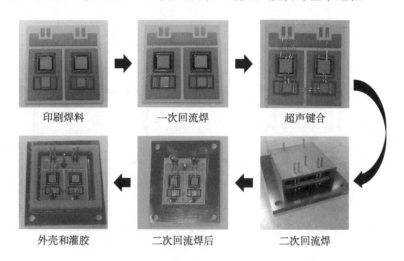

图 6.4　功率模块的典型封装过程

6.2.1　材料清洗与芯片分组

材料清洗是保证模块可靠性的重要步骤，采用有机溶剂和机械能，可以去除离子污染物和微粒污染物。通常将材料浸没在无水乙醇或三氯乙烯中，以 40kHz 频率超声波清洗约 5 分钟，再用去离子水将清洗剂洗净，并充分加热干燥[4]。如图 6.5 所示，由于 DBC 清洗不佳，硅凝胶被污染产生气泡和雾化现象，严重影响封装的绝缘性能。

图 6.5　DBC 污染引起的雾化现象

确定封装所用的晶体管和二极管芯片，根据所需的芯片数量，将所用的芯片分组。典型的功率芯片如表 6.1 所示。芯片应被分类和归组，以保证一致性。SiC 器件的参数分散性大于 Si 器件，容易引起并联器件的电-热应力不均衡，危及功率模块安全。因此，应根据动/静态特性对芯片进行分类和归组，并联使用时尽量选用动/静态特性一致的芯片。此外，相对 Si 芯片，SiC 芯片尺寸较小，对静电破坏的耐受能力降低，应使用静电消除器等处理，以保护芯片。

表 6.1　典型芯片的参数

	SiC MOSFET	SiC SBD	Si IGBT	Si FRD
芯片型号	H1M120N060	H2S120N035	IGC36T120T8L	IDC21D120T6M
芯片额定	42A/1200V	35A/1200V	35A/1200V	35A/1200V
外观				
芯片尺寸	4290μm×2916μm	4250μm×4250μm	6360μm×5670μm	3400μm×6250μm
栅极焊盘尺寸	421μm×546μm	–	826μm×1310μm	–
源极/阳极焊盘尺寸	2500μm×1800μm	3986μm×3986μm	3900μm×4180μm	2446μm×5296μm
顶面栅极金属	Al，4μm	–	AlSiCu，3.2μm	
顶面源极/阳极金属	Al，4μm	Al，4μm	AlSiCu，3.2μm	AlSiCu，3.2μm
底面漏极/阴极金属	NiAg，2.3μm	TiNiAg，2.5μm	NiAg，–	NiAg，–
芯片厚度	(350±35)μm	(370±37)μm	115μm	110μm
正面钝化	Polyimide	Polyimide	Photoimide	Photoimide

6.2.2　DBC 制作

相对于分立器件的铜框架结构，功率模块的 DBC 衬底和 SiC 芯片的热膨胀系数更加接近，可以提高功率模块的寿命。此外，还能提供出色的电气绝缘和热扩展性能。

DBC 为典型的铜-陶瓷-铜三明治结构。常见的陶瓷材料为 Al_2O_3、AlN、Si_3N_4 和 BeO。Al_2O_3 因为成本低，得到了广泛应用。但是，Al_2O_3 的热导率不高，会增加封装的结-壳热阻。AlN 和 Si_3N_4 的价格更贵，但是其热导率较高，且热膨胀系数与 SiC 更加接近，可以提高功率模块的寿命。BeO 在制作过程中有毒，并不常用[6, 7]。典型的 AlN 陶瓷衬底如图 6.6 所示。

除 DBC 技术之外，还可以采用活性金属钎焊(active metal braze，AMB)技术和绝缘金属衬底(insulated metal substrate，IMS)技术，在陶瓷层两侧生长金属层，用作功率模块的衬底。常见衬底的性能对比如图 6.7 所示。

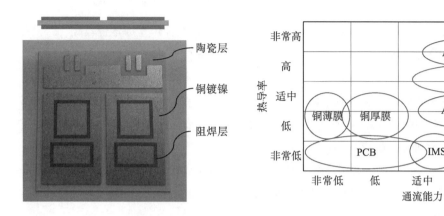

　　图 6.6　基于 AlN 的 DBC 衬底　　　　　　　　　　图 6.7　功率模块衬底的性能对比

　　此外，为了防止 DBC 表面铜层锈蚀，铜层表面往往需要镀镍。为了防止焊接过程中芯片因焊层融化而移动，DBC 铜层表面的芯片边沿位置往往涂覆绿油阻焊层。

　　DBC 设计时，应考虑加工工艺、机械强度、绝缘强度等的限制，例如：不同陶瓷材料对陶瓷层厚度的限制、铜层厚度、绿油宽度、最小间距、最小线径等。

　　为了释放功率模块内的电-热应力，在 DBC 的铜层边沿，可以采用小坑技术，提高模块的温度循环寿命，如图 6.8(a) 所示[8]。此外，为了缓解芯片边沿的应力集中，降低焊层的疲劳应力，在 DBC 芯片铜层的边沿，有时也会采用局部开槽，提高模块的功率循环寿命，如图 6.8(b) 所示。

　　　　　　(a) 小坑技术　　　　　　　　　　　　　(b) 开槽技术

图 6.8　DBC 衬底铜层的优化设计

6.2.3　焊接

　　功率模块封装中，焊接过程采用特定的焊料将芯片焊接于 DBC 上表面，或将 DBC 焊接于基板。常用的焊接工艺有真空回流焊、固液互扩散、瞬态液相烧结和纳米银烧结等技术[9, 10]。真空回流焊是成本最低，工艺最成熟的焊接工艺。固液互扩散或瞬态液相烧结工艺，通常通过两种金属粉末的熔融过程，实现两个金属面的连接。该类方法能达到"低温焊接，高温服役"的目的，以适应 SiC 芯片的高温封装。此外，纳米银烧结采用纳米尺度的银颗粒，在高温高压下烧结连接，形成焊层。该方法的服役温度高，可靠性高，但是成本也较高。

以真空回流焊工艺为例，介绍功率模块的焊接工艺。常用焊料的分布如图 6.9 所示。根据熔点的不同，常见焊料可以分为低温、中温和高温三类[5, 11, 12]。低温焊料主要为 SnAgCu 合金和部分 SnPb 合金，中温焊料主要为 PbSnAg 合金，高温焊料主要为含 Au 或 Ag 的合金。随着焊料熔点的增加，焊料的成本也会增加。为了适应 SiC 器件的高温封装，应该选择合适的焊料体系，在成本和性能之间寻求折中。此外，对于含有基板的功率模块，用于连接 DBC 和基板的焊料，其熔点通常选为比芯片焊料低 40℃。这样可以保证在焊接基板的二次回流过程中，芯片和 DBC 之间的焊层不至于融化。

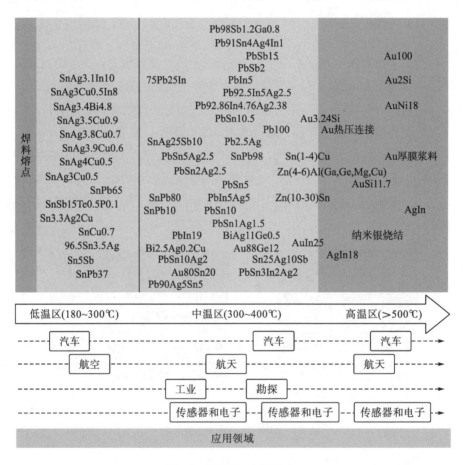

图 6.9　常用焊料及其熔点

回流焊通常在真空或保护气氛围中完成，抑制 DBC 铜层、芯片表面金属或焊料的氧化[5]。每种焊料的应用都有特定的回流温度曲线，规定真空回流炉的温度变化过程。典型的回流温度曲线如图 6.10 所示。通常，回流温度曲线包括 4 个区域，即预热区、恒温区、回流区和冷却区，各区域的特性和功能如图 6.10 所示。

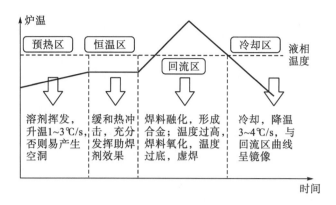

图 6.10　典型的回流温度曲线

常见的焊料有焊片或焊膏两种形式。焊片的焊层厚度和涂覆面积容易控制，有利于减少空洞。焊膏涂覆灵活，常采用扩散或丝网印刷等方式涂覆，但难以保证厚度均匀。焊料不能长期暴露在空气中，防止吸水，并保证 DBC 及芯片干燥，否则会造成焊接失效，甚至爆炸。长期不用的焊料应该采用低温存储，使用时应在常温环境静置足够长的时间，以恢复活性。同时，在恢复过程中，应该尽量避免焊料吸水。

不良焊接的表现，如图 6.11 所示。焊料预涂覆不均匀，或预热区升温速度太快，都会导致焊料喷溅。氧化后的焊膏会在非焊接区形成锡球或锡珠，由于虹吸效应，在芯片边沿形成爬锡，缩短芯片场限环的爬电距离，造成绝缘隐患。可使用超声清洗，配合丙酮或无水乙醇，去除焊接残留，并在显微镜下确认不存在焊接缺陷。同时，可以利用 X 光扫描、超声扫描等方法，确认焊接空洞率在可接受范围之内。

(a) 锡珠残留　　　　(b) 锡球破坏场限环　　　　(c) 助焊剂喷溅　　　　(d) 芯片起翘

图 6.11　典型的不良焊接现象

6.2.4　引线键合

芯片电极、模块端子和 DBC 表面的连接，通常采用超声键合方式。根据所用金属形状的不同，分为线材和带材两类。根据所用金属材质不同，分为 Al、Cu 和 Au 三类。出于成本考虑，最常用的键合方式为铝线键合。然而，随着功率模块对可靠性要求的不断提升，铜带键合将成为未来的一种发展趋势。相对于铝线，铜带的通流能力更强，键合强度更高。

根据焊接点的不同，超声焊接分为双落点和多落点两类。典型的双落点铝线超声键合过程如图 6.12 所示。在第一个落点位置，超声键合机的刀头压住铝线，在芯片表面以高频超声波振动，摩擦产生的热量将铝线融化并与芯片表面的金属铝层形成连接。随后，刀头将键合线提起，并移动一定的高度和距离，形成键合线的拱形幅度。然后，在第二个落点位置，超声刀头重复第一个落点的焊接过程。最后，刀头提起一定的高度，并切断键合线。

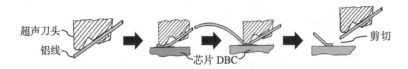

图 6.12　铝线超声键合的操作过程

超声键合过程，应根据芯片的尺寸和金属层的厚度，选择合适的刀头压力、超声功率和持续时间。此外，还需要调整尾丝的长度，以避免切断键合线后，留下过长的键合线残余。较好的键合如图 6.13(a) 所示，典型的不良键合如图 6.13(b)～(d) 所示。

(a) 较好的键合　　(b) 键合功率过大　　(c) 键合时间过长　　(d) 尾丝翘起

图 6.13　铝线超声键合的典型结果

键合线是功率模块封装寄生电感的主要来源之一。通常，采用多根键合线并联的方式，降低封装的寄生电感。如图 6.14(a) 所示，根据 ANSYS Q3D 软件的磁场仿真结果，随着键合线并联数量的增加，封装寄生电感呈指数衰减[13]。此外，键合线越粗，寄生电感越小。键合线的通流能力决定于线材的熔点，且受工作频率和环境温度的影响。在高频工作环境中，键合线的集肤效应和临近效应增加键合线的等效电阻，降低键合线的实际通流能力。如图 6.14(b) 所示，根据 COMSOL 软件的电-热联合仿真结果，多根并联键合线的实际通流能力随着键合线数量的增加而增加，但是键合线的电流退额比例也不断增大。

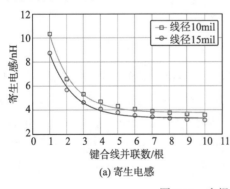 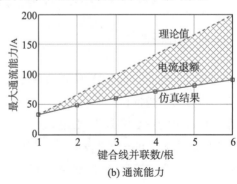

(a) 寄生电感　　　　　　　　　　　　　　(b) 通流能力

图 6.14　多根键合线并联的影响

注：1mil=0.025mm。

　　键合线的通流能力与线径有关，可以采用不同的数学模型评估键合线的通流能力，如图 6.15(a)所示[14]。但是，高频应用中，键合线的集肤效应十分明显。以直径 0.38mm 的铝键合线为例，如图 6.15(b)所示，当工作频率为 50kHz 时，集肤深度为 0.38mm。随着工作频率的增加，导线中的部分电流都在导线表面的有限深度内传输，导线的通流面积减小，通流能力降低。当工作频率为 200kHz 时，导线仅有一半的面积流通电流。当工作频率为 1MHz 时，导线的有效导电面积仅为导线截面积的 25%，即需要 4 根导线并联完成导电，也可以采用多根细线并联的方法。铜和银的电导率比较接近，且比铝的电导率高，集肤效应比铝更明显。金的电导率比较低，集肤效应比铝要弱。

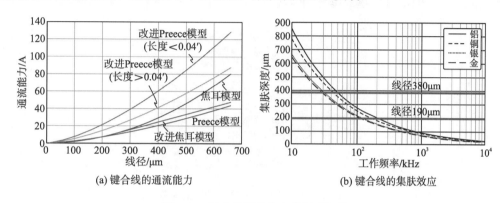

(a) 键合线的通流能力　　　　　　　　(b) 键合线的集肤效应

图 6.15　键合线通流能力的影响规律

6.2.5　基板

　　基板主要给 DBC 提供机械支撑，增强热扩展，降低热阻。基板材料要求较好的导热性能、机械强度、与芯片材料相匹配的热膨胀系数、较轻的材质和较低的成本。典型的基板材料包括铜、铜钨合金、铜钼合金、AlSiC 合金等。随着对变流器功率密度要求的不断提高，集成散热器的基板得到了越来越多的关注，例如：鳍形的 PinFin 和 ShowerPower 等技术，如图 6.16(a) 和图 6.16(b) 所示。基板与 DBC 的焊接通过二次回流焊完成。有时，模块的端子也在这个阶段同时焊接。此外，对于小容量的功率模块，也出现了无基板的结构，以消除基板及其附带的焊料层，采用预涂覆的 TIM，降低结-壳热阻，如图 6.16(c) 所示。

(a) PinFin技术　　　　　　(b) ShowerPower技术　　　　　　(c) 无基板技术

图 6.16　功率模块的改进基板技术

6.2.6 外壳

功率模块的外壳具有密封、绝缘、机械支撑的功能。外壳材料需要满足耐高温(适应
-55～125℃的环境温度)、高机械强度(抗拉强度高)、高绝缘强度(漏电启痕指数最好大于
400)等要求。典型的外壳材料包括 PPS(聚苯硫醚)、PBT(聚对苯二甲酸丁二醇酯)、
PEEK(聚醚醚酮)、玻璃纤维等[4]。外壳的加工工艺可以采用冲压、注塑,或者 3D 打印。

通常使用高温胶将外壳连接到基板上。连接完成后灌少量酒精,测试四周是否封闭,
有无漏液。不良的密封会导致填充剂泄漏,如图 6.17 所示。

图 6.17　外壳连接不佳产生的漏液现象

6.2.7 填充剂

在功率模块中,芯片和 DBC 以上的空间充满填充剂。填充剂具有气密(防水汽)、绝
缘和机械支撑的功能。因此,要求填充剂具有高气密性、低介电常数、低热导率、高黏性、
耐高温等性能。典型的填充剂为硅凝胶、环氧树脂等。通常,将检查好的功率模块填充硅
凝胶,放入真空脱泡机中做脱泡处理。否则,填充剂内容易出现气泡,降低模块的绝缘强
度,如图 6.18 所示。将填充后的功率模块在常温下静置 24 小时,或采用紫外灯加热,等
待硅凝胶完成固化。

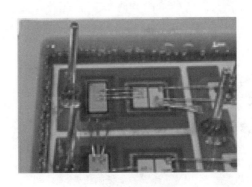

图 6.18　不良填充引起的气泡

6.3　功率模块封装的技术现状

在商业化 SiC 功率模块方面，近十年来，以高压、大电流、高结温、低寄生电感、低结-壳热阻为目标，出现了多种新颖的封装结构，如图 6.19 所示。目前，商业化 SiC 功率模块的最高工作结温已达到 200℃，寄生电感已降低到 5nH，最大电流可达 880A，最高电压等级可达 6500V。目前的 SiC 功率模块，仍然普遍采用多芯片并联的方案，已出现最多采用 11 芯片并联的结构。

图 6.19　SiC 功率模块的封装发展

针对功率模块的电-热-力性能，从功率等级、寄生电感和结-壳热阻的角度，对比 Si IGBT 功率模块和 SiC MOSFET 功率模块的封装技术。

封装在实现大功率的同时，还关注低寄生电感和低热阻性能。以 Infineon 公司的商业化产品为例，图 6.20 给出了 Si IGBT 功率模块性能统计结果。可见，从 650V 到 6500V，Si IGBT 功率模块的额定电流涵盖几安到几千安范围，如图 6.20(a) 所示。此外，功率模块的结-壳热阻和额定电流成反比。由于功率芯片采用垂直型结构，功率模块的额定电流越大，芯片的面积越大，散热通道越大，结-壳热阻越小。图 6.20(b) 所示样本数据的模型拟合结果为

$$R_{thjc} = \frac{k_{RthSi}}{I_n} \tag{6.1}$$

式中，$k_{RthSi} = 21.3$ K·A/W，为 Si IGBT 单位电流的结-壳热阻；I_n 和 R_{thjc} 为 Si IGBT 功率模块的额定电流和结-壳热阻。Si IGBT 功率模块的结-壳热阻最小已达到 7.4 K/kW(1200 A /

1200 V)。

此外, Si IGBT 功率模块的封装寄生电感与模块的额定电流(或结-壳热阻)之间没有明显的规律, 如图 6.20(c)所示。Si IGBT 功率模块的封装寄生电感最小已达到 6 nH(1200 A / 1200 V)。

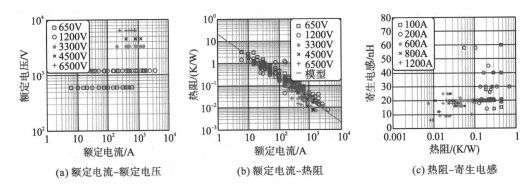

图 6.20   Si IGBT 功率模块的基本性能

以 Infineon、Semikron、Rohm、Wolfspeed、Mitsubishi 公司的产品为例, 图 6.21 给出了商业化 SiC MOSFET 功率模块的统计结果。目前商业化 SiC MOSFET 功率模块主要集中在 1200V 电压等级, 额定电流在几十安到几百安范围。同样, SiC MOSFET 功率模块的热阻与额定电流之间呈明显的反比关系, 模型拟合结果为

$$R_{\text{thjc}} = \frac{k_{\text{RthSiC}}}{I_{\text{n}}} \tag{6.2}$$

式中, $k_{\text{RthSiC}} = 38.1$ K·A/W 为 SiC MOSFET 单位电流的结-壳热阻。由于 SiC 材料的电子迁移率是 Si 材料的 3 倍左右, SiC 材料的通流能力更强。在芯片面积相同的情况下, SiC MOSFET 器件比 Si IGBT 的额定电流更高。在相同额定电流的功率模块中, SiC 芯片的面积比 Si 芯片小, SiC 功率模块的热阻更大。在额定电流和结-壳热阻的拟合模型中, 系数 k_{RthSiC} 大约是 k_{RthSi} 的 2 倍。目前, SiC MOSFET 功率模块的最小热阻已达到 15 K/kW(600A/ 1200 V 模块)。

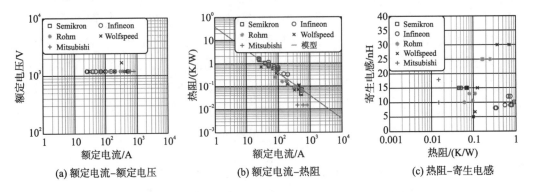

图 6.21   SiC MOSFET 功率模块的基本性能

此外，类似于 Si IGBT 功率模块，不同封装的 SiC MOSFET 功率模块，封装寄生电感没有明显的分布规律。目前，SiC MOSFET 功率模块的最小寄生电感已达到 5 nH（325 A / 1200 V 模块）。

封装的机械应力直接决定功率模块的寿命。Si 和 SiC 器件的功率循环加速老化实验的结果如图 6.22（a）所示[15]。同等功率和封装技术条件下，SiC 功率模块的寿命明显低于 Si 功率模块。SiC 材料具有更高的杨氏模量，SiC 芯片更脆。此外，相同电流等级下，SiC 芯片的面积更小，应力更加集中。如图 6.22（b）所示，器件的失效模式较多，除测试错误引起的失效外，键合线、焊料层的失效概率较大。

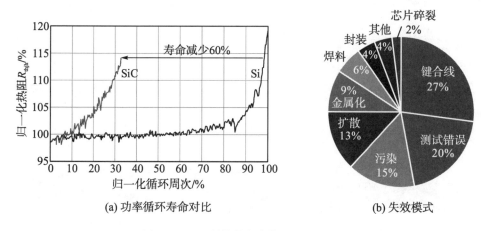

(a) 功率循环寿命对比　　　　　　　　　　　(b) 失效模式

图 6.22　SiC 器件的寿命特性和失效模式

6.4　功率模块封装的改进技术

为了降低 SiC 功率模块的寄生电感、结-壳热阻，提高功率模块的可靠性，出现了大量新颖的封装技术。

6.4.1　P-Cell 和 N-Cell 技术

P-Cell 和 N-Cell 技术，是一种减小封装寄生电感的有效方法[16]。

如图 6.23（a）所示，在功率模块封装中，通常将电路图中临近的晶体管和二极管放置在一起。然而，在功率模块工作过程中，实际的换流回路由晶体管和对侧的二极管构成。因此，这种传统的封装方法，换流回路较长，寄生电感较大。

如图 6.23（b）所示，若将晶体管和对应的续流二极管封装到一起，可以明显缩短换流路径，降低超过 50%封装的寄生电感。

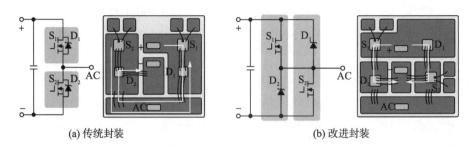

|(a) 传统封装|(b) 改进封装|

图 6.23   P-Cell/N-Cell 概念的封装结构

6.4.2   磁场相消技术

两根相邻导体，如果流过的电流相反，那么导体之间的耦合电感会抵消导体的自感，导体所呈现的总电感减小，这种效应称为磁场相消。

在功率模块封装中，通过灵活布线，控制模块内的电流路径，形成相互重叠的回路，可以减小换流回路的寄生电感。

通常，根据换流回路的实现方式不同，有三种典型的封装结构(图 6.24)。

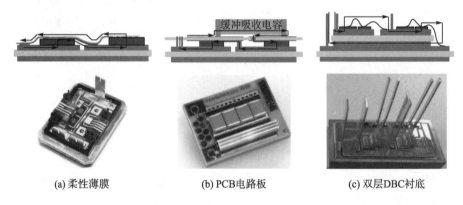

(a) 柔性薄膜   (b) PCB电路板   (c) 双层DBC衬底

图 6.24   磁路相消概念的封装结构

如图 6.24(a)所示，采用柔性电路板，将正负极回路耦合在一起，降低封装寄生电感。德国 Semikron 公司提出的 Flex SkiN 封装，美国 GE 公司提出的 PoL(power overlay) 封装，都是采用了这种技术，将封装寄生电感控制到 2 nH 以内[17]。

如图 6.24(b)所示，也可以采用 PCB 电路板，控制电流回路，形成闭合路径。瑞士 ETH 和德国 Fraunhofer 利用该技术，实现了封装寄生电感小于 1 nH 的功率模块[18]。

如图 6.24(c)所示，也可以利用 DBC 衬底来实现电流回路的三维分布。日本 Nissan 公司和 Sanken 公司研制了重叠 DBC 的功率模块，将封装寄生电感控制到 5 nH 以下[19]。然而，双层 DBC 结构具有 2 个陶瓷层，增加了封装的结-壳热阻。

当然，也可以同时采用 P-Cell/N-Cell 和磁场相消的概念，进一步减小封装寄生电感。

基于该思路，一款 200A/1200V（2 颗 SiC MOSFET 并联）的功率模块如图 6.25 所示。该功率模块的换流回路达到理论极限：换流回路长度为芯片宽度和厚度之和，封装寄生电感仅 2.6 nH[20]。

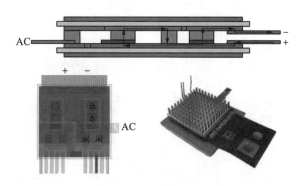

图 6.25　P-Cell/N-Cell 和磁路相消相结合的封装

6.4.3　双端技术

传统功率模块大多只有一个正极和一个负极端子，如图 6.26（a）所示。然而，不同并联功率回路之间的差异非常明显。如图 6.26（b）所示，若在功率模块的另一端也引入正负极端子，那么每颗芯片均同时存在两个换流回路，且一长一短。两回路的寄生电感并联之后，即为总的回路寄生电感。采用双端封装概念，可以减小 50% 左右的寄生电感[21]。

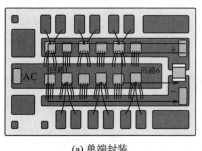 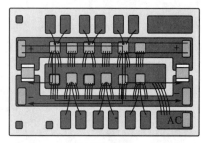

(a) 单端封装　　　　　　　　　　　　　　　(b) 双端封装

图 6.26　单端和双端封装的结构

表 6.2 给出了单端封装和双端封装的一个典型案例。若采用单端封装，回路 1 最长，封装寄生电感最大；回路 6 最短，且寄生电感最小。若采用双端封装，每颗芯片的回路寄生电感都主要由较短的换流回路决定。因此，并联回路之间变得更加均匀。

表 6.2　单端和双端功率模块的寄生电感

	回路 1/nH	回路 2/nH	回路 3/nH	回路 4/nH	回路 5/nH	回路 6/nH	几何平均/nH	不平衡度/%
单端	20.6	18.2	15.7	13.2	10.9	8.7	4.1	72
双端	6.0	7.0	7.3	8.0	7.7	7.0	2.4	14

6.4.4　宽母排技术

为了使并联芯片间的电流应力更加均衡，也可以采用宽母排的概念，如图 6.27 所示。APEI（Wolfspeed）公司的功率模块 CAS325M12HM2，上下半桥各自由 7 颗芯片一字型连接，正极、负极和输出端子均采用宽母排连接。每颗芯片的换流回路相互解耦，因此，每个换流回路的寄生参数几乎一致，从而保证并联芯片间的电热应力均衡。

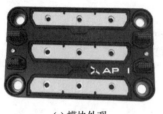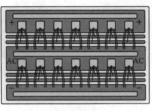

(a) 模块外观　　　　　　　(b) DBC布局　　　　　　　(c) 内部温度分布

图 6.27　宽母排概念的封装结构

6.4.5　双面散热技术

传统功率模块只有一个方向的散热通道，热阻较大。此外，芯片和 DBC 之间的连接采用铝线键合，封装寄生电感较大。类似于芯片底面的封装，将芯片的顶面也采用对称的封装结构，形成双面散热封装技术，如图 6.28 所示。该技术增加了一条新的散热通道，可以降低功率模块 35%左右的结-壳热阻。此外，芯片顶面通过直接焊接连接，消除了键合线，可以减小功率模块 70%的封装寄生电感[22]。

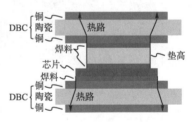

(a) 模块外观　　　　(b) 模块水平和垂直截面　　　　(c) 模块垂直截面分布

图 6.28　双面散热的功率模块

6.4.6　3D 封装技术

借鉴微电子封装的新兴技术，出现了功率器件的 3D 封装技术，芯片堆叠、DBC 堆叠、3D 衬底是最常用的 3D 封装互连方法[23-25]。芯片堆叠方法，采用 CoC（Chip-on-Chip）封装，利用金属互连片、硅通孔等方法，垂直连接两个功率芯片，最大限度缩短功率回路，可以将寄生电感降低到 1nH 以下，如图 6.29(a)所示。图 6.29(b)所示芯片堆叠封装进一步将驱动芯片集成到模块内，减小驱动回路的寄生电感。3D 衬底方法，采用 3D 的 DBC 结构或柔性衬底，形成 3D 的封装互连结构，构成 3D 功率回路，减小回路尺寸，提高模块的功率密度，如图 6.29(c)所示。

(a) 芯片堆叠封装   (b) 芯片堆叠封装与驱动集成

(c) 3D衬底封装

图 6.29　3D 封装的功率模块

6.4.7　压接封装技术

压接封装是最早应用的功率模块封装形式之一，在二极管和晶闸管器件中，得到了广泛应用。由于传统的二极管和晶闸管为饼状结构，特别适合于压接封装。近年来，随着高压直流输电等大功率应用场合的持续需求，出现了压接封装的 Si IGBT 功率模块，其中以 IXYS 公司的 Press-Pack 方案和 ABB 公司的 Stakpak 方案最为有名[26]。

如图 6.30(a)所示，在 Press-Pack 方案中，采用钼片作为缓冲层，并在钼片和芯片之间添加银片。部分改进的压接封装进一步将芯片底面直接焊接在钼片上。芯片的栅极通过顶针引出。如图 6.30(b)所示，在 Stakpak 方案中，采用弹簧作为压力机构。这些压接封装中，通常采用大量的 IGBT 芯片并联，多芯片并联均流和压力均衡成为关键的技术难题。

在 SiC MOSFET 功率模块的压接封装方面，也有不少探索。如图 6.31(a)所示，采用类似 Press-Pack 封装的方案，英国华威大学研制了 4 芯片并联的压接 SiC 功率模块[27]。如图 6.31(b)所示，美国阿肯色大学采用压接和低温共烧陶瓷技术相结合，研制了 4 芯片并联的 SiC 功率模块[28]。如图 6.31(c)所示，浙江大学采用芯片堆叠和压接技术相结合，研制了 SiC 半桥功率模块[29]。

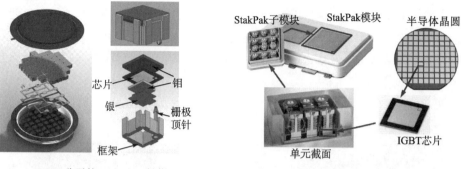

芯片
钼
银
栅极顶针
框架

(a) IXYS公司的Press-Pack封装　　　　　　　(b) ABB公司的Stakpak封装

图 6.30　压接封装的 Si IGBT 功率模块

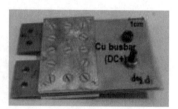

(a) 常规压接　　　　　(b) 压接与焊接相结合　　　　　(c) 压接与芯片堆叠相结合

图 6.31　压接封装的 SiC MOSFET 功率模块

6.5　本 章 小 结

　　本章介绍了功率器件封装的基础知识。分立器件和功率模块是功率器件的两大类封装形式，分别适用于小功率和中大功率应用领域。随着封装技术的发展，功率封装的尺寸、电流和电压等级都在持续增加。封装材料、封装结构和封装工艺对于低感、低热阻、高温、大容量功率模块至关重要。在封装材料方面，对导热、绝热、导电、绝缘、高强度材料的综合要求较高，多种封装材料之间存在电、热、力的复杂配合关系。在封装工艺方面，封装结构决定封装工艺。工艺越复杂、步骤越多，封装成本越高，封装失效的风险也越大。SiC 器件的电-热-力性能与 Si 器件存在较大差异。若采用相同的封装结构和封装工艺，SiC 器件的结-壳热阻更大、寿命更短，且对寄生电感的耐受能力更差。因此，需要创新 SiC 器件封装结构、封装工艺和封装材料，全面提升 SiC 器件的综合性能。近年来，P-Cell/N-Cell、磁场相消、双端、双面散热、3D 封装、压接等新型封装技术，有望提升 SiC 器件的封装水平和技术性能。

参 考 文 献

[1] 李晓玲. 功率模块的封装优化设计与并联电流均衡研究[D]. 重庆: 重庆大学, 2018.

[2] Wintrich A, Nicolai U, Tursky W, et al. Application Manual Power Semiconductors[M]. Germany, Ilmenau: ISLE Verlag, 2015.

[3] 安德烈亚斯·福尔克,麦克尔·郝康普. IGBT 模块：技术、驱动和应用[M]. 韩金刚, 译. 北京: 机械工业出版社, 2017.

[4] 盛永和, 罗纳德·P.科利诺. 电力电子模块设计与制造[M]. 梅云辉, 宁圃奇,译.北京: 机械工业出版社, 2016.

[5] 李晓玲, 曾正, 陈昊, 等. SiC、Si、混合功率模块封装对比评估与失效分析[J]. 中国电机工程学报, 2018, 38(16): 4823-4835.

[6] Zhang L. Fabrication and test of SiC MOSFET-gate driver co-packaged power module[D]. Raleigh, USA: North Carolina State University, 2015.

[7] 程士东. 高压大电流碳化硅 MOSFET 串并联模块[D]. 杭州: 浙江大学, 2014.

[8] Schulz-Harder J. Advantages and new development of direct bonded copper substrates[J]. Microelectronics Reliability, 2003, 43(3): 359-365.

[9] 冯洪亮, 黄继华, 陈树海, 等. 新一代功率芯片耐高温封装连接国内外发展评述[J]. 焊接学报, 2016, 37(1): 120-128.

[10] Ang S S, Rowden B L, Balda J C, et al. Packaging of high-temperature power semiconductor modules[J]. ECS Transactions, 2010, 27(1): 909-914.

[11] Zeng Z, Shao W, Chen H, et al. Changes and challenges of photovoltaic inverter with silicon carbide device[J]. Renewable and Sustainable Energy Reviews, 2017, 78: 624-639.

[12] Chen C, Luo F, Kang Y. A review of SiC power module packaging: layout, material system and integration[J]. CPSS Transactions on Power Electronics and Applications, 2017, 2(3): 170

[13] Yang F, Liang Z, Wang Z, et al. Parasitic inductance extraction and verification for 3D planar bond all module[C]. IEEE International Symposium on 3D Power Electronics Integration and Manufacturing, 2016: 1-11.

[14] Manoharan S, Patel C, McCluskey P, et al. Effective decapsulation of copper wire-bonded microelectronic devices for reliability assessment[J]. Microelectronics Reliability, 84:197-207.

[15] Lutz J. Packaging and reliability of power modules[C]. IEEE International Conference on Integrated Power Electronics Systems, 2014: 1-8.

[16] Li S, Tolbert L M, Wang F, et al. Stray inductance reduction of commutation loop in the P-cell and N-cell-based IGBT phase leg module[J]. IEEE Transactions on Power Electronics, 2014, 29(7): 3616-3624.

[17] Stevanovic L D, Beaupre R A, Delgado E C, et al. Low inductance power module with blade connector[C]. IEEE IEEE Applied Power Electronics Conference and Exposition, 2010: 1603-1609.

[18] Hoene E, Ostmann A, Lai B T, et al. Ultra-low-inductance power module for fast switching semiconductors[C]. IEEE Europe Conference for Power Electronics, Intelligent Motion, Renewable Energy and Energy Management, 2013: 1-8.

[19] Tanimoto S, Matsui K. High junction temperature and low parasitic inductance power module technology for compact power conversion systems[J]. IEEE Transactions on Electron Devices, 2015, 62(2): 258-269.

[20] Yang F, Wang Z, Liang Z, et al. Electrical performance advancement in SiC power module package design with kelvin drain connection and low parasitic inductance[J]. IEEE Journal of Emerging and Selected Topics Power Electronics, 2019, 7(1): 84-98.

[21] Wang M, Luo F, Xu L. A double-end sourced wire-bonded multichip SiC MOSFET power module with improved dynamic current sharing[J]. IEEE Journal of Emerging and Selected Topics Power Electronics, 2017, 5(4): 1828-1836.

[22] Wen X, Fan T, Ning P, et al. Technical approaches towards ultra-high power density SiC inverter in electric vehicle applications[J]. CES Transactions on Electrical Machines and Systems, 2017, 1(3): 231-237.

[23] Regnat G, Jeannin P O, Lefevre G, et al. Silicon carbide power chip on chip module based on embedded die technology with paralleled dies[C]. IEEE Energy Conversion Congress and Exposition, 2015: 4913-4919.

[24] Ke H. 3-D Prismatic packaging methodologies for wide band gap power electronics modules[D]. USA, Raleigh: North Carolina State University, 2017.

[25] Deshpande A, Luo F, Iradukunda A, et al. Stacked DBC cavitied substrate for a 15-kV half-bridge power module[C]. IEEE International Workshop on Integrated Power Packaging, 2019: 1-6.

[26] 唐新灵, 张朋, 陈中圆, 等. 高压大功率压接型 IGBT 器件封装技术研究综述[J]. 中国电机工程学报, 2019, 39(12): 3622-3637.

[27] Gonzalez J O, Alatise O, Aliyu A M, et al. Evaluation of SiC schottky diodes using pressure contacts[J]. IEEE Transactions on Industrial Electronics, 2017, 64(10): 8213-8223.

[28] Zhu N, Mantooth H A, Xu D, et al. A solution to press-pack packaging of SiC MOSFETS[J]. IEEE Transactions on Industrial Electronics, 2017, 64(10): 8224-8234.

[29] Chang Y, Luo H, Iannuzzo F, et al. Compact sandwiched press-pack SiC power module with low stray inductance and balanced thermal stress[J]. IEEE Transactions on Power Electronics, 2020, 35(3): 2237-2241.

第7章 功率模块封装的多物理
场建模与有限元仿真

第6章介绍了功率器件封装的结构和工艺。以功率模块为例，本章介绍封装的建模和仿真方法。针对功率模块的电磁场模型，建立寄生电感的解析模型和经验模型。针对功率模块的电-热-力耦合效应，建立封装的电-热、热-力模型。针对功率模块的老化机理，建立焊料层的疲劳寿命模型。最后，基于有限元分析方法，采用 ANSYS Q3D 和 COMSOL仿真软件，给出功率模块的多物理场求解过程。

7.1 电磁场模型

在模块设计过程中，需要建立电磁场模型，评估封装寄生电感的分布特性。针对一款典型的功率模块，基于累加法和相消法，本节将建立封装寄生电感的计算模型[1]。

7.1.1 累加法

典型功率模块的 DBC 布局[2]如图 7.1 所示。其中，开关管 $S_1 \sim S_3$、二极管 $D_1 \sim D_3$ 位于上半桥，开关管 $S_4 \sim S_6$、二极管 $D_4 \sim D_6$ 位于下半桥，箭头所指方向为从正极 P 到负极 N 的一条功率回路，O 为半桥的输出端，G_H 和 S_H 为上半桥的栅极和漏极端子，G_L 和 S_L 为下半桥的栅极和漏极端子。

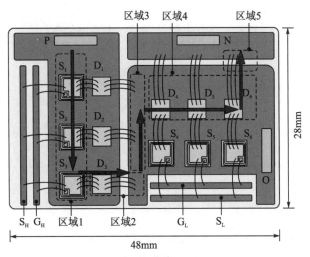

图 7.1　典型功率模块的 DBC 布局

模块工作过程中，电流的换流路径并不规则。如图 7.1 所示，将换流路径分成 5 个区域，区域 1、3、4 由 DBC 铜层构成，区域 2、5 为键合线。基于 DBC 铜层和键合线的寄生电感计算模型，求出各区域的电感值，然后求和，即可得到整个功率回路的寄生电感值。

将 DBC 铜层等效为长方体导体，将键合线等效为长直导线，以规则导体的寄生电感为基础，可以建立封装寄生电感的计算模型。

长方体导体的电感为[3]

$$L_\sigma = \frac{\mu_0 l_R}{2\pi}\left[\ln\left(\frac{2l_R}{b_R+h_R}\right)+\frac{1}{2}\right]\times 10^{-3} \tag{7.1}$$

式中，L_σ 为电感，H；l_R、b_R 和 h_R 分别为导体的长、宽和厚，mm；$\mu_0=4\pi\times 10^{-7}$H/m，为真空磁导率。

长直导线的电感为[3]

$$L_\sigma = \frac{\mu_0 l_L}{2\pi}\left(\ln\frac{2l_L}{d_L}-1\right)\times 10^{-3} \tag{7.2}$$

式中，l_L 和 d_L 分别为导线的长度和直径，mm。若 d_L 远小于 l_L，则长直导线的电感可表示为

$$L_\sigma = \frac{\mu_0 l_L}{2\pi}\left[\ln(2l_L)-1\right]\times 10^{-3} \tag{7.3}$$

对于多根键合线并联的情况，一簇键合线呈现出的寄生电感等效为

$$L_\sigma = \frac{1}{N}\frac{\mu_0 l_L}{2\pi}\left(\ln\frac{2l_L}{d_L}-1\right)\times 10^{-3} \tag{7.4}$$

式中，N 为键合线的根数。

以图 7.1 所示功率模块为例，DBC 铜层和键合线的参数及电感如表 7.1 所示，键合线并联根数 $N=3$。5 个区域的电感之和，为封装寄生电感。因此，该功率模块的封装寄生电感为 21.1nH。

表 7.1　典型功率模块的尺寸及寄生电感

区域	长/mm	宽/mm	厚/mm	直径/mm	电感 L_σ/nH
区域 1	20	12	0.2	—	6.8
区域 2	5.5	—	—	0.25	1.1
区域 3	13	3	0.2	—	6.8
区域 4	17	12	0.2	—	5.2
区域 5	6	—	—	0.25	1.2

7.1.2　相消法

采用累加法计算寄生电感，需要将功率回路拆分成多段，增加了计算的复杂度。相消法采用磁路相消的思想，可以简化寄生电感的计算过程。

如图 7.2(a) 所示，两根相邻长直导线 x 和 y 的互感 L_{xy} 可表示为[4, 5]

$$L_{xy} = \frac{\mu_0}{4\pi} \frac{1}{a_x a_y} \iint_{a_x a_y} \int_{b_x}^{c_x} \int_{b_y}^{c_y} \frac{\mathrm{d}\boldsymbol{l}_x \cdot \mathrm{d}\boldsymbol{l}_y}{r_{xy}} \mathrm{d}a_x \mathrm{d}a_y \tag{7.5}$$

式中，a_x 和 a_y 为两个导体截面的微元；$\boldsymbol{l}_x$ 和 $\boldsymbol{l}_y$ 为微元中电流的方向矢量；(b_x, c_x) 和 (b_y, c_y) 为两根导线的始端和末端位置；r_{xy} 为微元之间的距离。

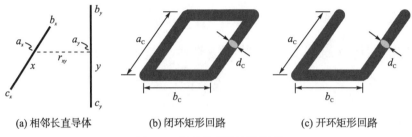

(a) 相邻长直导体　　　　　(b) 闭环矩形回路　　　　(c) 开环矩形回路

图 7.2　典型电感的计算模型

根据式 (7.5)，同一位置处的两根导线，若电流大小相等、方向相反，它们在第三根导线处的电感之和为零。为了简化寄生电感的计算复杂度，在功率模块的正负端子之间，引入两根电流大小相等、方向相反的导线。原来开环的功率回路，现在变为一个闭环和一根导线，两者电感之差，即为功率模块的寄生电感。

如图 7.1 所示，功率模块的功率回路为开环。如图 7.3 所示，引入两根虚拟导线后，功率回路等效为一个闭合的电流环路，以及一根电流方向由端子 P 到端子 N 的长直导线。

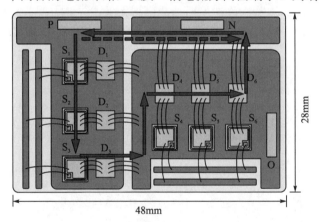

图 7.3　引入虚拟导线后的功率回路

如图 7.2(b) 所示，闭环矩形回路的电感为

$$
\begin{aligned}
L_\sigma = \frac{\mu_0}{\pi} \Bigg[&-2(a_C + b_C) + 2\sqrt{a_C^2 + b_C^2} + b_C \ln\left(\frac{b_C}{d_C}\right) + a_C \ln\left(\frac{a_C}{d_C}\right) \\
&+ a_C \ln\left(\frac{b_C}{a_C + \sqrt{a_C^2 + b_C^2}}\right) + b_C \ln\left(\frac{a_C}{b_C + \sqrt{a_C^2 + b_C^2}}\right) \Bigg] \times 10^{-3}
\end{aligned}
\tag{7.6}
$$

式中，a_C 和 b_C 分别为矩形的长和宽，d_C 为导体的直径，mm。若 d_C 远小于 a_C 和 b_C，式 (7.6) 可简化为

$$L_\sigma \approx \frac{\mu_0}{\pi}(a_C + b_C)\ln(a_C b_C) \times 10^{-3} = \frac{\mu_0}{2\pi} C_C \ln(S_C) \times 10^{-3} \tag{7.7}$$

式中，$C_C = 2(a_C + b_C)$ 和 $S_C = a_C b_C$ 分别是矩形导体的周长和面积。因此，如图 7.2(c) 所示，开环矩形回路的电感为

$$L_\sigma = \frac{\mu_0}{2\pi}\left\{ C_C \ln S_C - b_C\left[\ln(2b_C) - 1\right] \right\} \times 10^{-3} \tag{7.8}$$

在功率模块设计过程中，如果只需要快速评估寄生电感的相对大小，而不需要计算其具体值，可以定义与寄生电感成正比的电感系数[5]。定义开环矩形回路的电感系数 λ_σ 为

$$\lambda_\sigma = C_C \ln S_C - b_C\left[\ln(2b_C) - 1\right] \tag{7.9}$$

以图 7.3 所示功率回路为例，根据表 7.1，计算可知 $\lambda_\sigma = 500.8$。相对于累加法，相消法的计算结果偏大，利用规则回路代替不规则回路，会产生较大的计算误差。但是，相消法计算过程简单，当功率回路较多，且不关心电感真实值时，是一种实用的快速估算方法。

7.1.3 方法对比

以图 7.4 所示三芯片并联的功率模块为例，存在多个功率回路。假设每个开关管对应一个二极管，正极到负极之间存在 9 个可能的并联回路，选择其中最典型的 3 个回路进行分析，分别对应最短回路 S_1-D_4、适中回路 S_2-D_5 和最长回路 S_3-D_6。采用累加法、相消法和有限元分析方法，计算这些回路的电感值或电感系数，结果如表 7.2 所示。基于 ANSYS Q3D 软件，采用有限元方法，也可以计算功率回路的寄生电感，作为对比参照。

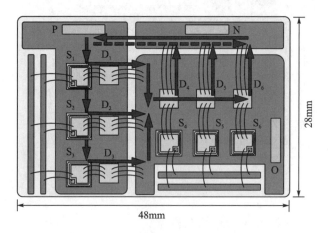

图 7.4 功率模块的完整功率回路

定义并联回路寄生电感的不均衡度 ε_L 为

$$\varepsilon_L = \frac{1}{\overline{L}_\sigma}\sqrt{\sum_{k=1}^{3}(L_{\sigma k} - \overline{L}_\sigma)^2} \times 100\% \tag{7.10}$$

式中，$L_{\sigma 1}$、$L_{\sigma 2}$ 和 $L_{\sigma 3}$ 为三个回路的电感值或电感系数；$\bar{L}_\sigma$ 为三者的平均值；根据表 7.2，该功率模块的 $\varepsilon_L > 30\%$，并联芯片的回路之间，存在严重的寄生参数不均衡。

表 7.2 支路电感计算结果比较

	累加法/nH	相消法（电感系数）	有限元法(@10MHz)/nH
回路 1($S_1 \sim D_4$)	8.6	274.0	12.2
回路 2($S_2 \sim D_5$)	14.3	351.4	14.8
回路 3($S_3 \sim D_6$)	21.1	500.8	19.9
ε_L/%	59.4	43.4	35.4

对比三种电感计算方法，有限元方法最精确，但是计算时间长，不适合模块设计过程中的快速迭代。累加法和相消法采用了简化假设，准确性稍差，但是计算速度快。累加法适合用于评估模块的电感值，相消法适合用于评估多芯片模块内的电感分布。

7.2 电-热-力多物理场模型

在 SiC 功率模块内，存在明显的电-热-力交互作用。SiC MOSFET 和 SiC SBD 的开关损耗和导通损耗使芯片发热，引起材料膨胀。由于各层材料之间的热膨胀系数不一致，使得模块内部出现明显的机械应力，撕裂焊接层或扯断键合线，导致模块失效。因此，在 SiC 功率模块的设计过程中，应建立功率模块的电-热-力耦合模型，揭示多物理场的交互作用规律[6]。

7.2.1 电-热模型

功率模块内的电流场可以表示为

$$\begin{cases} \boldsymbol{V} = -\nabla\varphi \\ \boldsymbol{J} = \gamma\boldsymbol{V} \end{cases} \tag{7.11}$$

式中，电场强度 $\boldsymbol{V}$ 是电势 φ 的梯度；$\boldsymbol{J}$ 为电流密度；γ 是材料的电导率。$\boldsymbol{J}$ 的散度可以表示为

$$\nabla \cdot \boldsymbol{J} = \nabla \cdot (-\gamma\nabla\varphi) = Q_j \tag{7.12}$$

式中，Q_j 是边界电流源。

导体和半导体是功率模块内的热源。对于导体，发热功耗来自等效电阻的发热。根据电场模型，单位体积的损耗 Q_v(W/m³) 可以表示为

$$Q_v = \boldsymbol{V} \cdot \boldsymbol{J} = \gamma|\boldsymbol{V}|^2 = |\boldsymbol{J}|^2/\gamma \tag{7.13}$$

然而，对于半导体芯片，损耗包括导通损耗和开关损耗 P_{sw}。因此，式(7.13)应修改为

$$Q_v = |\boldsymbol{V}|^2/\gamma + P_{sw}/(Sh) \tag{7.14}$$

式中，S 和 h 分别为芯片的面积和厚度。对于功率模块内的绝缘体，没有损耗，$Q_v = 0$。

封装材料的电导率受温度影响，半导体器件的等效电导率也受器件结构和负荷电流的影响。考虑温度的影响，金属材料的电导率可以表示为

$$\gamma_{Metal} = \frac{\gamma_{Metal0}}{1 + k_{Metal}(T - T_{ref})} \tag{7.15}$$

其中，γ_{Metal0} 为金属材料在参考温度 T_{ref} 下的电导率；k_{Metal} 为温敏系数；T 为金属材料的实际工作温度。

在传统的多物理场仿真模型中，SiC 器件的电导率为固定值。然而，SiC 器件复杂的结构和工作状态会影响 SiC 材料的电导率。半导体材料的电导率应该考虑结温和负荷电流的影响。基于器件数据手册，根据导通电阻的测试结果，SiC MOSFET 的等效电导率可以表示为

$$\gamma_{MOS} = \frac{h_{MOS}}{S_{MOS}R_{dson}} = \frac{h_{MOS}}{S_{MOS}[a_1 e^{a_2 T_j}(a_3 I_L^2 + a_4 I_L + a_5) + a_6]} \tag{7.16}$$

其中，h_{MOS} 和 S_{MOS} 分别为 SiC MOSFET 器件的厚度和面积。器件的导通电阻 R_{dson} 由芯片结温 T_j 和负荷电流 I_L 决定。根据数据手册中关于 R_{dson} 的信息，可以估计系数 $a_1 \sim a_6$。

对于 SiC 二极管，其材料的等效电导率可以表示为

$$\gamma_{SBD} = \frac{h_{SBD}}{(V_{F0}/I_F + R_{Fon})S_{SBD}} = \frac{h_{SBD}}{\left[\dfrac{V_{F0(0)} + vT_j}{I_F} + \dfrac{1}{N_{F(0)} + wT_j}\right]S_{SBD}} \tag{7.17}$$

式中，h_{SBD} 和 S_{SBD} 分别为 SiC 二极管芯片的厚度和面积；$V_{F0} = V_{F0(0)} + vT_j$，为二极管的门槛电压，$V_{F0(0)}$ 为 $T_j = 0℃$ 时门槛电压；I_F 为二极管的正向导通电流。二极管等效的通态电阻为 $R_{Fon} = 1/[N_{F(0)} + wT_j]$，$N_{F(0)}$ 为 $T_j = 0℃$ 时的等效电导。温敏系数 v 和 w 可以根据数据手册的结果拟合得到。

对于 SiC MOSFET，以 Hestia 公司的器件 H1M120F060 为例，芯片面积 $S_{MOS} = 4.29 \times 2.92$ mm^2，芯片厚度 $h_{MOS} = 0.35$mm。根据数据手册的测试结果，该芯片的导通电阻受结温和负荷电流影响，如图 7.5 所示。SiC 材料的等效电导率随着温度的增加而降低，且随着负荷电流的增加而降低。

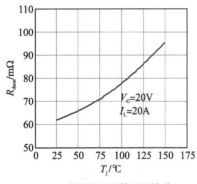
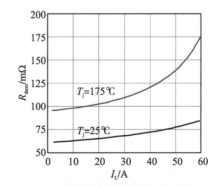

(a) 导通电阻和结温的关系　　　　　　　　(b) 导通电阻和负荷电流的关系

图 7.5　SiC MOSFET 导通电阻的影响规律

根据式(7.16)，可以拟合得到 SiC MOSFET 等效电导率的系数，导通电阻的模型拟合结果如图 7.6 所示。

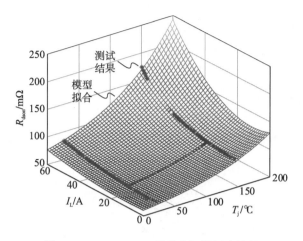

图 7.6　SiC MOSFET 导通电阻的拟合结果

对于 SiC 二极管，以 Hestia 公司的器件 H2S120N035 为例，芯片尺寸为 $S_{SBD} = 4.25 \times 4.25$ mm^2 和 $h_{SBD} = 0.37$mm。根据数据手册，器件的导通特性如图 7.7(a) 所示。其通态特性可以表述为

$$I_F = \begin{cases} 0, & V_F \leqslant V_{F0} \\ \dfrac{1}{R_F}(V_F - V_{F0}), & V_F > V_{F0} \end{cases} \tag{7.18}$$

基于图 7.7(a) 所示测试结果，根据式(7.17)所示模型，可以拟合得到该 SiC 二极管的门槛电压和导通电阻，如图 7.7(b) 所示。可见，门槛电压 V_{F0} 随结温的增加而线性降低。基于线性模型，采用最小二乘方法，可以估计出 $V_{F0(0)} = 0.95$ V 和 $v = -1.1$ mV/℃。类似地，对于导通电阻，可以估计模型参数 $N_{F(0)} = 54.6$ S 和 $w = -0.19$ S/℃。

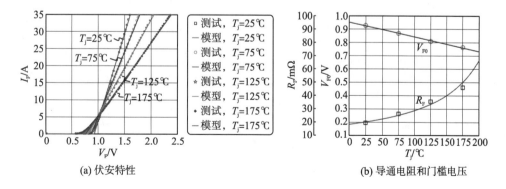

(a) 伏安特性　　　　　　　　　(b) 导通电阻和门槛电压

图 7.7　SiC 二极管的导通特性

计及热源 Q_v，根据傅里叶定律，功率模块内的热传导模型可表示为

$$\nabla \cdot (\lambda \nabla T) + Q_{\mathrm{v}} + Q_{\mathrm{ted}} = \rho c \frac{\partial T}{\partial t} \tag{7.19}$$

式中，λ、c 和 ρ 分别为材料的热导率、比热容和密度；Q_{ted} 为热弹性阻尼。对于没有热源的区域，如陶瓷和基板，式(7.19)可简化为

$$\nabla \cdot (\lambda \nabla T) + Q_{\mathrm{ted}} = \rho c \frac{\partial T}{\partial t} \tag{7.20}$$

7.2.2　热-力模型

功率模块为多层结构，各层材料的热膨胀系数难以一致，会导致功率模块内产生机械应力。总的应力由两部分组成：一部分 ε^{T} 由工作温度引起；另一部分 ε^{E} 由弹性张力引起。因此有

$$\begin{cases} \varepsilon = \varepsilon^{\mathrm{T}} + \varepsilon^{\mathrm{E}} \\ \varepsilon^{\mathrm{T}} = \Delta T = \alpha(T - T_{\mathrm{ref}}) \\ \varepsilon^{\mathrm{E}} = 0.5\left[\nabla u + (\nabla u)^{\mathrm{T}} \right] \end{cases} \tag{7.21}$$

式中，u 为位移；α 为热膨胀系数；ΔT 为温度变化量。功率模块内的机械应力分布可由一系列张量方程表征，即

$$\begin{cases} \dfrac{\partial \sigma_{ij}}{\partial x_j} + f_i = \rho \dfrac{\partial^2 u_i}{\partial t^2} + \xi\rho \dfrac{\partial u_i}{\partial t} \\ \varepsilon_{ij} = \dfrac{1}{2}\left(\dfrac{\partial u_i}{\partial x_j} + \dfrac{\partial u_j}{\partial x_i} \right) = \varepsilon_{ij}^{\mathrm{T}} + \varepsilon_{ij}^{\mathrm{E}} \\ \varepsilon_{ij}^{\mathrm{E}} = \sigma_{ij}/D_{ijkl} \\ \varepsilon_{ij}^{\mathrm{T}} = \alpha\Delta T \delta_{ij} \end{cases} \tag{7.22}$$

式中，σ_{ij} 为应力张量；f_i 为外部应力；ξ 是阻尼系数；x_1、x_2 和 x_3 和分别表示 x 轴、y 轴和 z 轴；D_{ijkl} 是弹性模量张量，其中 i、j、k、$l \in \{1, 2, 3\}$，根据广义胡克定律，有

$$D_{ijkl} = \frac{E}{1+\upsilon}\delta_{ik}\delta_{jl} + \frac{E}{(1+\upsilon)(1-2\upsilon)}\delta_{ij}\delta_{kl}\upsilon \tag{7.23}$$

式中，E 为杨氏模量；υ 为泊松比；δ_{ij} 为狄拉克函数，即

$$\delta_{ij} = \begin{cases} 1 & i = j \\ 0 & i \neq j \end{cases} \tag{7.24}$$

根据式(7.21)和式(7.22)，有

$$\begin{cases} \varepsilon_{ij} = \varepsilon_{ij}^{\mathrm{E}} + \alpha\Delta T \delta_{ij} \\ \varepsilon_{ij}^{\mathrm{E}} = \dfrac{1}{2}\left(\dfrac{\partial u_i}{\partial x_j} + \dfrac{\partial u_j}{\partial x_i} \right) - \alpha\Delta T \delta_{ij} \end{cases} \tag{7.25}$$

式中，σ_{ij} 可以表示为

$$\sigma_{ij} = 0.5 D_{ijkl}(u_{kl} + u_{lk}) - \alpha\Delta T D_{ijkl}\delta_{kl} \tag{7.26}$$

综上，在功率模块内部，电-热-力之间相互耦合，如图 7.8 所示。在已知边界条件的基础上，根据式(7.11)～式(7.26)，可以用有限元分析工具，研究功率模块内的电-热-力分布规律。

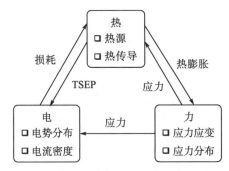

图 7.8　功率模块内的电-热-力多物理场耦合规律

7.3　疲劳寿命模型

7.3.1　热失配效应

功率器件产生的损耗，会引起各层材料的温升和膨胀。各层材料的热膨胀系数不一致，会在材料内部产生机械应力，造成封装连接材料的劣化，并最终导致器件失效。图 7.9 给出了 SiC 和 Si 器件的封装连接情况，表 7.3 给出了各层材料参数的典型值[7]。

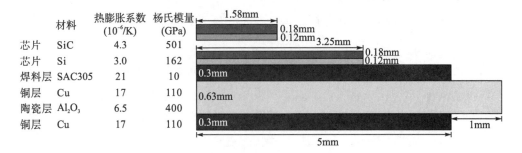

图 7.9　功率器件封装层示意图

表 7.3　SiC 与 Si 器件封装材料参数

参数	面积 S/mm^2	厚度 $h/\mu m$	CTE $\alpha/(10^{-6}/K)$	杨氏模量 E/GPa	泊松比 υ
Si 芯片	6.5×6.37	140	3	162	0.28
SiC 芯片	3.1×3.36	180	4.3	501	0.45
焊层	与芯片相同	120	21	10	0.4
铜	10×10	300	17	110	0.35
陶瓷	11×11	630	6.5	400	0.22

如图 7.9 所示，芯片、铜和焊料的热膨胀系数差异较大，功率器件在功率循环过程中，各层材料会产生较大的应力，导致器件发生蠕变、疲劳、开裂、屈服或分层失效。

考虑芯片和焊料的膨胀与变形，如图 7.10 所示。根据线性应变特性，当温度升高 $\Delta T = T - T_{\text{ref}}$ 时，焊料的应力可以表示为[8, 9]

$$\sigma_{\text{solder}} = \frac{E_{\text{solder}} h_{\text{solder}} (\alpha_{\text{solder}} - \alpha_{\text{chip}}) \Delta T}{1 + \dfrac{E_{\text{solder}} h_{\text{solder}} w_{\text{solder}} c_{\text{solder}}}{E_{\text{chip}} h_{\text{chip}} w_{\text{chip}} c_{\text{chip}}}} \tag{7.27}$$

式中，E、α、w 和 h 分别为材料的杨氏模量、热膨胀系数、宽度和厚度；下标"solder"和"chip"分别表示焊料和芯片；c 为材料的应变纵向归一化系数，可以表示为

$$c = 1/(1 - \upsilon) \tag{7.28}$$

由于焊料的热膨胀系数远大于芯片，根据式(7.27)，焊料受到的应力为正，即受到压力。芯片与焊料的应力大小相等、方向相反。因此，芯片受到的应力为负，即受到拉力。受热后，芯片和焊料整体向顶面弯曲。

图 7.10   芯片和焊料的应力示意图

7.3.2   热失配导致的蠕变

芯片焊料层是功率模块的薄弱环节，其疲劳失效的根本原因在于材料非弹性应变的积累。常用的焊料为共晶材料，焊料的蠕变特性对其热力学性能，以及疲劳累计效应的影响较大。

蠕变是封装的一种重要失效机制。蠕变是指材料在固定载荷下(恒定应力)应变随时间的延长而逐渐增加的现象。此外，在恒定应变下的应力松弛现象(应力随时间减小)也是蠕变的结果。在施加相同载荷应力情况下，随着蠕变时间的延长，经受一定程度蠕变老化后的应变，比初始应变更大。

塑性材料的蠕变曲线可以分为三个阶段[10, 11]，如图 7.11 所示。第一阶段称为非定常蠕变阶段，这一阶段开始时蠕变速率很大，然后逐渐减小。因此，第一阶段也称为减速蠕变阶段。第二阶段为稳定蠕变阶段，蠕性应变速率保持不变，应变曲线近似直线。最后阶段是加速蠕变阶段，应变速率随时间迅速增大，材料最终断裂。应变速率依赖于材料的应力水平和温度。在稳定蠕变阶段，应变与时间的函数为

$$\varepsilon(t) = \varepsilon_0 + \frac{\mathrm{d}\varepsilon}{\mathrm{d}t} t \tag{7.29}$$

蠕变强度与温度和应力应变水平有很强的相关性，在高温或高应变环境下，蠕变进度会大幅加快。研究蠕变特性、蠕变率模型及损伤机理，对于芯片焊料层的可靠性建模与寿命预测，具有重要价值。因此，需要针对温度和应变水平，评估蠕变率。

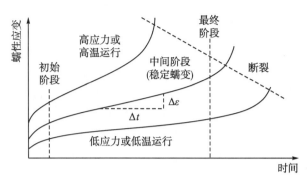

图 7.11　蠕性应变的特性

考虑焊料层蠕变与应力的关系，通常采用 Norton 模型：

$$\frac{\mathrm{d}\varepsilon}{\mathrm{d}t} = A_1 \left(\frac{\sigma_e}{\sigma_n} \right)^{n_1} + A_2 \left(\frac{\sigma_e}{\sigma_n} \right)^{n_2} \tag{7.30}$$

式中，σ_e 为等效应力；A_1、A_2、n_1、n_2 和 σ_n 为与材料相关的参数。对于典型的焊料 SAC305，各参数如表 7.4 所示。

考虑焊料层蠕变与温度的关系，通常采用 Dunn 模型

$$\frac{\mathrm{d}\varepsilon}{\mathrm{d}t} = B_0 (T_{\mathrm{ref}} - T)^n \, \mathrm{e}^{-Q/(k_b T)} \tag{7.31}$$

式中，B_0 为与材料和工艺有关的拟合系数；T_{ref} 为参考温度；T 为开尔文温度；k_b 为玻尔兹曼常数；n 为应力迁移指数，铝、铜和焊料等软金属取 $n = 2 \sim 4$，低碳钢和金属化合物取 $n = 4 \sim 6$，高硬度或高强度金属如硬化钢和陶瓷取 $n = 6 \sim 9$；Q 为激活能，铝的激活能 Q 为 $0.5 \sim 0.6\mathrm{eV}$，铜的激活能为 $0.74\mathrm{eV}$，硅的激活能为 $0.8\mathrm{eV}$。

表 7.4　焊料 SAC305 的蠕变模型参数

Norton 模型		Dunn 模型		Garofalo 模型	
参数	取值	参数	取值	参数	取值
A_1/s^{-1}	8.03×10^{-12}	B_0	1	A_0	262000
A_2/s^{-1}	1.96×10^{-23}	$k_b/(\mathrm{eV/K})$	8.62×10^{-5}	n	6.19
n_1	3	n	3	Q	53200
n_2	12	Q/eV	0.7	$\sigma_{\mathrm{ref}}/\mathrm{MPa}$	39.1
σ_n/MPa	1	$T_{\mathrm{ref}}/\mathrm{K}$	490		

通常，当温度达到材料熔点的 40% 时，材料即会发生明显的蠕变。根据式 (7.31)，当温度为 T_{crit} 时，蠕变率达到最大值，且与 n、Q、T_{ref} 有关

$$Q = n k_b \frac{T_{\mathrm{crit}}^2}{T_{\mathrm{ref}} - T_{\mathrm{crit}}} \tag{7.32}$$

对于焊料 SAC305，根据表 7.4，取其熔点 217℃ 为参考温度，可以得到如图 7.12 所示蠕变率随压力、温度的变化曲线。对于应力的影响，应力越大，蠕变率越高。对于温度

的影响，当温度为 154℃ 时，存在最大蠕变率。

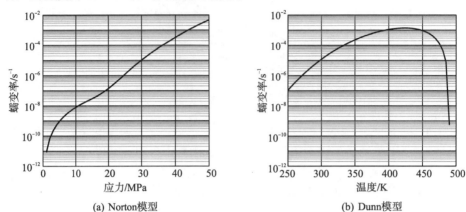

(a) Norton模型   (b) Dunn模型

图 7.12   Norton 和 Dunn 蠕变率模型

器件经受功率循环时，同时存在温度和应力交变。为了更精确地评估焊料层的蠕变失效，需要综合考虑温度和应力交变的作用，可以采用 Garofalo 模型：

$$\frac{\mathrm{d}\varepsilon}{\mathrm{d}t} = A_0 \left[\sinh(\sigma_e / \sigma_{ref}) \right]^n \mathrm{e}^{-\frac{Q}{RT}} \tag{7.33}$$

式中，A_0 为与材料相关的系数；σ_{ref} 为应力参考值；R 为通用气体常数。根据式 (7.33) 和表 7.4，SAC305 的 Garofalo 模型结果如图 7.13 所示。Garofalo 模型能够同时考虑温度和应力对蠕变的影响，可以作为计算焊层蠕变疲劳失效的模型。

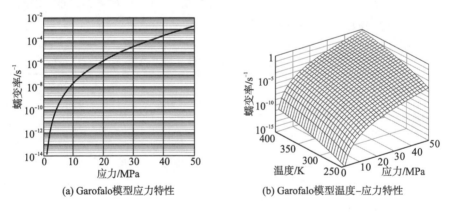

(a) Garofalo模型应力特性   (b) Garofalo模型温度–应力特性

图 7.13   Garofalo 蠕变率模型

在高温环境中，焊料同时具有蠕变与塑性行为。当焊料层的工作温度大于其熔点的一半时，蠕变和应力松弛将非常明显，焊料将由固态变为半固态，还应该考虑其黏塑性[①]行为。黏塑性和蠕变比较类似，但是比蠕变更加复杂。以 Garofalo 模型为基础，可以建立描述焊料层黏塑性的 Anand 模型[12]：

---

① 本书涉及的软件模块中用的是"粘塑性"。

$$\dot{\varepsilon}_{\mathrm{p}}=A\mathrm{e}^{\frac{Q}{RT}}\left[\sinh\left(\xi\frac{\sigma_{\mathrm{e}}}{s}\right)\right]^{1/m} \tag{7.34}$$

式中，$\dot{\varepsilon}_{\mathrm{p}}$ 为塑性形变率；A 为指数因子；ξ 为应力乘子；σ_{e} 为等效应力；s 为变形抗力；m 为应变率敏感指数。s 的演化方程（应变软化/强化）为

$$\dot{s}=\left[h_0\left|1-\frac{s}{s^*}\right|^a \mathrm{sign}\left(1-\frac{s}{s^*}\right)\right]\dot{\varepsilon}_{\mathrm{p}} \tag{7.35}$$

式中，

$$s^*=s_0\left[\frac{\dot{\varepsilon}_{\mathrm{p}}}{A}\mathrm{e}^{\frac{Q}{RT}}\right]^n \tag{7.36}$$

式中，s_0 为 s 的初始值；s^* 为 s 的饱和值；h_0 为软化/硬化常数；a 为软化/硬化的应变率敏感度；n 为 s^* 的敏感指数。

7.3.3　焊料层的疲劳寿命模型

根据焊料层的蠕变特性，以器件的蠕变和蠕变能密度为基础，可以建立焊料层疲劳寿命模型。采用基于蠕性应变的 Coffin-Manson 疲劳模型[13]，描述焊料层的寿命

$$\frac{\Delta\varepsilon_{\mathrm{c}}}{2}=\varepsilon_{\mathrm{f}}(2N_{\mathrm{f}})^{\chi} \tag{7.37}$$

式中，N_{f} 为焊料层的寿命；ε_{c} 是蠕性应变；ε_{f} 是焊料的疲劳延性系数；χ 是材料疲劳延性指数。

也可以采用基于蠕变能量密度的 Morrow 模型[14, 15]来评估焊料层寿命：

$$\Delta W_{\mathrm{c}}=W_{\mathrm{f}}(2N_{\mathrm{f}})^m \tag{7.38}$$

式中，ΔW_{c} 是蠕变耗散能；W_{f} 是焊料疲劳能量系数；m 是焊料疲劳能量指数。SAC305 焊料的疲劳寿命模型参数如表 7.5 所示。

表 7.5　焊接材料疲劳寿命模型参数

Coffin-Manson 模型		Morrow 模型	
疲劳延性系数 ε_{f}	疲劳延性指数 χ	疲劳能量系数 W_{f}	疲劳能量指数 m
0.218	−0.51	55（MJ/m³）	−0.69

7.4　有限元仿真分析实例

7.4.1　基于 ANSYS Q3D 的电磁场仿真

以 Rohm 公司 180A/1200V 的 SiC 功率模块 BSM180D12P3C007 为例，说明 ANSYS Q3D 软件在提取功率模块寄生电感中的应用[16]。

第一步，建立功率模块的 3D 模型。根据功率模块的实际尺寸，在 AutoCAD 或 Solidworks 等机械软件中，建立其 3D 模型。在软件中导出 3D 模型的"*.x_t"文件，如图 7.14 所示。

(a) 实物   (b) 3D模型

图 7.14   SiC 功率模块的实物和几何模型

第二步，建立 ANSYS Q3D 仿真工程。在 ANSYS Q3D 软件中新建工程。在 Q3D 菜单栏的"File"目录下，左键单击"New"选项。在菜单栏的"Project"目录下，左键单击"Insert Q3D Extractor Design"选项，新建 Q3D 设计任务。此时，在菜单栏的"Modeler"目录下，左键单击"Import"，选择上一步生成的"*.x_t"文件，导入功率模块的 3D 模型，结果如图 7.15 所示。需要指出的是，ANSYS Q3D 软件暂不支持中文路径名或文件名。

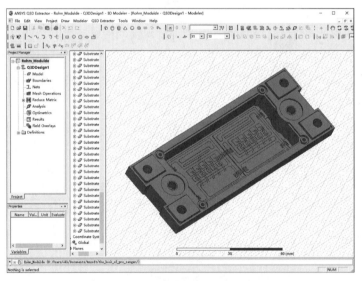

图 7.15   SiC 功率模块的 Q3D 仿真任务界面

第三步，设置功率模块的材料属性。在任务窗口中部的"Solids"窗口选中功率模块的键合线，右键单击"Assign Material"，选择材料 Aluminum，将其设置为铝。同理，将 DBC 陶瓷层设置为 Al_2O_3，将端子材料设置为 Copper，将外壳材料设置为 Polyamide。为了分析方便，将功率芯片的材料设置为 Silver，以模拟功率模块内的通流回路。设置完材料后的结果如图 7.16 所示。

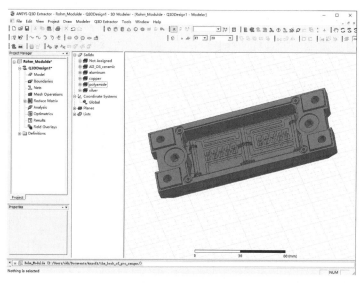

图 7.16　设置功率模块的材料属性

第四步，添加激励源和地。为了简化计算结果，一般建议每次计算只设置一对激励源和地，所得结果就是简单的 RLCG 参数，而不会是复杂的 RLCG 网络。在模型界面右键单击，选择"Select Faces"。选中模型的一个或者几个面后，右键选择"Assign Excitation"中的"Source"或"Sink"。设置完一对 Source 和 Sink 之后，在模型界面右键单击选择"Auto Identify Nets"。

第五步，求解设置。在工程管理器中右键单击"Analysis"，选择"Add Solution Setup"。默认的仿真分析频率为1GHz，如果需要计算其他的频率可以自行设置。此外，还可以进行频率扫描，计算一段频率范围内的结果。这里只选择计算 10MHz 的交流寄生电感和电阻，设置结果如图 7.17 所示。设置完成以后，右键单击，建立分析，设置收敛系数。一般配置为缺省值即可，对收敛性有特殊需求的时候才需要更改。

图 7.17　仿真分析设置

第六步，检查工程。检查整个工程是否有错误或者警告。右键单击工程名，选择 Validation Check，或单击工具栏的图标"√"。只有所有检查全部通过，才能进行下一步的分析运算工作。如果出现报错则必须返回修改，直至系统通过，如图 7.18 所示。

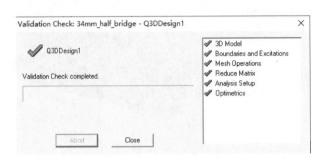

图 7.18   检查工程的结果

第七步，求解结果。右键单击"Analysis"，选择"Analyze All"选项，开始整个模块的分析计算，也可以单击工具栏的图标"！"。

第八步，查看仿真结果，绘制结果曲线。右键单击"Results"，选择"Create Matrix Report"下的"Data Table"。在弹出的对话框中，选择"ACL Matrix"，然后单击"New Report"，查看交流电感，如图 7.19(a) 所示。此外，还可以显示模块内的电流密度分布或磁场分布，观察并联芯片的电流分布，确定磁场集中的区域。如图 7.19(b) 所示，磁场可以间接反映模块内的电流分布，并联芯片之间存在较大的不平衡电流。此外，在模块的端子和拐角处，磁场分布较为集中，干扰较大。

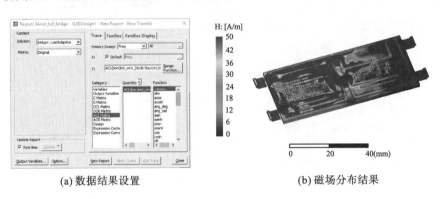

(a) 数据结果设置   (b) 磁场分布结果

图 7.19   仿真结果显示

7.4.2   基于 COMSOL 的电-热-力协同仿真

以功率模块的一个单元为例，采用 COMSOL 多物理场分析软件，计算功率模块内的电-热-力分布[17]。

第一步，新建仿真模型。打开 COMSOL 仿真软件，直接添加"空模型"或者以"模型向导方式"新建仿真模型。选择空间维度为"三维"。选择物理场"固体力学""固体传热""电流",单击"添加"。选择研究"稳态",单击"完成",如图 7.20 所示。

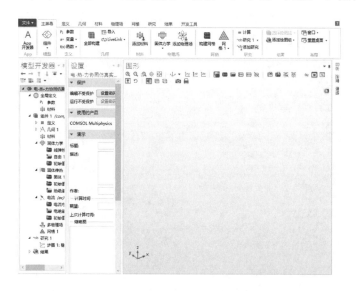

图 7.20　新建 COMSOL 仿真模型

第二步,导入功率模块模型。在模型开发器窗口"组件 1"下方的"几何 1"处,右键单击,选择"导入"。在新出现的设置窗口,左键单击"浏览",选择已经建好的几何模型"*.x_t"导入。

采用单芯片模型对电-热-力模型进行了仿真,该模型为典型单面散热功率模块的结构,如图 7.21 所示。虽然功率模块的形式多种多样,但该结构是最为基础的单元,它包含了功率模块中的所有结构。采用该结构有利于在保证仿真效果的前提下,减少计算量。

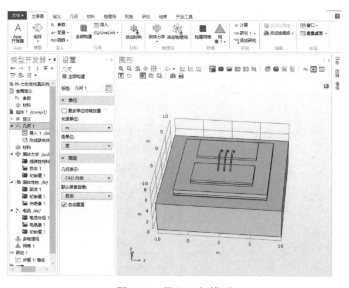

图 7.21　导入几何模型

第三步，设置模型的材料属性。右键单击，选择"组件1"下方的"材料"，选择"从库中添加材料"；也可以从顶部菜单栏直接选择"材料"。双击材料"Aluminum"添加，然后左键单击"键合线"区域，将其材料类型设置为铝。同理，将芯片材料设置为 Si 材料，将 DBC 铜层、基板设置为铜材料，DBC 陶瓷设置为 Al_2O_3，芯片下焊料层和基板焊料层设置为 SAC305，如图 7.22 所示。

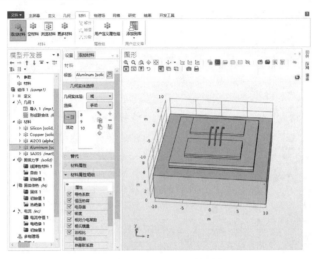

图 7.22　设置材料属性

第四步，"固体传热"的设置。右键单击，选择"固体传热"，添加"热源"为热功率 10W，模拟芯片的开关损耗。右键单击，选择"固体传热"，添加"热通量"，外部强制对流，板长 0.5m，水流速度 3m/s，水温 65℃，模拟功率器件基板的强迫水冷散热方式。模块的其余边界设为"热绝缘"。COMSOL 软件默认会将其余区域设置为热绝缘，所以无须再重复设置。设置好的"固体传热"模块如图 7.23 所示。

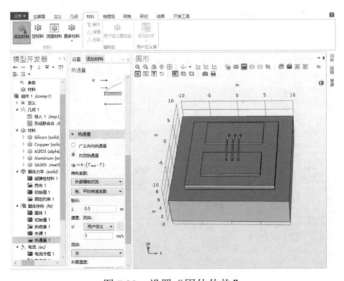

图 7.23　设置"固体传热"

第五步，"固体力学"的设置。首先，设置边界条件，右键单击，选择"固体力学"，选择"固定约束"，再左键单击基板底部，即可将其设置为固定的边界条件。COMSOL软件会把未定义的边界默认设置为"自由"，这里无须再单独设置其他边界。由于只观察电-热-力的多物理场耦合，采用稳态计算，不涉及和时间相关的蠕变等现象，所以只需选用默认的线弹性模型即可，如图 7.24 所示。

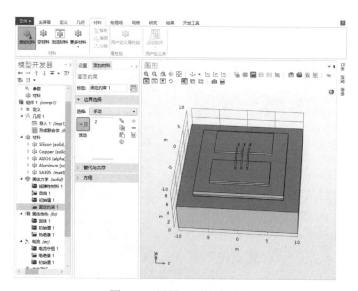

图 7.24　设置"固体力学"

第六步，"电流"的设置。设置电流场的边界条件，右键单击，选择"电流"，在弹出菜单中选择"终端"，单击选中连接芯片的铜层边沿，电流设置为 100A。右键单击，选择"电流"，选择"接地"，单击选中键合线连接的 DBC 铜层。设置结果如图 7.25 所示。

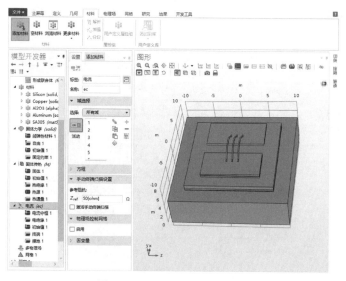

图 7.25　设置电流场边界条件

第七步，添加"多物理场"耦合。因为本模型涉及的物理场耦合较多，需要手动进行设置，其余的简单模型一般使用模型向导默认添加的多物理场即可。首先，右键单击，选择"多物理场"，在弹出菜单中选择"热膨胀"，在热膨胀的设置窗格里选择"所有域"。然后同理进行温度耦合设置，右键单击，选择"多物理场"，在弹出菜单中选择"温度耦合"，并在温度耦合的设置窗格中将"源"设置为"固体传热"，将"目标"设为"固体力学"，如图7.26所示。

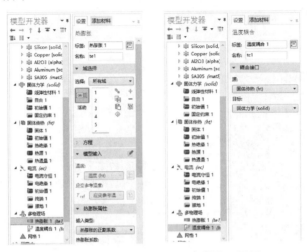

图 7.26   "热膨胀"和"温度耦合"设置

"电磁热"是对模型中流过电流产生的焦耳热进行计算，然后将产生的热量耦合到"固体传热"中，最终在"固体力学"中计算热应力等力学特性。添加多物理场的"电磁热"与之前的多物理场添加相同，右键单击，选择"多物理场"，在弹出菜单中选择"电磁热"。然后在电磁热设置菜单中，选择有电流流过的导体区域即可，如图7.27所示。

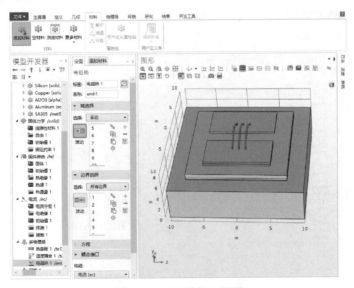

图 7.27   "电磁热"设置

第八步，"网格"的划分。因为本模型通过物理场控制网格即可达到所需要的研究精度，不存在对某个区域有更精细的划分要求。在网格的设置菜单中，选择"物理场控制网格"，单元大小选择"常规"，设置完毕后单击全部构建，即可划分完成，如图 7.28 所示。

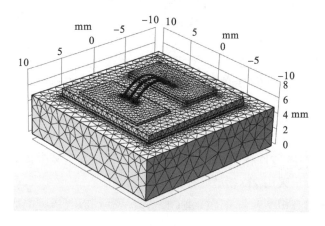

图 7.28　网格的划分

第九步，添加"研究"。由于该算例不考虑暂态过程，采用"稳态研究"。在菜单栏左键单击"添加研究"，在弹出窗口中找到"稳态"并双击添加。设置如图 7.29 所示，一般采用默认设置。最后单击"计算"，即可完成模型的仿真计算。

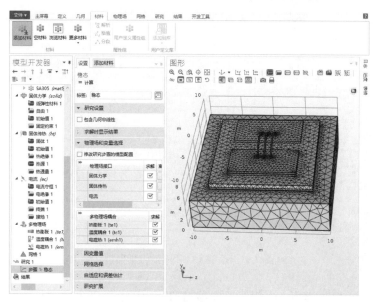

图 7.29　添加"稳态"研究

第十步，后处理。在多物理场模型耦合计算完成之后，需要进行一些后处理操作，得到更直观的结果，也可以根据不同需求观察想要的结果。针对算例中的模型，得到的结果如图 7.30 所示，可以看到应力主要集中在键合线的根部和芯片焊料层。

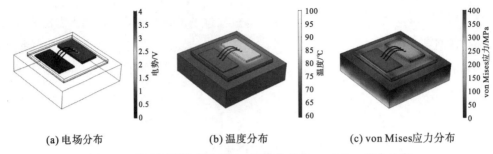

(a) 电场分布　　　　　　　(b) 温度分布　　　　　(c) von Mises 应力分布

图 7.30　仿真得到的电场分布、温度分布和 von Mises 应力分布

7.4.3　基于 COMSOL 的疲劳寿命仿真

在多物理场计算中，2D 模型的准确度能达到 90%。为了减少计算量，提高效率，功率模块的疲劳寿命分析采用 2D 模型进行仿真验证。

第一步，新建仿真模型。打开 COMSOL 仿真软件，以"模型向导方式"新建仿真模型，如图 7.31 所示。选择空间维度为"二维"。选择物理场"固体力学""固体传热""疲劳"，单击"添加"。选择研究"瞬态""疲劳"，左键单击"完成"，如图 7.31 所示。

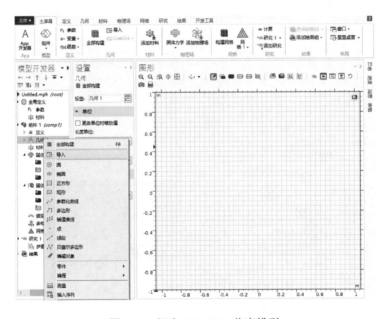

图 7.31　新建 COMSOL 仿真模型

第二步，导入 3D 模型。在模型开发器窗口"组件 1"下方的"几何 1"处，右键单击，选择"导入"。在新出现的设置窗口，单击"浏览"，选择已经建立好的二维几何模型文件"*.x_t"，然后单击"导入"。

第三步，设置模型的材料属性。右键单击，选择"组件 1"下方的"材料"，选择"从库中添加材料"。双击材料"Silicon"添加，然后左键单击芯片区域，将其设置为硅材料。

同理，将 DBC 铜层设置为铜材料，DBC 陶瓷设置为 Al_2O_3，焊料层设置为 SAC305，如图 7.32 所示。

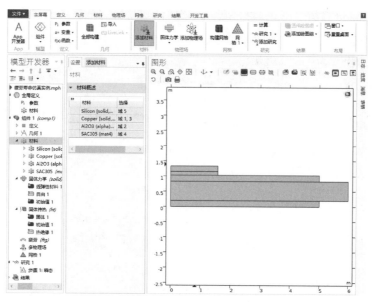

图 7.32　添加功率模块材料

第四步，"固体力学"的设置。首先设置边界条件，右键单击，选择"固体力学"，选择"辊支撑"，再左键单击图 7.33 中的模块的底面设为辊支撑。同理，将图 7.33 中的模块的竖直截面设为"对称边界"，其他边界区域设为"自由"。对称边界的合理使用可以有效地减少对计算机资源的占用，所以本算例只建立了一半模型。

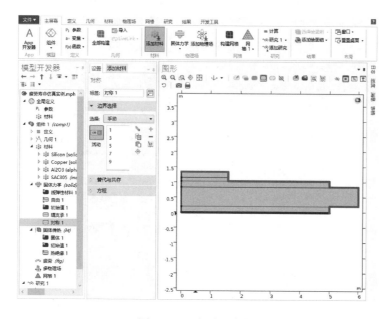

图 7.33　添加边界条件

　　功率模块的焊料层看作"黏塑性"模型，其余区域看作线弹性即可。如图 7.34 所示，右键单击，选择"固体力学"下的"线弹性材料"，单击"黏塑性"[①]。黏塑性模型只需选择默认的"Anand 模型"即可,完成后选中焊料层区域。其他区域均视为默认的线弹性，不需要再进行设置。

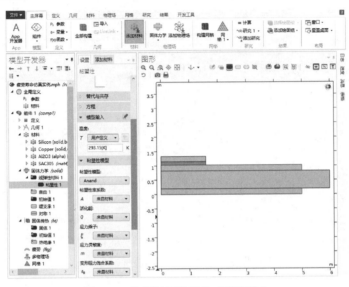

图 7.34　将焊料层设置为"黏塑性"

　　第五步，"固体传热"的设置。将图 7.33 中模块的底面设置为"热通量"，如图 7.35 所示，右键单击，选择"固体传热"，单击"热通量"。在"设置"窗格中，选择外部强制对流，板长设为 0.5m，流速 3m/s。将图 7.33 中模块的竖直截面设为对称，其余边界区域设为热绝缘。

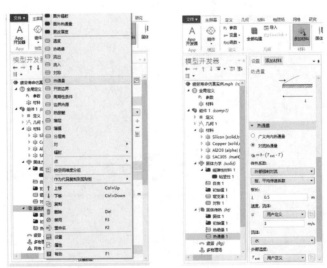

图 7.35　设置"热通量"

---

① 软件模块中为"粘塑性"。

　　然后设置"热源"。右键单击,选择"固体传热",选择"热源"。将芯片设置为热源,为了进行功率循环,将热源设为时间相关的函数,输入"10*(sin(pi*t)>0)",热源的损耗为 10W,加热时间为 1s,功率循环周期为 2s,如图 7.36 所示。

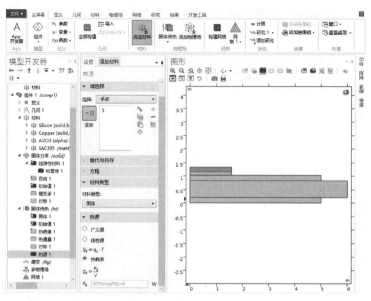

图 7.36　设置"热源"

　　第六步,"疲劳"的设置。由于研究对象为功率模块的焊料层,只需要设置焊料层。如图 7.37 所示,右键单击,选择"疲劳",选择"基于能量",设置窗格中的"疲劳模型"选用默认的"Morrow 模型",物理场接口选择"固体力学","能量类型"选择"黏塑性耗散密度"。

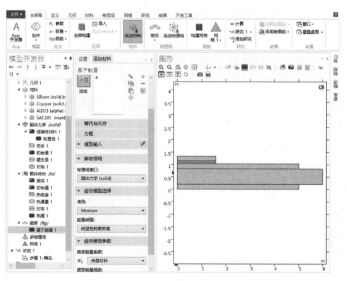

图 7.37　设置"疲劳"接口

第七步，"多物理场"设置与"网格"的剖分。右键单击多物理场，单击"热膨胀"，选择所有域。如图 7.38 所示，右键单击，选择"多物理场"，选择"温度耦合"，"源"选择"固体传热"，"目标"选择"固体力学"。然后划分网格，右键单击，选择"网格 1"，选择"自由三角形网格"。右键单击"自由三角形网格"，选择"分布"，单击焊料层边缘，将单元数设为"10"。单击"网格 1"，选择全部构建，网格划分完成。

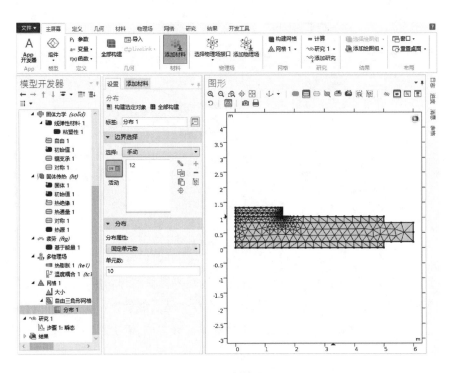

图 7.38　网格划分

第八步，添加研究。左键单击菜单栏里的"添加研究"，找到"瞬态"，双击即可添加。鼠标左键单击"瞬态"，将时间步设为"range(0,0.1,10)"，如图 7.39 所示。再左键单击"添加研究"，找到"疲劳"，双击添加，因为疲劳的研究是在瞬态的基础上完成的，故将其设置在瞬态研究之后，如图 7.39 所示。然后，左键单击"研究 1"，选择"计算"，进行瞬态分析。待"研究 1"计算完成后，再对"研究 2"进行计算，如图 7.39 所示。

第九步，后处理。为了得到更直观的结果，往往需要进行后处理。最终得到的疲劳寿命结果如图 7.40 所示，疲劳寿命为 10 的对数。可以发现焊料层边缘最先失效，经过 4×10^4 次的功率循环之后，大部分焊料层都将失效。

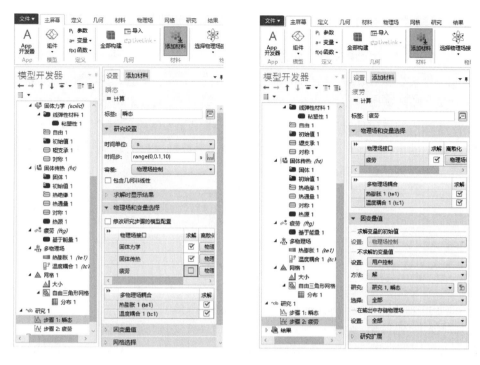

图 7.39　瞬态和疲劳研究的设置

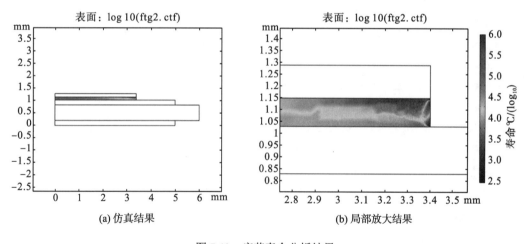

(a) 仿真结果　　　　　　　　　　　　　(b) 局部放大结果

图 7.40　疲劳寿命分析结果

7.5　本　章　小　结

　　本章介绍了功率模块的多物理场建模和有限元分析方法。在电磁场模型方面，介绍了功率回路寄生电感的快速计算方法：累加法和相消法。累加法较为精确，适合于封装寄生电感的估算；相消法较为简单，适合于功率回路的定性评估。在电-热-力多物理场耦合模型方面，从电-热、热-力耦合的角度，介绍了功率模块内的电-热-力交互作用规律。在疲劳寿命模型方面，分析了功率模块内的热失配现象，发现 SiC 功率器件的应变和应变能密度比 Si 器件大，应力聚集度高。此外，还分析了焊料的蠕变和塑性形变效应，建立了焊料层的疲劳寿命模型。最后，结合常用的有限元分析工具，介绍了功率模块多物理场模型的求解结果，验证了模型和方法的有效性。以功率模块为例，采用 ANSYS Q3D 软件，分析了功率模块内的电磁场分布。以功率模块的基本单元为例，采用 COMSOL 软件，分析了功率模块内的电-热-力分布规律。以功率模块的二维截面为例，采用 COMSOL 软件，分析了功率模块内的焊层寿命分布。

参 考 文 献

[1] 邵伟华, 冉立, 曾正, 等. 基于优化对称布局的多芯片 SiC 模块动态均流[J]. 中国电机工程学报, 2018, 38(6): 1826-1836.

[2] Li S, L. M. Tolbert, F. Wang, et al. P-cell and N-cell based IGBT module: layout design, parasitic extraction, and experimental verification[C]. IEEE Applied Power Electronics Conference and Exposition, 2011: 372-378.

[3] 哈珀. 电子封装与互联手册[M]. 贾松良, 蔡坚, 沈卓身, 等译. 北京: 电子工业出版社, 2009.

[4] Ruehli A E. Inductance calculations in a complex integrated circuit environment[J]. IBM Journal of Research and Development, 1972, 16(5): 470-481.

[5] Zhu N, Chen M, Xu D. A simple method to evaluate substrate layout for power modules[C]. IEEE International Conference on Integrated Power Electronics Systems, 2014: 267-272.

[6] Zeng Z, Zhang X, Blaabjerg F, et al. Stepwise design methodology and heterogeneous integration routine of air-cooled SiC inverter for electric vehicle[J]. IEEE Transactions on Power Electronics, 2020, 35(4): 3973-3988.

[7] Hu B, Gonzalez J O, Ran L, et al. Failure and reliability analysis of a SiC power module based on stress comparison to a Si device[J]. IEEE Transactions on Device and Materials Reliability, 2017, 17(4): 727-737.

[8] Held M, Jacob P, Nicoletti G, et al. Fast power cycling test of IGBT modules in traction application[C]. IEEE International Conference on Power Electronics and Drive Systems, 1997: 425-430.

[9] Zhang X, Wu Y, Xu B, et al. Residual stresses in coating-based systems, part I: Mechanisms and analytical modeling[J]. Frontiers of Mechanical Engineering in China, 2007, 2(1): 1-12.

[10] Mcpherson J W. Reliability Physics and Engineering: Time-to-Failure Modeling [M]. USA, Plano: Springer, 2010.

[11] Mavoori H, Chin J, Vaynman S, et al. Creep, stress relaxation, and plastic deformation in Sn-Ag and Sn-Zn eutectic solders[J]. Journal of Electronic Materials, 1997, 26(7): 783-790.

[12] Chen X, Chen G, Sakane M. Prediction of stress-strain relationship with an improved Anand constitutive model for lead-free solder Sn-3.5Ag[J]. IEEE Transactions on Components and Packaging Technologies, 2005, 28(1): 111-116.

[13] Yang S, Xiang D, Bryant A, et al. Condition monitoring for device reliability in power electronic converters: a review[J]. IEEE Transactions on Power Electronics, 2010, 25(11): 2734-2752.

[14] Herkommer D, Punch J, Reid M. A reliability model for SAC solder covering isothermal mechanical cycling and thermal cycling conditions[J]. Microelectronics Reliability, 2010, 50(1): 116-126.

[15] Morrow J D. Cyclic plastic strain energy and fatigue of metals[C]. ASTM Symposium on Internal Friction, Damping, and Cyclic Plasticity Phenomena in Materials, 1965: 45-87.

[16] ANSYS. Getting started with Q3D extractor: a 3D PCB via model[EB/OL]. http://www.oldfriend.url.tw/Tutorials/Ansoft/ q3d/q3d_gsg.pdf, 2020.

[17] COMSOL. The COMSOL Multiphysics User's Guide[M]. Stockholm, Sweden: COMSOL, 2012.

第8章 功率模块封装的优化设计和失效分析

功率模块内的电-热-力多物理场耦合,影响封装的优化设计和失效分析。本章首先建立功率模块封装的电学、热学、力学性能表征模型,揭示封装材料、封装尺寸对封装性能的影响规律。然后,针对电-热-力的协同优化,建立封装的多目标优化设计模型,并分析封装材料对优化设计的影响规律。在封装优化设计的基础上,针对半桥功率模块,研制相同封装的全 Si、混合和全 SiC 功率模块,并给出各种功率模块的评估结果。最后,围绕瞬间过应力失效和长期老化失效,分析功率模块封装的失效现象和失效机理。

8.1 功率模块封装的多目标优化设计

功率模块封装的优化设计,具有重要的学术研究价值和工业应用前景。首先,功率模块的电学、热学、力学性能不是测试出来的,而是设计出来的。优化功率模块的封装设计,不但可以全面提升产品性能,而且还可以降低功率模块开发的失败风险。如图 8.1 (a) 所示,设计可靠性(design of reliability,DfR)咨询公司的统计结果表明:随着产品生命周期的延长,设计缺陷所导致的失效成本呈指数增加[1]。美国国防部(U.S. Department of Defense,DoD)也给出了类似的统计结果[2],如图 8.1 (b) 所示。因此,在功率模块的概念设计阶段就尽可能地避免失败的风险,这对于提升最终产品的竞争力具有不可替代的作用。

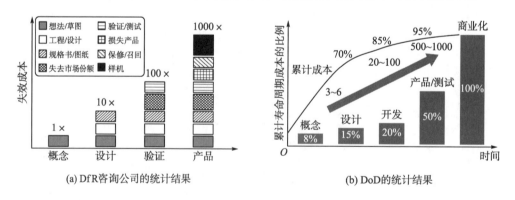

(a) DfR咨询公司的统计结果   (b) DoD的统计结果

图 8.1 产品失效成本与产品生命周期之间的关系

在过去的 30 多年,功率模块封装的演化进程比较缓慢,难以适应功率芯片的快速发展。以 Infineon 公司为例,Si IGBT 芯片已经发展到了第 7 代。然而,Si IGBT 功率模块仅出现了十余种封装结构,如图 8.2 (a) 所示。

以 Infineon 和 Semikron 公司 1200V 电压等级的功率模块为例,在电感-热阻性能方面,功率模块的封装存在明显的边界效应，如图 8.2(b) 所示。封装的寄生电感和结-壳热阻性能之间存在折中。此外，功率模块的封装设计过程中，大多忽略了可靠性指标，缺乏电-热-力多个优化目标的协同设计。

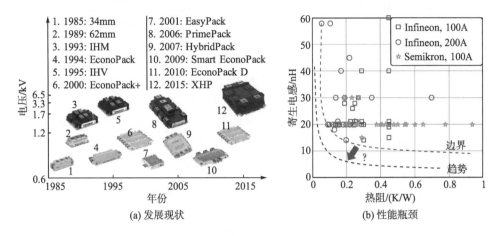

(a) 发展现状　　　　　　　　　　　　　　　　　(b) 性能瓶颈

图 8.2　功率模块封装的现状与瓶颈

以车用电机控制器为例，功率模块封装设计与功率变换器性能之间存在直接的联系，如图 8.3 所示。通过功率模块封装的优化设计，降低封装寄生电感，可以降低功率模块的开关电压过冲，提高功率模块的安全性。其次，降低功率模块封装的结-壳热阻，可以提高功率芯片损耗的耗散能力，提高功率模块的输出电流能力和开关频率。此外，优化功率模块的封装，还能提高功率模块异质连接界面的强度，提高功率模块和变流器的可靠性和寿命。

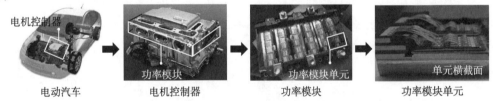

电动汽车　　　　　　电机控制器　　　　　　功率模块　　　　　　功率模块单元

图 8.3　功率变换器与功率模块封装之间的关系

引线键合式功率模块的封装结构如图 8.4 所示。该功率模块是一个多层复合结构，包括功率芯片、芯片焊料层、DBC、DBC 焊料层、基板，各层的厚度 $h_i(i = 1, \cdots, 6)$、芯片与 DBC 的边沿距离 a_1、DBC 与基板的边沿距离 a_2，都是待优化的变量，优化的目标为电-热-力多物理场的综合性能指标。另外，a_{chip} 为芯片的宽度；a_3 为 DBC 上层铜和陶瓷之间的距离，由于 DBC 绝缘、小坑和阻焊等工艺的需要，a_3 通常为 1mm。电学指标主要为功率模块的封装寄生电参数，热学指标主要为封装的结-壳热阻，力学指标主要为功率循环寿命和温度循环寿命[3]。

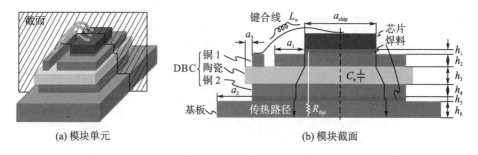

(a) 模块单元   (b) 模块截面

图 8.4   功率模块基本单元的截面图

功率模块的电-热-力性能与功率模块单元的截面尺寸直接相关。通过优化功率模块各层的厚度 $h_1 \sim h_6$ 和宽度 $a_1 \sim a_2$，可以降低功率模块的寄生电感 L_σ、寄生电容 C_σ、结-壳热阻 R_{thjc} 和应力。但是，功率模块封装的优化设计面临两个方面的技术难题。首先，如何建立数学模型，描述截面尺寸和电-热-力性能之间的定量关系。其次，如何协同优化，设计截面尺寸，使得电-热-力尽可能达到最优。下面，将详细阐释这两个问题的应对措施。

8.1.1   电学性能模型

功率模块封装的电学性能指标主要考虑寄生电参数，包括寄生电感 L_σ 和寄生电容 C_σ。封装寄生电感主要来源于键合线的寄生电感，封装寄生电容主要决定于陶瓷层寄生电容。

对于键合线引入的封装寄生电感，可以表示为[4, 5]

$$L_\sigma = \frac{1}{N} \frac{\mu_0 l}{2\pi} \left[\ln\left(\frac{2l}{d}\right) - 1 \right] \tag{8.1}$$

式中，l 和 d 分别为每根键合线的长度和直径，$l = a_{chip}/2 + a_1$。采用 ANSYS Q3D 分析软件，可以计算不同长度、直径和并联根数的键合线的寄生电感，如图 8.5 所示。可见，式(8.1)所示理论模型与有限元分析结果吻合较好。

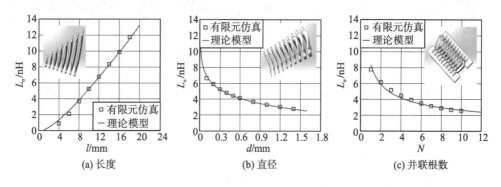

(a) 长度   (b) 直径   (c) 并联根数

图 8.5   不同键合线参数对封装寄生电感的影响

基于表 8.1 所示的封装尺寸，根据式(8.1)，图 8.6(a)进一步给出了封装寄生电感的基本规律。采用短而粗的键合线，或采用多根并联的键合线，都可以减小封装寄生电感。因此，在功率模块封装中，采用铝带代替铝键合线，采用双面焊接技术替代键合线连接技术，减小寄生电感。

表 8.1　功率模块封装的典型尺寸

层	芯片	焊料	DBC 上铜	陶瓷	DBC 下铜	焊料	基板
宽度/mm	4.25	4.25	8.25	10.25	8.25	8.25	14.25
厚度/mm	0.38	0.08	0.30	0.63	0.30	0.10	2.00

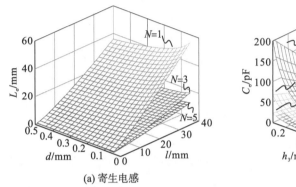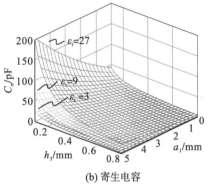

(a) 寄生电感　　　　　　　　　　　　　(b) 寄生电容

图 8.6　功率模块封装寄生电参数的基本规律

封装寄生电容，主要由 DBC 陶瓷层的寄生电容决定，可以表示为

$$C_\sigma = \varepsilon_0 \varepsilon_r \frac{(a_{\text{chip}} + 2a_1)^2}{h_3} \tag{8.2}$$

式中，$\varepsilon_0 = 8.85 \times 10^{-12}$F/m，为真空介电常数；$\varepsilon_r$ 为相对介电常数，对于 Al_2O_3、AlN 和 Si_3N_4 陶瓷，ε_r 分别为 9、8.8 和 6.7。

寄生电感 L_σ 要求越小越好，以减小寄生振荡，减小关断过电压，提高开关速度，降低损耗。同时，寄生电容 C_σ 也需要越小越好，以降低电磁干扰。两者决定了电磁噪声的转折频率 $f_{\sigma r}$，可表示为

$$f_{\sigma r} = \frac{1}{2\pi \sqrt{L_\sigma C_\sigma}} \tag{8.3}$$

因此，要求 $f_{\sigma r}$ 越高越好。也就要求 DBC 面积尽可能小，陶瓷层尽可能薄。若采用 AlN 陶瓷衬底，当 $N=1$ 时，根据表 8.1、式 (8.1) 和式 (8.2)，可以计算得到 L_σ 和 C_σ 分别为 6nH 和 8.5pF，因此 $L_\sigma C_\sigma = 51$nH·pF。

根据表 8.1 所示的典型封装尺寸，图 8.6(b) 给出了不同关键参数对 C_σ 的影响规律。陶瓷层越厚、面积越小，寄生电容越小，且陶瓷层厚度对寄生电容的影响更加敏感。

8.1.2　热学性能模型

基于图 8.4 所示的传热路径,考虑到热扩展效应,功率模块的结-壳热阻 R_{thjc} 可以表示为

$$R_{thjc} = \sum_{i=1}^{6} \frac{h_i}{\lambda_i S_i} \tag{8.4}$$

式中,h_i 为 i 层材料的厚度;S_i 为 i 层材料的等效传热面积;λ_i 为 i 层材料的热导率。可见,芯片焊料层、DBC 顶层铜的 S_1 和 S_2 仍近似为芯片的面积 $S_{chip} = a_{chip}^2$。计及热扩展[6, 7],陶瓷层的等效传热面积 S_3 可表示为

$$S_3 = (a_{chip} + 2\lambda_2 h_3 / \lambda_3)^2 \tag{8.5}$$

DBC 下层铜和 DBC 焊料层的传热面积 $S_4 \approx S_3$。计及热扩展,DBC 焊料层的导热面积可表示为

$$S_5 = (a_{chip} + 2\lambda_2 h_3 / \lambda_3 + 2\lambda_4 h_5 / \lambda_5)^2 \tag{8.6}$$

基板的等效导热面积 $S_6 \approx S_5$。

根据表 8.1 和表 8.2 所示的数据,选择 SAC305 焊料、Al_2O_3 陶瓷和 Cu15W85 基板,计算得到封装的结-壳热阻为 $R_{thjc} = 0.39$K/W,各层的热阻分布如图 8.7 所示。芯片焊料层和陶瓷层所占热阻比例超过 70%,是热阻优化的关键环节。图 8.8 进一步给出了不同焊料层和陶瓷层厚度对结-壳热阻的影响,封装材料越厚,热阻越大,且焊料层厚度对热阻的影响更加敏感。此外,不考虑热扩展(各层的等效传热面积均为 S_1),计算得到的结-壳热阻偏大,与实际情况不符。

表 8.2　功率模块的材料参数

层	材料	k_i/[K/(m·W)]	α_i (10^{-6}/K)	E_i/GPa
	焊料 (SAC305)	63.2	21.6	50
1	焊料 (SAC396)	61.1	21.8	52
	焊料 (Sn63Pb37)	52.8	23.3	40
2	铜 (Cu)	380	17	141
	陶瓷 (Al_2O_3)	24	6.5	400
3	陶瓷 (AlN)	180	4.5	310
	陶瓷 (Si_3N_4)	90	3.3	250
4	铜 (Cu)	380	17	141
5	同芯片焊料层	—	—	—
	基板 (Cu15W85)	190	7.3	310
6	基板 (Cu15Mo85)	160	7	200
	基板 (AlSiC)	240	7.9	158

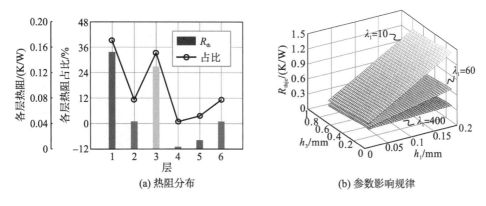

(a) 热阻分布　　　　　　　　　　　(b) 参数影响规律

图 8.7　典型功率模块的结-壳热阻

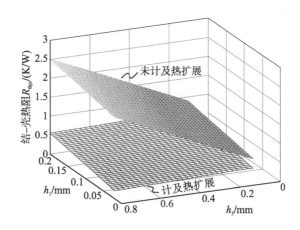

图 8.8　热扩展对结-壳热阻的影响规律

8.1.3　力学性能模型

1. 功率循环

基于功率循环的加速老化实验,功率模块的寿命(特定结温下的功率循环次数 N_p)和芯片的结温波动 $\Delta T_j = T_{jmax} - T_{jmin}$ 有关,可以利用改进的 Coffin-Manson 模型来描述[8]:

$$N_p = c_1 (\Delta T_j)^{c_2} e^{E_a/(k_b T_{jm})} \tag{8.7}$$

式中, c_1 和 c_2 为拟合系数,典型值为 $c_1 = 1.05 \times 10^4$、$c_2 = -4.43$; $T_{jm} = (T_{jmax} + T_{jmin})/2$,为平均结温,K; $E_a = 9.89 \times 10^{-20}$J,为激活能量; $k_b = 1.38 \times 10^{-23}$J/K,为玻尔兹曼常数。

参数 c_1 和 c_2 不是常数,随着生产厂商的不同而不同,且均与封装结构和封装材料有关。c_1 为功率模块的寿命因子,c_2 为与结温循环有关的加速老化因子,其对寿命的影响规律如图 8.9 所示。功率模块封装的优化,应尽可能增大 c_1,减小 c_2。T_{jm} 反映了平均结温对功率模块寿命的影响,T_{jm} 越低,功率模块的寿命越高。不同平均结温下,功率模块的寿命如图 8.10 所示。

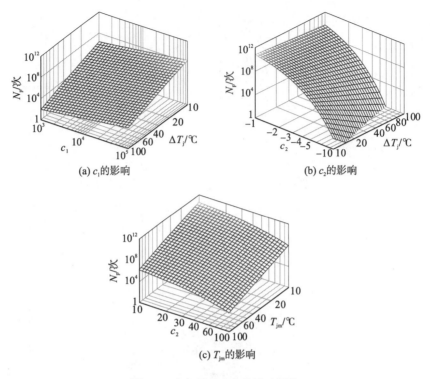

(a) c_1 的影响   (b) c_2 的影响

(c) T_{jm} 的影响

图 8.9   功率循环寿命的影响规律

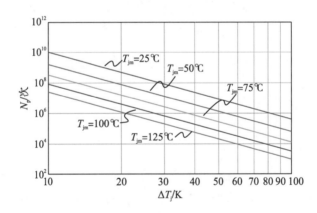

图 8.10   不同平均结温下的功率循环寿命

ΔT_j 和 T_{jm} 变化对 N_p 的影响可以定量表示为

$$\begin{cases} \dfrac{\Delta N_p}{N_p} = \dfrac{1}{N_p}\dfrac{\partial N_p}{\partial \Delta T_j}\Delta(\Delta T_j) = \dfrac{c_2}{\Delta T_j}\Delta(\Delta T_j) \\[3mm] \dfrac{\Delta N_p}{N_p} = \dfrac{1}{N_p}\dfrac{\partial N_p}{\partial T_{jm}}\Delta T_{jm} = -\dfrac{E_a}{k_b T_{jm}^2}\Delta T_{jm} \end{cases} \qquad (8.8)$$

式中，$\Delta(\Delta T_j)$ 和 ΔT_{jm} 分别为 ΔT_j 和 T_{jm} 的变化量。由于 c_2 为负数，ΔT_j 增加，功率循环寿命减小；T_{jm} 增加，功率循环寿命也会减小。如图 8.11 所示，在 ΔT_j 和 T_{jm} 的数值相同的

情况下，功率循环寿命对于结温波动和平均结温的灵敏度相差不大。

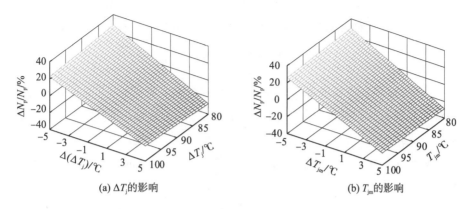

(a) ΔT_j 的影响　　　　　　　　　　　(b) T_{jm} 的影响

图 8.11　功率循环寿命对于温度的灵敏度

功率循环涉及功率模块的电-热耦合效应，结温 ΔT_j 受结-壳热阻 R_{thjc} 和循环功率 ΔP 的影响，可以表示为

$$\Delta T_j = R_{thjc}\Delta P \tag{8.9}$$

式中，$\Delta P = P_{max} - P_{min}$。式 (8.7) 可进一步写为

$$N_p = c_1(R_{thjc}\Delta P)^{c_2}\,e^{E_a/(k_b T_{jm})} \tag{8.10}$$

功率模块的功率循环寿命和热阻之间的灵敏度可以表示为

$$\Delta N_p = \frac{\partial N_p}{\partial R_{thjc}}\Delta R_{thjc} = c_1 c_2 (\Delta P)^{c_2}\,e^{E_a/(k_b T_{jm})} R_{thjc}^{c_2-1}\Delta R_{thjc} \tag{8.11}$$

进而，有

$$\frac{\Delta N_p}{N_p} = c_2\frac{\Delta R_{thjc}}{R_{thjc}} \tag{8.12}$$

在封装结构和封装材料变化不大的情况下，式 (8.10) 所示寿命模型基本不变。若 $c_2 = -4$，降低 1% 的结-壳热阻，可以将功率模块的寿命提升 4%。可见，降低热阻对于提升功率模块的寿命具有重要的意义。

2. 温度循环

温度循环引起的功率模块失效，与体积平均非弹性工作能量密度 W 有关，可以利用 Darveaux 模型来描述[9, 10]：

$$\begin{cases} N_0 = \lambda_{D1}W^{\lambda_{D2}} \\ da/dN = \lambda_{D3}W^{\lambda_{D4}} \end{cases} \tag{8.13}$$

式中，N_0 为产生初始裂纹的热循环次数；$\lambda_{D1}\sim\lambda_{D4}$ 为拟合系数，典型值为 $\lambda_{D1} = 7.1\times10^4$、$\lambda_{D2} = -1.62$、$\lambda_{D3} = 2.76\times10^{-7}$、$\lambda_{D4} = 1.05$；$a$ 为特征裂纹的长度，可以定义为芯片的宽度 a_{chip}。功率模块的热循环寿命可表示为

$$N_t = N_0 + \frac{a}{\mathrm{d}a/\mathrm{d}N} = \lambda_{D1}W^{\lambda_{D2}} + \frac{a}{\lambda_{D3}}W^{-\lambda_{D4}} \tag{8.14}$$

式中，W 为单位体积内的非弹性工作能量密度，可表示为

$$W = \sum_{i=1}^{n}W_iV_i \bigg/ \sum_{i=1}^{n}V_i \tag{8.15}$$

式中，W_i 和 V_i 分别表示功率模块第 i 层的非弹性能量密度和体积。

非弹性工作能量密度描述封装材料在非线性工作区的特性，难以定量分析和计算。出于方便考虑，采用弹性工作能量密度来近似替代非弹性工作能量密度。

对于功率模块的第 i 层，由温度循环 $\Delta T_a = T_{\max} - T_{\min}$ 引起的热膨胀所导致的形变 Δh_i 可以表示为

$$\Delta h_i = h_i\alpha_i\Delta T_a \tag{8.16}$$

式中，α_i 为 i 层材料的热膨胀系数。由热膨胀引起的应力 F_i 满足：

$$E_i = \frac{F_ih_i}{S_i\Delta h_i} \tag{8.17}$$

式中，E_i 为材料的杨氏模量；S_i 为材料的面积。各层材料内部应力的能量密度为

$$W_i = \frac{F_i\Delta h_i}{V_i} = \frac{E_iS_i(\Delta h_i)^2}{S_ih_i^2} = E_i(\alpha_i\Delta T_a)^2 \tag{8.18}$$

温度循环涉及功率模块的热-力耦合效应，各层材料的体积平均弹性工作能量密度可以表示为

$$W = \frac{\sum\limits_{i=1}^{6}W_iV_i}{\sum\limits_{i=1}^{6}V_i} = \frac{\sum\limits_{i=1}^{6}E_i(\alpha_i\Delta T_a)^2V_i}{\sum\limits_{i=1}^{6}V_i} = \frac{(\Delta T_a)^2 J_W}{V} = D_W(\Delta T_a)^2 \tag{8.19}$$

式中，$D_W = J_W/V$ 为体积平均弹性工作能量密度系数；J_W 为与功率模块封装材料和结构有关的常数；V 为功率模块的总体积。W 与温度循环的深度直接相关，ΔT_a 越大，W 越大，温度循环寿命越短。D_W 是一个与封装材料和封装结构有关的系数，可以作为温度循环寿命的一个表征参数。

综上，式 (8.14) 可以改写为

$$N_t = \lambda_{D1}\left(\frac{J_W}{V}\right)^{\lambda_{D2}}(\Delta T_a)^{2\lambda_{D2}} + \frac{a}{\lambda_{D3}}\left(\frac{V}{J_W}\right)^{\lambda_{D4}}(\Delta T_a)^{-2\lambda_{D4}} \tag{8.20}$$

可见，功率模块的温度循环寿命是与 ΔT 有关的多项式。虽然 N_t 与体积 V_i 有关，但是，功率模块各层的尺寸按比例扩大或缩小，并不会改变功率模块的温度循环寿命。传统封装设计仅关注不同材料热膨胀系数的匹配，即所用材料的热膨胀系数尽可能接近，从图 8.12 所示的结果可以看到，还应该选择膨胀系数尽可能小的材料，减小 J_W，提高温度循环寿命。此外，材料的杨氏模量一样应该尽可能小，且尽可能匹配。

根据表 8.1 和表 8.2 所示的封装尺寸和材料参数，可以得到 Darveaux 模型参数对温度

循环寿命影响的规律，如图 8.13 所示。由图可知，λ_{D1} 和 λ_{D2} 对于温度循环寿命的影响不大，参数影响主要来自 λ_{D3} 和 λ_{D4}。

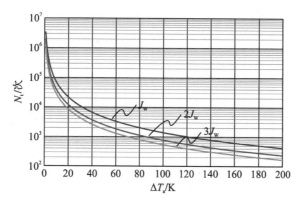

图 8.12　不同 J_W 下的温度循环寿命

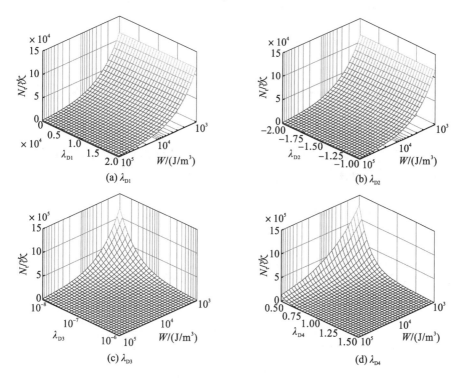

图 8.13　Darveaux 模型的参数影响规律

功率模块的温度循环寿命与 W 之间的灵敏度，可以表示为

$$\Delta N_t = \frac{\partial N_t}{\partial W}\Delta W = \left(\lambda_{D1}\lambda_{D2}W^{\lambda_{D2}-1} - a\frac{\lambda_{D4}}{\lambda_{D3}}W^{-\lambda_{D4}-1} \right)\Delta W \tag{8.21}$$

进而，有

$$\frac{\Delta N_t}{N_t} = \frac{\lambda_{D1}\lambda_{D2}\lambda_{D3}W^{\lambda_{D2}-1} - a\lambda_{D4}W^{-\lambda_{D4}-1}}{\lambda_{D1}\lambda_{D3}W^{\lambda_{D2}} + aW^{-\lambda_{D4}}}\frac{\Delta W}{W} \tag{8.22}$$

在不改变 Darveaux 模型参数的条件下，对于不同的 W、ΔT_a，减小 W，对于寿命提升的效果如图 8.14 所示。当温度循环的深度较浅时，ΔT_a 和 W 较小，模块的温度循环寿命高，减小 W，对寿命提升的比例也高，优化效果明显。当温度循环深度较大时，ΔT_a 和 W 较大，模块的温度循环寿命本身很低，减小 W 对寿命提升的效果并不明显。基于以上分析，减小 W，提高温度循环寿命，主要对于温度循环深度较低的工况有效，且寿命提升效果在 5%以内。

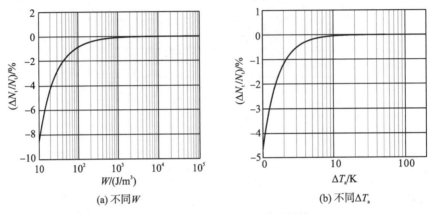

(a) 不同 W (b) 不同 ΔT_a

图 8.14 温度循环寿命的参数灵敏性

综上，提高功率循环寿命，要求各层的厚度尽可能低，以减小功率模块的结-壳热阻。然而，提高温度循环寿命，要求增大功率模块的应力集中层的体积，以降低体积平均弹性工作能量密度。可见，功率模块的封装尺寸在多个性能之间存在折中。

8.1.4 多目标优化模型和求解

根据功率模块封装的性能表征模型，封装材料的属性和尺寸，直接决定功率模块的电-热-力性能，间接决定功率模块的功率循环寿命和温度循环寿命，如图 8.15 所示。功率模块封装的优化设计在电-热、热-力性能之间存在明显的折中，需要多目标性能的协同优化。

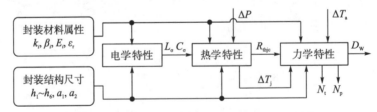

图 8.15 功率模块封装的电-热-力协同设计框架

以各层的厚度为优化变量，以寄生参数、稳态热阻、应力为优化目标，以制造工艺的技术限制为约束，建立功率模块封装设计的多目标优化模型，为

$$\min \quad L_\sigma C_\sigma$$
$$\min \quad R_{\text{thjc}}$$
$$\min \quad D_{\text{W}} \tag{8.23}$$
$$\begin{cases} h_{i\min} \le h_i \le h_{i\max}, & i = 1, 2, \cdots, 6 \\ a_{j\min} \le a_j \le a_{j\max}, & j = 1, 2 \end{cases}$$

式中，$h_{i\min}$ 和 $h_{i\max}$ 分别为各层厚度的约束下限和上限；$a_{j\min}$ 和 $a_{j\max}$ 分别为宽度的约束下限和上限。式 (8.23) 所示模型是一个多目标、多变量、强非线性的复杂优化问题，很难获得精确的解析解。因此，需要采用进化算法获得数值解。

采用非支配排序遗传算法 (non-dominated sorting genetic algorithm II，NSGA-II) 求解式 (8.23) 所示模型，计算流程如图 8.16 所示，参数设置为：最优前沿个体系数 0.3、种群规模 500、最大迭代步数 5000。由于问题的复杂性，选择较大的种群规模。为了确保算法收敛，最大迭代步数设置较大。最优前沿个体系数定义为最优前沿中的个体在种群中所占的比例，其取值范围为 0～1，它只影响解的呈现形式，而不影响求解结果。结合种群规模，该系数选择为 0.3，即可较好地呈现多目标优化前沿。

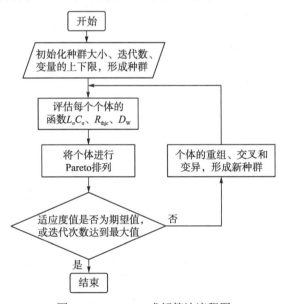

图 8.16　NSGA-II 求解算法流程图

针对表 8.3 所示的算例数据，采用图 8.16 所示的算法，以焊料 SAC305、DBC 陶瓷 Al_2O_3、基板 Cu15W85 为例，得到寄生参数 $L_\sigma C_\sigma$、热阻 R_{thjc} 和弹性工作能量密度系数 D_{W} 的 Pareto 前沿，如图 8.17 所示。Pareto 前沿的物理意义在于，满足约束条件的所有可行域内，没有比该前沿上点更优的解。优化后的封装寄生参数和结-壳热阻，明显小于常见功率模块的 51 nH·pF 和 0.39K/W。三个优化目标分别在 16～24nH·pF、0.2～0.5K/W、0～30kJ/(K^2·m^3) 范围内变化，优化解明显分为三段，在 $L_\sigma C_\sigma$ 和 R_{thjc}、R_{thjc} 和 D_{W} 之间存在明显的转折，以 4 个特征点为参照，分析多目标优化解的分布情况。

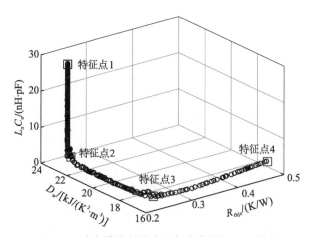

图 8.17　功率模块封装多目标优化的 Pareto 前沿

表 8.3　功率模块封装优化的算例

层	功能	材料	宽度	优化变量	约束上限/mm	约束下限/mm
1	焊料	SAC305	a_C	h_1	0.08	0.2
2	铜	Cu	$a_D = a_C + a_1$	h_2	0.1	0.4
3	陶瓷	Al_2O_3	a_D	h_3	0.1	0.63
4	铜	Cu	a_D	h_4	0.1	0.4
5	焊料	SAC305	a_D	h_5	0.08	0.2
6	基板	Cu15W85	$a_P = a_D + a_2$	h_6	0	4
7	芯片与 DBC 边沿距离			a_1	0	10
8	DBC 与基板边沿距离			a_2	0	10

　　4 个特征点的优化结果，即功率模块各层的封装尺寸，如图 8.18 所示。特征点 1 的寄生参数和应力最大，但是却具有较低的热阻；相对于特征点 1，特征点 2 和特征点 3 在电、热性能方面具有一定的改进；特征点 4 具有较低的应力和寄生参数，但是热阻最大，可见多个优化目标之间存在折中，没有一个结果使得所有目标同时达到最优，功率模块的性能应该根据应用场景的负载特性，进行定制。

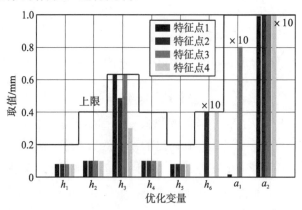

图 8.18　Pareto 前沿上特征点的优化结果

8.1.5　封装材料对优化结果的影响

基于所建立的多目标优化模型，以表 8.1 所示功率模块的封装参数为例，进一步分析不同封装材料对功率模块电-热-力优化设计的影响。

1. 陶瓷衬底的影响

常见的 DBC 陶瓷材料包括 Al_2O_3、AlN 和 Si_3N_4。选取不同的 DBC 陶瓷，对比的优化结果如图 8.19 所示。相对于 Al_2O_3 陶瓷，采用 AlN 和 Si_3N_4，可以明显降低弹性能量密度系数 D_W，尤其是 Si_3N_4 在这方面的性能最佳，但在相同 D_W 的情况下，采用 AlN 可以获得更小的热阻 R_{thjc}。

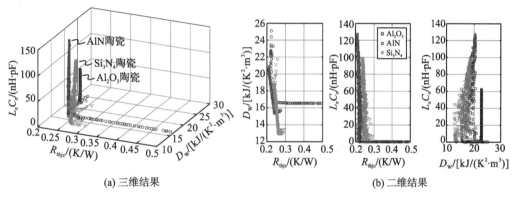

图 8.19　不同陶瓷材料对优化结果的影响

2. 基板的影响

常见的基板材料包括 Cu15W85、Cu15Mo85 和 AlSiC 合金，选用不同的基板材料，所得优化结果如图 8.20 所示。虽然三种基板材料的热膨胀系数相差不大，但是 Cu15Mo85 和 AlSiC 基板的杨氏模量更小，应力更小，可以获得更低的弹性工作能量密度，提高功率模块的温度循环寿命。此外，AlSiC 的热导率最大，可以有效降低功率模块的热阻，提高功率循环寿命。

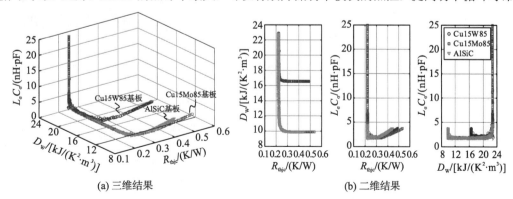

图 8.20　不同基板材料对优化结果的影响

3. 焊料的影响

焊料包括有铅和无铅两大类，常用的有铅焊料如 Sn63Pb37 等，由于有铅焊料存在铅污染，常用 SAC305、SAC396 等无铅焊料代替，选用不同的焊料，优化结果如图 8.21 所示。三种焊料的杨氏模量和热膨胀系数相差不大，对功率模块力学性能影响不大，Sn63Pb37 的热导率低，在热阻性能上稍差。可见，SnAgCu 焊料可以替代 SnPb 焊料，且在电、热、力性能上有所提升。

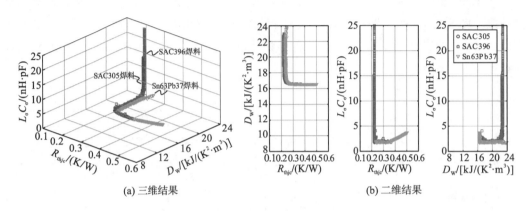

图 8.21 不同焊料对优化结果的影响

封装材料的性能参数对功率模块的多目标性能影响较大，这里详细分析陶瓷层热导率的影响，如图 8.22 所示，当热导率超过 100W/(m·K) 时，陶瓷层热导率对于优化结果的影响减小。

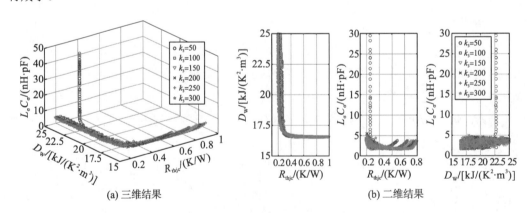

图 8.22 不同陶瓷层热导率的影响

在式 (8.23) 所示优化模型的基础上，将不同层材料的热导率、杨氏模量、热膨胀系数、陶瓷层的相对介电常数，进一步作为优化变量，以寻找最佳的材料匹配属性，所得优化结果如图 8.23 所示。

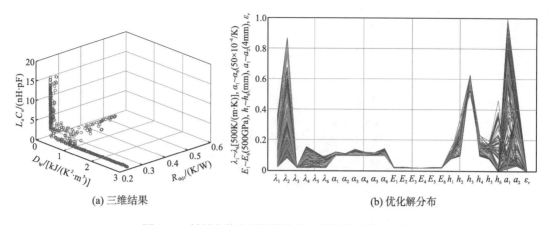

(a) 三维结果　　　　　　　　　(b) 优化解分布

图 8.23　材料参数定制化模块的多目标优化设计结果

综上，所提设计理论和方法，原理简单、复杂程度低，能够缩短功率模块的设计成本和研发周期。在设计和样机制作过程中，能够避免盲目试凑，使得功率模块的设计和研发具有方向指导，减小产生错误设计和不良设计的可能。

8.2　功率模块封装的实现和评估

8.2.1　半桥功率模块的封装布局

基于电-热-力协同优化，在完成功率模块封装的截面设计之后，可以进一步完成功率模块的平面布局设计，实现芯片电极之间的电气互连。以图 8.24(a) 所示半桥功率模块为例，设计的封装布局如图 8.24(b) 所示。

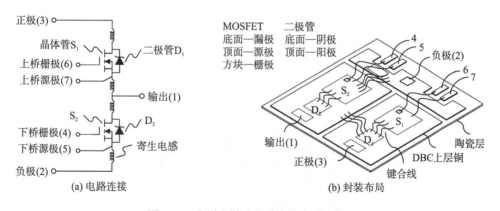

(a) 电路连接　　　　　　　　　(b) 封装布局

图 8.24　典型半桥功率模块的电路和布局

功率模块的性能，与封装和器件密切相关。对于半桥模块，器件可以是全 Si(Si IGBT 和 Si FRD)、混合(Si IGBT 和 SiC SBD)、全 SiC(SiC MOSFET 和 SiC SBD)，即使采用相同的封装，封装寄生参数相同，不同类型的功率模块仍然呈现出不同的动态性能。基于第

6 章所介绍的封装工艺和流程，研制了全 SiC、全 Si 和混合功率模块，如图 8.25 所示，用于对比研究。所用芯片的参数如表 8.4 所示。

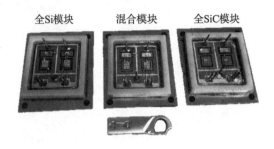

图 8.25   不同类型的半桥功率模块

表 8.4   功率模块中芯片的参数

芯片类型	定额	尺寸/mm	厚度/μm	输入电容/nF
SiC SBD	55A/1200V (@75℃)	4.25×4.25	370	—
SiC MOSFET	42A/1200V (@25℃)	4.29×2.92	350	1.53
Si FRD	35A/1200V (@100℃)	6.25×3.40	110	—
Si IGBT	35A/1200V (@100℃)	6.36×5.67	115	4.29

8.2.2   半桥功率模块的对比评估

SiC 器件的参数和性能与 Si 器件存在较大差异。现有 SiC 功率模块仍然采用 Si 器件封装，难以适应其开关速度快、dv/dt 和 di/dt 高的特点。尚未有文献研究三种功率模块在相同封装下的性能差异性。因此，在相同封装条件下，有必要评测全 SiC、混合及全 Si 模块的性能、适用场合及经济性，为功率模块的应用设计提供参考。

基于如图 8.26 所示的双脉冲测试电路，分别测试不同温度、电流等级下功率模块的性能。在 V_{dc}=600V、R_{on}=20Ω、结温 25℃的测试条件下，三种功率模块的实验结果如图 8.27 所示。

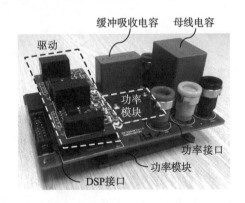

图 8.26   功率模块的双脉冲测试电路

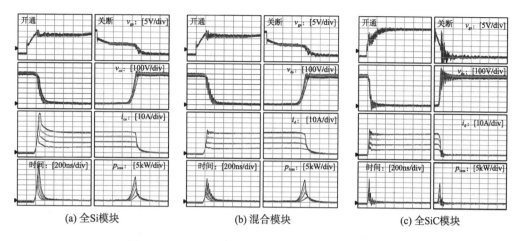

(a) 全Si模块　　　　　　　　(b) 混合模块　　　　　　　　(c) 全SiC模块

图 8.27　三种功率模块在不同负荷电流下的开关波形

如图 8.27(c)所示，由于全 SiC 模块封装寄生参数与开关速度不匹配，开关过程振荡不可忽略。振荡频率 f_r 为

$$f_r = \frac{1}{2\pi\sqrt{L_\sigma C_{oss}}} \tag{8.24}$$

式中，L_σ 为封装寄生电感；C_{oss} 为器件的输出电容。根据关断过程的实验波形，可以估计开关振荡的频率为 26MHz，计算功率模块的寄生电感为 24nH。

在 $V_{dc} = 600\text{V}$、$I_L = 40\text{A}$ 测试条件下，三种功率模块的温度特性如图 8.28 所示。开关损耗的温敏特性如图 8.29(a)所示。对于全 Si 模块，在关断过程中，双极型器件的载流子寿命具有正温度特性，高温条件下，Si FRD 的反向恢复电流、Si IGBT 的拖尾电流明显增大，150℃时的开关损耗几乎是 25℃时的 2 倍。得益于 SiC SBD 的使用，混合模块的开通损耗比全 Si 模块显著减小，避免了温度对开关损耗的影响。全 SiC 模块的开关损耗受温度影响较小。

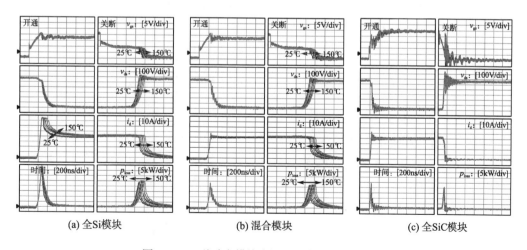

(a) 全Si模块　　　　　　　　(b) 混合模块　　　　　　　　(c) 全SiC模块

图 8.28　三种功率模块在不同温度下的开关波形

当负荷电流为 40A 时，三种功率模块的开关损耗对比如图 8.29（b）所示，使用 SiC 器件，可以显著减小开关损耗。对于全 Si 模块，Si IGBT 开通时，Si PiN 二极管的反向恢复电流，引起较大的开通损耗。对于混合模块，SiC SBD 为单极型器件，反向恢复电流小，关断损耗可以比全 Si 模块减少 34%。对于全 SiC 模块，由于 SiC MOSFET 没有 Si IGBT 的拖尾电流，开关速度更快，开关损耗仅为全 Si 模块的 33%。

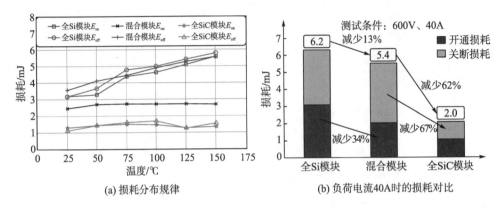

图 8.29　不同功率模块的开关损耗对比

图 8.25 所示功率模块和现有部分功率模块的损耗对比如图 8.30 所示。可见，所完成的功率模块具有较小的开关损耗和寄生电感。

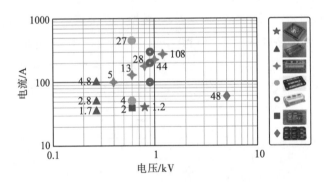

图 8.30　自主封装 SiC 功率模块与部分 SiC 模块损耗对比

以全 SiC 功率模块为例，其质量、体积、成本占比如图 8.31 所示。基板的质量最大，密封剂的体积最大。功率芯片仅占模块总质量的 0.09%、总体积的 0.12%，但所占成本高达 90.52%。不同封装结构对全 SiC 模块损耗有显著影响。从另一种角度分析，为了实现高品质的功率模块，优化封装结构及封装材料，比优化芯片性能，更加经济、更加有效。因此，迫切需要先进的封装技术，以配合芯片性能，优化功率模块的整体性能。

综上，全 SiC、全 Si 和混合模块有各自适用的领域。对于高开关频率的应用场合，全 SiC 模块是唯一的选择。当频率在几十千赫及以下时，可以根据散热条件选择混合模块或全 Si 模块。全 SiC 模块表现出稳定的温度特性和较低的开关损耗，但是，对寄生参数较为敏感，容易产生开关振荡，且成本较高。混合模块在损耗和成本之间存在折中，但其损耗和温度特性并没有显著优势。全 Si 模块在开关频率、损耗及温度特性都有一定限制，但成本远低于其他模块。因此，应根据具体运行条件和预期成本，选择合适的功率模块。

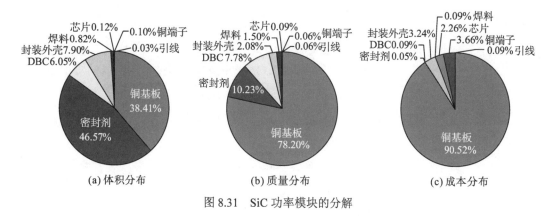

(a) 体积分布　　　　　(b) 质量分布　　　　　(c) 成本分布

图 8.31　SiC 功率模块的分解

8.3　功率模块封装的失效分析

通过失效分析，可以发现功率模块的薄弱环节，并进一步指导模块封装的设计和改进。功率模块的失效机理如图 8.32 所示。根据失效的原因和部位，常见的失效方式可分为两大类。第一类为过应力瞬间失效，主要由电气、机械或化学方面的短时侵扰所致。第二类为长期老化失效，主要由蠕变、疲劳、电迁移和腐蚀等因素导致[11]。

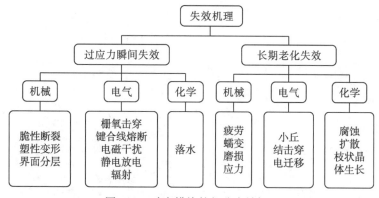

图 8.32　功率模块的部分失效机理

8.3.1　瞬间过应力失效

1. 热击穿

热击穿失效是最常见的失效模式，主要源于高密度电流的热效应。根据芯片损耗 P_H

和封装的耗散功率 P_D 之间的平衡关系，芯片升温的条件为

$$\frac{\partial P_H}{\partial T_j} > \frac{\partial P_D}{\partial T_j} \tag{8.25}$$

假定芯片特定位置的散热条件用热阻 R_{th} 表征，可以定义热稳定系数 S_{ts} 为[12]

$$S_{ts} = R_{th} V_{dc} \frac{\partial I_L}{\partial T_j} \tag{8.26}$$

若 $S_{ts} > 1$，任意的温度扰动，都会诱发热击穿。温度扰动由高功率产生，漏电流产生的高功率，会使高温区域的漏电流进一步升高，形成正反馈；而过电压造成的雪崩击穿区域，会向温度较低的区域移动，形成负反馈。不论何种因素造成温度上升，热击穿总是因为温度达到了半导体材料的本征温度 T_{int}。此时，热激发的载流子浓度 n_i 等于本底掺杂浓度 N_i，n_i 具有显著的温度依赖性[8, 13]，有

$$n_i = \sqrt{n_0 p_0} \tag{8.27}$$

$$n_0 = N_c e^{-(E_c - E_F)/(k_b T)} = N_i e^{(E_F - E_g)/(k_b T)} \tag{8.28}$$

$$p_0 = N_v e^{-(E_F - E_v)/(k_b T)} = N_i e^{(E_g - E_F)/(k_b T)} \tag{8.29}$$

式中，n_0 为半导体电子浓度；p_0 为空穴浓度；N_c 为导带有效状态密度；N_v 为价带有效状态密度；E_F 是费米能级；E_g 为禁带宽度。当温度高于 T_{int} 时，n_i 处于主导地位，并随温度指数增加，从而进一步热激发，使 n_i 增加。一旦结温达到 T_{int}，热激发将成为主导机制，载流子即进入正反馈，引起电流集中且热失控，最终达到温度耐受极限而失效。然而，实际必须考虑温度局部过热的影响，低于 T_{int} 时，也会发生击穿。

过电流引起的热失效，表现为芯片表面烧毁，或局部半导体熔融。过电流可分为稳态过电流和瞬态过电流。

稳态过电流通常出现面积较大的烧毁区域，一般位于芯片源极或发射极中心，以及键合线引脚处金属融化，严重的过电流甚至会使芯片炸裂，如图 8.33 所示。

图 8.33　稳态过电流导致的芯片烧毁现象

瞬态过电流可能由电流尖峰或浪涌电流造成，通常与模块的布局设计或封装电感有关，特别是键合线接触电阻的作用，常表现为键合线引脚附近单点或多点烧毁，如图 8.34 所示。

(a) 芯片边缘烧毁

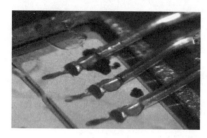

(b) 键合线引脚烧毁

图 8.34 瞬态过电流导致的芯片烧毁现象

2. 过电压

功率器件的阻断能力受到雪崩击穿的限制，在感性电路的开关过程中，受到电路杂散电感影响，较高的电流变化率会产生浪涌电压，发生雪崩击穿而导致过电压失效。

理论上，功率芯片在关断和开通的过程中，过电压失效的位置不同。功率芯片的电流分布如图 8.35 所示，驱动总线沿芯片边缘场限环分布，驱动信号脉冲从边缘传播到中心需要一段时间。因此，芯片边缘场限环附近的晶胞比中间的晶胞先经历开通或关断。以关断过程为例，如图 8.35(a) 所示，若漏极电流为 $i_d(t)$，根据安培环路定律，磁场强度 $H(x, t)$ 表示为

$$H(x,t)=\begin{cases} \dfrac{i_d(t)x}{4(d+D)}, & x<d \\[3mm] \dfrac{i_d(t)}{4(x+D)}, & d<x<D \end{cases} \tag{8.30}$$

式中，d 为电流通道的宽度；$2D$ 为芯片的宽度。假设电流的下降时间为 t_f，$di_d(t)/dt=-I_L/t_f$，$i(0)=I_L$，则 x 方向的磁场恒为零 $(H_x=0)$，z 方向磁场变化率为

$$\frac{\partial H_z}{\partial t}=\begin{cases} -\dfrac{I_L}{4dt_f}\dfrac{x}{x+D}, & x<d \\[3mm] -\dfrac{I_L}{4t_f}\dfrac{1}{x+D}, & d<x<D \end{cases} \tag{8.31}$$

根据麦克斯韦方程，有

$$\frac{\partial E_y}{\partial x} = -\left(\frac{\partial E_z}{\partial z} + \frac{\partial E_x}{\partial x}\right) = -\mu\left(\frac{\partial H_z}{\partial t} + \frac{\partial H_x}{\partial t}\right) = \begin{cases} \dfrac{\mu I_L}{4dt_f}\dfrac{x}{x+D}, & x < d \\[3mm] \dfrac{\mu I_L}{4t_f}\dfrac{1}{x+D}, & d < x < D \end{cases} \tag{8.32}$$

式中，μ 为半导体材料的磁导率。若 $x = D$ 处场强 $E_{y(x=D)} = E_D = V_{dc}/h_{chip}$，其中 h_{chip} 为芯片厚度，在与原点距离为 x 处场强 E_y 表示为

$$E_y(x) = \int_D^x \frac{\partial E_y}{\partial x}\mathrm{d}x = \begin{cases} \dfrac{\mu I_L}{4dt_f}\left[\left(x - D\ln\dfrac{x}{d}\right) + d\left(\ln\dfrac{d+D}{2D} - 1\right)\right] + E_D, & x < d \\[3mm] \dfrac{\mu I_L}{4t_f}\ln\dfrac{x+D}{2D} + E_D, & d < x < D \end{cases} \tag{8.33}$$

因此，芯片不同位置承受的关断电压并不相同。在 $x = d$ 处，有

$$V_y = E_y h_{chip} = \frac{\mu I_L h_{chip}}{4t_f}\ln\frac{d+D}{2D} + V_{dc} \tag{8.34}$$

对于开通过程，重新建立坐标原点如图 8.35(b)所示，替换边界条件 $\mathrm{d}i_d(t)/\mathrm{d}t = I_L/t_r$，$i_d(0) = 0$，$E_{y(x=D)} = E_D = 0$，式(8.33)重新计算为

$$E_y(x) = \int_D^x \frac{\partial E_y}{\partial x}\mathrm{d}x = \begin{cases} \dfrac{\mu I_L}{4dt_r}\left[\left(D\ln\dfrac{x}{d} - x\right) + d\left(\ln\dfrac{2D}{d+D} + 1\right)\right], & x < d \\[3mm] \dfrac{\mu I_L}{4t_r}\ln\dfrac{2D}{d+D}, & d < x < D \end{cases} \tag{8.35}$$

根据式(8.33)和式(8.35)，关断时，场限环附近的元胞承受的电压应力最大；开通时，芯片中央处的元胞承受的电压应力最大。因此，理想状态下，关断过电压发生在芯片中心，开通过电压发生在芯片边缘第一场限环附近。由于 Si IGBT 开关速度较慢，过电压击穿并不常见。但是，SiC MOSFET 的开关速度快，电流上升/下降时间短，过电压击穿不可忽视。

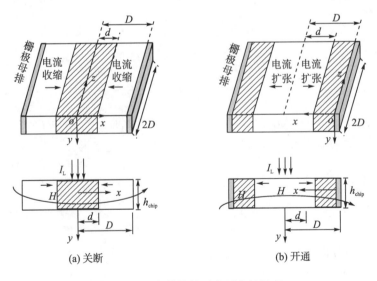

(a) 关断　　　　　　　　　　　　　(b) 开通

图 8.35　功率模块的过电压失效机理

　　尽管芯片有一定的过电压裕度，但实际难以避免器件的生产缺陷、封装缺陷及污染物。电场分布对缺陷和污染物十分敏感，尤其是键合线引脚处，极易产生放电击穿，如图 8.36（a）所示。

　　此外，焊接不良也是导致过电压击穿的重要因素。爬锡导致芯片爬电距离减小，过电压沿着最短的路径击穿芯片。芯片底面焊接空洞，导致局部导电缺陷，电场畸变下容易发生击穿，在硅凝胶中形成气泡如图 8.36（b）所示。

　　过电压击穿通常表现为：在第一场限环附近，芯片表面出现针孔状穿透点，如图 8.36（c）所示。优化封装是避免过电压击穿的有效途径，应合理配置键合线线径和键合方式，减小寄生电感，保证焊料涂覆均匀，避免爬锡和焊接空洞。

(a) 引脚附近击穿　　　　　　　(b) 焊接气泡溢出　　　　　　　(c) 典型针孔击穿

图 8.36　功率模块的过电压击穿现象

3. 栅极失效

SiC MOSFET 的栅极失效分为机械损伤失效、过电压失效和过电流失效。

SiC MOSFET 的 SiO_2 绝缘层非常薄，超声引线键合容易对栅极造成机械损伤。栅极承受电压时，电势差通过机械裂纹经过芯片外延层连接至源极，形成最小导电通路，芯片过流失效，如图 8.37（a）所示。适当减小超声键合功率，有助于减少绝缘层损伤，提高栅极可靠性。

SiC MOSFET 栅极过电压多为谐振过电压。即使栅极驱动电压在额定范围，栅极引线的寄生电感、漏-源极之间的电容耦合，产生的振荡电压也可能损坏栅极氧化层。栅-源过电压击穿如图 8.37（b）所示，由于栅极与源极键合线小于绝缘净距，致使栅极过电压失效。灌注硅凝胶时，应注意速度和方向，保证键合线绝缘距离。

 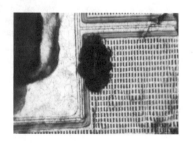

(a) 栅极氧化层损伤

(b) 综合失效

图 8.37　功率模块的栅极失效现象

实际失效不一定源于单一失效方式,而可能是多种原因的综合。有时,很难判断芯片失效是过电压失效,还是芯片存在薄弱点,并且过电压时是否有大电流经过损坏点也难以确定。因此,失效是多种缺陷的综合表现,功率模块的改进需要全面考量多个失效因素。

综上,根据过电流失效、过电压失效和栅极失效等常见的失效分析,可以发现功率模块的薄弱环节。减小模块热阻有利于消除稳态过电流失效,保持键合线引脚处良好的电接触则可避免瞬态过电流风险。根据芯片参数和寄生电感,合理匹配开关速度,防止过电压失效。在保证可靠连接的前提下,适当减小栅极键合功率,可减小 SiC 栅极氧化层的损伤。

8.3.2　长期老化失效

1. 键合线脱落或断裂

在功率循环和温度循环过程中,由于键合线和芯片接触部位的剪应力,键合线出现松动,引发键合线的脱落或断裂现象,如图 8.38 所示[14]。实际中,通常采用多根键合线并联,提高可靠性。键合线的失效表现为导通压降增大,但是功率模块的结-壳热阻基本不变。在加速老化试验中,通常采用秒级的功率循环测试,暴露键合线的失效现象。

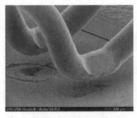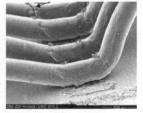

(a) 键合线松动　　　　　　　(b) 键合线脱落　　　　　　　(c) 键合线断裂

图 8.38　功率模块封装键合线的失效现象

2. 焊层断裂

功率模块封装的焊层断裂出现在芯片焊层或 DBC 焊层。长期的功率循环或温度循环,引起焊层的膨胀和收缩。焊层及其连接层的热膨胀系数差别,引起较高的应力,加速焊料界面的退化，甚至断裂，如图 8.39 所示[14]。焊料界面的断裂，增加了相应芯片区域的局部热阻，导致芯片局部过热。在加速老化试验中，通常采用分钟级的功率循环测试，暴露焊层的失效现象。

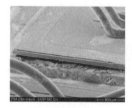  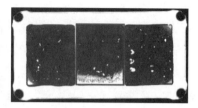

(a) 芯片焊层剥离   (b) 芯片焊层撕裂   (c) DBC焊层断裂

图 8.39 功率模块封装焊层的失效现象

3. 其他失效现象

芯片表面在功率循环后会出现金属化重构，如图 8.40 所示[14, 15]。

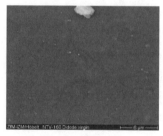 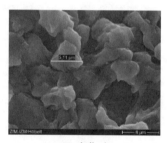

(a) 老化前   (b) 老化后

图 8.40 芯片表面的金属化重构现象

HTRB 测试后填充剂碎裂，DBC 陶瓷碎裂，温度冲击后 DBC 铜层脱离，如图 8.41 所示[16]。

 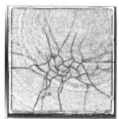 

(a) 填充剂碎裂   (b) DBC陶瓷碎裂   (c) DBC铜层剥离

图 8.41 功率模块封装的其他失效现象

8.4 本 章 小 结

通过封装的优化设计，可以提高功率模块封装的综合性能，降低封装失效的风险。本章建立了封装的电学、热学和力学性能表征模型，以寄生电参数、结-壳热阻和弹性工作能量密度的协同优化为目的，构建了封装的多目标优化模型，并给出了基于 NSGA-II 的求解方法。功率模块封装的多个目标之间相互耦合、相互制约，封装性能可表征、可优化。此外，基于模型的封装优化设计方法，可以辅助确定封装材料和封装尺寸，为定制化封装提供理论支撑，降低设计周期和设计成本。在封装设计的基础上，研制了全 Si、混合和全 SiC 功率模块，对比评估了三种功率模块的损耗和温敏特性。SiC 功率模块的开关损耗小，且温度鲁棒性好，但是成本较高。全 Si 功率模块的开关损耗较大，且受温度影响较大，但是价格便宜。混合功率模块的性能介于全 SiC 和全 Si 功率模块。应该根据具体的应用场景，综合考虑结温、开关频率、成本等多个因素，选择合适的功率模块之间。在实际应用中，用户还非常关心功率模块的失效模式、失效机理和失效分析。针对瞬时过应力失效，本章分析了过温、过压和过流等失效现象和失效机理。针对长期老化失效，本章还分析了键合线、焊层、芯片、衬底、填充剂的失效机理和失效现象。

参 考 文 献

[1] Caswell G, Wunderlich R. Secret to low cost, high reliability power supplies[R]. DfR Solutions, 2015.

[2] Sturges J. Industry perspectives for DoD SW engineering S & T[R]. Lockheed Martin Corporation, 2008.

[3] 曾正, 李晓玲, 林超彪, 等. 功率模块封装的电-热-力多目标优化设计[J]. 中国电机工程学报, 2019, 39(17): 5161-5171.

[4] 玛丽安·K.卡齐梅尔恰克. 高频磁性器件[M]. 钟智勇, 唐晓莉, 张怀武, 译. 北京: 电子工业出版社, 2012.

[5] 邵伟华, 冉立, 曾正, 等. 基于优化对称布局的多芯片 SiC 模块动态均流[J]. 中国电机工程学报, 2018, 36(6): 1826-1836.

[6] 哈珀.电子封装与互联手册[M]. 贾松良, 蔡坚, 沈卓身, 等译. 北京: 电子工业出版社, 2009.

[7] Cui H, Hu F, Zhang Y, et al. Heat spreading path optimization of IGBT thermal network model[J]. Microelectronics Reliability, 2019, 103: 1-9.

[8] Lutz J, Schlangenotto H, Scheuermann U, et al. Semiconductor Power Devices: Physics, Characteristics, Reliability[M]. Germany, Berlin: Springer Press, 2011.

[9] Darveaux R. Effect of simulation methodology on solder joint crack growth correlation[J]. Journal of Electronic Packaging, 2002, 124(3): 147-154.

[10] Steinhorst P, Poller T, Lutz J. Approach of a physically based lifetime model for solder layers in power modules[J]. Microelectronics Reliability, 2013, 53: 1199-1202.

[11] 盛永和, 罗纳德·P.科利诺. 电力电子模块设计与制造[M]. 梅云辉, 宁圃奇,译.北京: 机械工业出版社, 2016.

[12] Castellazzi A, Funaki T, Kimoto T, et al. Thermal instability effects in SiC Power MOSFETs[J]. Microelectronics Reliability, 2012, 52(9-10): 2414-2419.

[13] 李晓玲, 曾正, 陈昊, 等. SiC、Si、混合功率模块封装对比评估与失效分析[J]. 中国电机工程学报, 2018, 38(16): 4823-4835.

[14] Amro R. Power cycling capability of advanced packaging and interconnection technologies at high temperature swings[D]. Germany, Chemnitz: Chemnitz University of Technology, 2006.

[15] 肖飞, 刘宾礼, 罗毅飞, 等. IGBT 疲劳失效机理及其健康状态监测[M]. 北京: 机械工业出版社, 2019.

[16] Miyazaki H, Hyuga H, Sato H, et al. Development of accelerated testing of thermal degradation in metallized ceramic substrates for SiC power modules[C]. IEEE International Exhibition and Conference for Power Electronics, Intelligent Motion, Renewable Energy and Energy Management, 2018: 1-7.

第9章 多芯片功率模块的并联均流

大容量功率模块普遍采用多芯片并联的结构，降低成本。多芯片并联的电流分配，影响功率模块的电-热应力均衡。本章介绍多芯片并联功率模块的电流不均衡现象，阐述功率模块的寄生参数电网络建模方法，构建功率模块内电流分配的通用数学模型。最后，针对两种不同的 DBC 布局方法，给出对比评估的实验结果。

9.1 多芯片并联功率模块的不均流现象

如图 9.1(a)、(b)所示，本章以商用 EconoPack 封装的 150A/1200V IGBT 功率模块 FS450R12OE4 为分析对象，该类功率模块广泛应用于光伏逆变器、风电变流器等[1]。该功率模块的拓扑如图 9.1(c)所示，功率模块的上桥臂或者下桥臂由三个 50A 并联的 IGBT 和三个 50A 反并联的 FRD 构成。G_1 和 E_1 分别代表栅极回路中的栅极和射极，P 和 A 分别是功率回路中的集电极和射极。i_{c1}、i_{c2} 和 i_{c3} 分别是并联芯片的集电极电流，v_{ce} 是集-射极电压。芯片尺寸如图 9.1(d)所示，分别为 ABB 公司的 IGBT 芯片(5SLY 12E1200)和 FRD(5SMX 12H1280)。

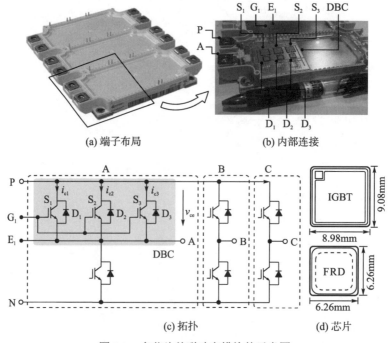

图 9.1 多芯片并联功率模块的示意图

为了对比评估封装布局对多芯片并联功率模块电流分配的影响，设置了没有开尔文连接和具有开尔文连接两种不同的封装结构，如图 9.2 所示。两种布局的 DBC 尺寸均为 45mm×42mm，J_1 到 J_3 是从 P 到 A 的三个并联功率回路。由于 J_1～J_3 并联回路的不均衡性，并联芯片之间电流分配并不均衡。最短的功率回路是 J_1，最长的功率回路是 J_3。因此，芯片 S_1 所承担的电流比 S_2 和 S_3 多。

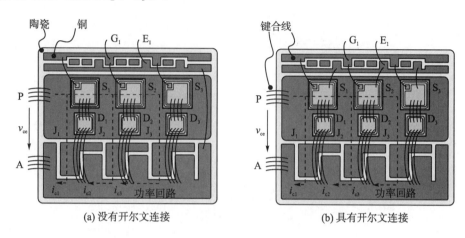

(a) 没有开尔文连接　　　　　　　　　　　　(b) 具有开尔文连接

图 9.2　多芯片并联功率模块的 DBC 布局

多芯片并联功率模块的磁场分布，可以间接反映电流的分配情况。使用 ANSYS Q3D 有限元分析软件，计算磁场分布，将端子 P 和 A 连接到 10 MHz 的交流电源，计算所得磁场强度 H 的分布，如图 9.3 所示。在功率模块中，磁场强度较高的地方，电流密度较大。回路 J_1 的磁场强度明显大于其他回路，即 J_1 作为最短的回路，承担更多的电流。可见，在功率模块中，电流分配与功率回路的长度、寄生参数有关，并联功率回路的参数不一致，会导致动态电流不均衡。

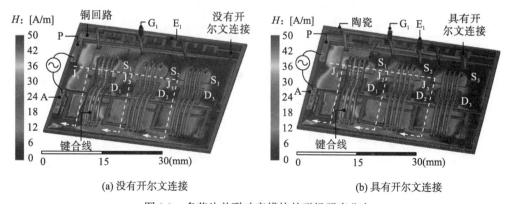

(a) 没有开尔文连接　　　　　　　　　　　　(b) 具有开尔文连接

图 9.3　多芯片并联功率模块的磁场强度分布

根据文献[2]，对于一个 4 芯片并联的 SiC MOSFET 功率模块，开尔文连接对多芯片并联均流有积极作用，在负载电流 40A 条件下，没有和具有开尔文连接的开关波形，如

图 9.4 所示。电流分布的情况，如表 9.1 所示。使用开尔文连接，最大电流不平衡度从 185%
减小到 116%。开尔文连接对动态电流不平衡有一定的抑制作用，但是并不能完全消除动
态不平衡电流。

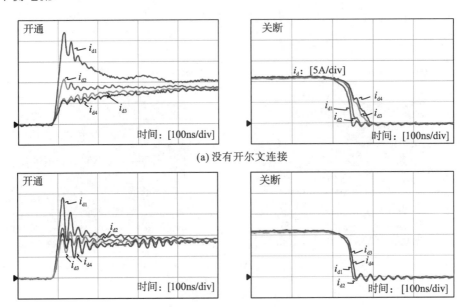

(a) 没有开尔文连接

(b) 具有开尔文连接

图 9.4   开尔文连接对多芯片并联电流均衡的积极作用

然而，对于图 9.2 所示 3 芯片并联的 Si IGBT 功率模块，开尔文连接对多芯片并联均
流有消极作用，在负载电流 36A 下，没有和具有开尔文连接的开关波形如图 9.5 所示。没
有开尔文连接时，由于功率模块回路不均衡，并联芯片的集电极电流分配不均衡。具有开
尔文连接时，并联芯片的电流分配更加不平衡。电流分布情况如表 9.1 所示，没有开尔文
连接时，动态电流不均衡度为 39%，具有开尔文连接时，电流不平衡度上升至 60%。对
于开通过程，没有开尔文连接时，最小的电流变化率 $\mathrm{d}i/\mathrm{d}t$ 为 60 A/μs；具有开尔文连接时，
最小的 $\mathrm{d}i/\mathrm{d}t$ 上升至 70 A/μs。对于关断过程，没有开尔文连接时，$\mathrm{d}i/\mathrm{d}t$ 为 100A/μs；具有
开尔文连接时，$\mathrm{d}i/\mathrm{d}t$ 为 110 A/μs。可见，开尔文连接可以解耦功率模块的共源极回路，提
高 $\mathrm{d}i/\mathrm{d}t$。但是，可能会增大并联芯片之间的不平衡电流。

表 9.1   多芯片并联功率模块的电流分配情况

效果	开关过程	没有开尔文源极		具有开尔文源极	
		$\mathrm{d}i/\mathrm{d}t/(\mathrm{A}/\mu\mathrm{s})$	不平衡度/%	$\mathrm{d}i/\mathrm{d}t/(\mathrm{A}/\mu\mathrm{s})$	不平衡度/%
积极作用 (CAS100H12AM1)	开通	400	185	800	116
	关断	190	68	560	35
消极作用 (FS450R12OE4)	开通	60	39	70	60
	关断	100	14	110	21

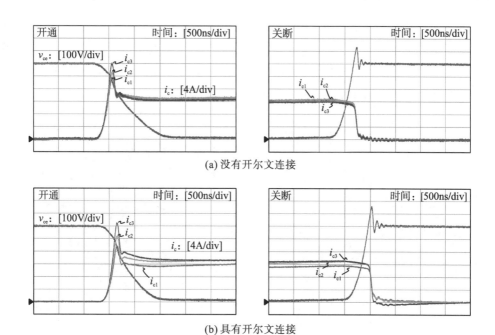

(a) 没有开尔文连接

(b) 具有开尔文连接

图 9.5　开尔文连接对多芯片并联电流均衡的消极作用

根据图 9.4、图 9.5 和表 9.1，开尔文连接对多芯片并联均流的积极作用或者消极作用，与 DBC 布局有关。为了分析多芯片并联功率模块的电流分配机制，以及开尔文连接的影响规律，需要建立计及 DBC 寄生参数的数学模型，并解决两个关键问题。首先，构建封装布局的定量化表征方法，建立多芯片并联功率模块电流分配的通用数学模型。其次，分析通用数学模型对并联支路电流的调控规律，评估封装布局对并联电流分配的影响规律。

9.2　DBC 布局的等效电路模型

计及开尔文连接对功率回路和控制回路的耦合影响，通过 DBC 寄生参数矩阵化、IGBT 开关过程线性化，获得了通用的电流分配模型。

根据图 9.2 的 DBC 布局，基于电感钳位双脉冲测试电路，提取 DBC 寄生参数，建立等效电路模型[3, 4]，如图 9.6 所示。图中，V_{dc} 和 C_{dc} 分别为直流母线电压和直流母线电容，R_G 和 V_G 分别是栅极驱动电阻和驱动电压，L_{LD} 是负载电感，i_g 和 I_L 分别是栅极驱动和负载电感的电流。DBC 布局的寄生参数如表 9.2 所示。

Si IGBT 的开关时间通常为 0.1～1μs，在 ANSYS Q3D 软件中，提取 DBC 在 10MHz 频率处的寄生参数，如表 9.3 所示。对于没有和具有开尔文连接的两种 DBC 布局，功率回路和栅极回路的寄生电感参数如表 9.3 所示。根据图 9.6 和表 9.3，对于没有开尔文连接的 DBC 布局，功率回路 J_1 至 J_3 的寄生电感可以根据下式计算：

$$\begin{cases} L_{\sigma 1} = L_{c1} + L_{we} + L_e = 13.8 \text{ nH} \\ L_{\sigma 2} = L_{c2} + L_{we} + L_{we12} + L_e = 22.9 \text{ nH} \\ L_{\sigma 3} = L_{c3} + L_{we} + L_{we12} + L_{we23} + L_e = 31.4 \text{ nH} \end{cases} \tag{9.1}$$

封装寄生电感的平均值为 $L_{ave} = (L_{\sigma 1} + L_{\sigma 2} + L_{\sigma 3})/3 = 22.7 \text{nH}$。

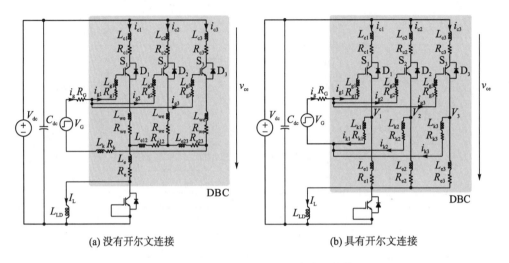

(a) 没有开尔文连接   (b) 具有开尔文连接

图 9.6   多芯片并联功率模块的寄生参数模型

表 9.2   DBC 的寄生参数模型

没有开尔文连接的 DBC 布局	
$L_{c1} \sim L_{c3}$ ($R_{c1} \sim R_{c3}$)	集电极回路寄生电感(电阻)
$L_{g1} \sim L_{g3}$ ($R_{g1} \sim R_{g3}$)	栅极回路寄生电感(电阻)
L_{we} (R_{we})	E_1 处键合线寄生电感(电阻)
L_k (R_k)	共栅极回路寄生电感(电阻)
L_e (R_e)	共射极回路寄生电感(电阻)
L_{e12} (R_{e12})	S_1 和 S_2 共射极回路寄生电感(电阻)
L_{e23} (R_{e23})	S_2 和 S_3 共射极回路寄生电感(电阻)
具有开尔文连接的 DBC 布局	
$L_{e1} \sim L_{e3}$ ($R_{e1} \sim R_{e3}$)	射极回路寄生电感(电阻)
L_{w1} (R_{w1})	G 处键合线寄生电感(电阻)
L_{w2} (R_{w2})	E_1 处键合线寄生电感(电阻)

对于具有开尔文连接的 DBC 布局，功率回路的寄生电感可以根据下式计算：

$$\begin{cases} L_{\sigma 1} = L_{c1} + L_{e1} = 1.7 + 12 = 13.7 \text{ nH} \\ L_{\sigma 2} = L_{c2} + L_{e2} = 5.5 + 18 = 23.5 \text{ nH} \\ L_{\sigma 3} = L_{c3} + L_{e3} = 10.1 + 21 = 31.1 \text{ nH} \end{cases} \tag{9.2}$$

封装寄生电感的平均值 $L_{ave} = (L_{\sigma 1} + L_{\sigma 2} + L_{\sigma 3})/3 = 22.7 \text{ nH}$。因此，开尔文连接对并联

回路的平均寄生电感并没有影响。为了评估并联回路寄生电感的不平衡度，定义不平衡度 δ_L 为

$$\delta_L = \frac{\max(L_{\sigma 1}, L_{\sigma 2}, L_{\sigma 3}) - \min(L_{\sigma 1}, L_{\sigma 2}, L_{\sigma 3})}{L_{ave}} \tag{9.3}$$

开尔文连接对功率模块的寄生参数不平衡度也没有显著影响，对于具有开尔文连接的 DBC，δ_L 为 77%，对于没有开尔文连接的 DBC，δ_L 为 78%。然而，主功率回路寄生电感的不平衡性非常严重，回路 J_1 的寄生电感为平均值的 60%，比回路 J_2 和 J_3 的寄生电感小得多。

对于两种不同的 DBC 布局，功率回路和栅极回路的寄生电感如表 9.4 所示。开尔文连接使栅极平均寄生电感从 50.4 nH 降低至 14.5 nH，但是将不平衡度从 19% 提高到 70%。封装布局对多芯片并联功率模块的影响难以定性分析，需要建立更精确的模型，表征封装布局对并联电流的影响规律。

表 9.3　DBC 的寄生参数提取

功率回路		J_1 回路	J_2 回路	J_3 回路
没有开尔文连接 DBC	集电极部分	$L_{c1} = 1.7$ nH $R_{c1} = 0.9$ mΩ	$L_{c2} = 5.5$ nH $R_{c2} = 3.6$ mΩ	$L_{c3} = 10.1$ nH $R_{c3} = 2.4$ mΩ
	发射极部分	$L_{we} = 9.0$ nH, $R_{we} = 7.6$ mΩ $L_{e12} = 5.3$ nH, $R_{e12} = 1.7$ mΩ $L_{e23} = 3.9$ nH, $R_{e23} = 2.5$ mΩ $L_e = 3.1$ nH, $R_e = 2.6$ mΩ		
	栅极部分	$L_{g1} = 8.7$ nH $R_{g1} = 11.1$ mΩ	$L_{g2} = 4.6$ nH $R_{g2} = 4.9$ mΩ	$L_{g3} = 9.7$ nH $R_{g3} = 10.9$ mΩ
		$L_k = 29.4$ nH, $R_k = 28.6$ mΩ		
具有开尔文连接 DBC	发射极部分	$L_{e1} = 12$ nH $R_{e1} = 18$ mΩ	$L_{e2} = 18$ nH $R_{e2} = 25$ mΩ	$L_{e3} = 21$ nH $R_{e3} = 27$ mΩ
	栅极部分	$L_{k1} = 8.0$ nH $R_{k1} = 10.3$ mΩ	$L_{k2} = 3.7$ nH $R_{k2} = 4.5$ mΩ	$L_{k3} = 8.7$ nH $R_{k3} = 10.6$ mΩ

表 9.4　DBC 的寄生参数比较

回路	寄生阻抗	没有开尔文连接	具有开尔文连接
功率回路	S_1 回路/nH	13.8	13.7
	S_2 回路/nH	22.9	23.5
	S_3 回路/nH	31.4	31.1
	平均值/nH	22.7	22.7
	不平衡度/%	78	77
栅极回路	S_1 回路/nH	56.3	16.7
	S_2 回路/nH	46.9	8.3
	S_3 回路/nH	48.1	18.4
	平均值/nH	50.4	14.5
	不平衡度/%	19	70

9.3 DBC 布局的数学模型

IGBT 的开关过程如图 9.7 所示，$I_{c(pk)}$ 和 $V_{ce(pk)}$ 分别是开通和关断时的集电极电流峰值和集-射极电压峰值，I_c 和 V_{ce} 是导通电流和导通压降。开通过程和关断过程基本对称，开通过程可以划分为 $t_0 \sim t_4$ 四个阶段（关断过程为 $t_5 \sim t_9$ 四个阶段）。开通电流不均衡主要发生在 $t_1 \sim t_3$ 时段，关断电流不平衡主要发生在 $t_6 \sim t_8$ 时段。为了揭示功率器件和封装布局对并联电流分配的影响规律，需要建立 IGBT 和 DBC 的数学模型。

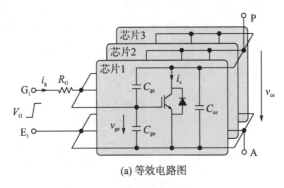

(a) 等效电路图

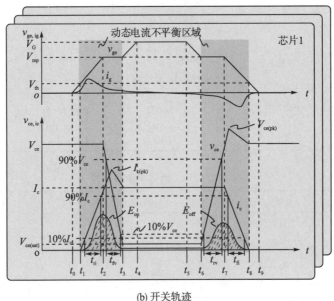

(b) 开关轨迹

图 9.7 IGBT 的开通和关断特性

在图 9.7 所示的多芯片并联功率模块中，开通过程 $t_1 \sim t_2$ 和关断过程 $t_7 \sim t_8$，每个 IGBT 芯片的集电极电流可以近似表达为[5, 6]

$$i_{\mathrm{c}} = \beta(v_{\mathrm{ge}} - V_{\mathrm{th}})^2 = \frac{\mu_{\mathrm{n}} C_{\mathrm{ox}} Z_{\mathrm{ch}}}{2 L_{\mathrm{ch}}}(v_{\mathrm{ge}} - V_{\mathrm{th}})^2 \quad (v_{\mathrm{ge}} > V_{\mathrm{th}}) \tag{9.4}$$

式中，常数 β 与器件结构和掺杂浓度有关；μ_{n} 是电子的表面迁移率；C_{ox} 代表每单位面积的栅极氧化物电容；Z_{ch} 和 L_{ch} 表示沟道宽度和长度；v_{ge} 为栅-射极电压；V_{th} 为阈值电压。根据 IGBT 芯片 5SLY 12E1200 的数据手册，式(9.4)所示非线性模型的参数可以估计为 $\beta = 4.2\mathrm{A/V^2}$ 和 $V_{\mathrm{th}} = 7\mathrm{V}$，如图 9.8 (a) 所示。

IGBT 的非线性模型难以描述多芯片并联功率模块的不平衡电流，式(9.4)所示的非线性模型可以线性化为

$$i_{\mathrm{c}} = g_{\mathrm{f}}(v_{\mathrm{ge}} - V_{\mathrm{th}}) = \beta(v_{\mathrm{ge}} - V_{\mathrm{th}})^2 \quad (v_{\mathrm{ge}} > V_{\mathrm{th}}) \tag{9.5}$$

$$g_{\mathrm{f}} = \left.\frac{\partial i_{\mathrm{c}}}{\partial v_{\mathrm{ge}}}\right|_{v_{\mathrm{ge}} = V_{\mathrm{mp}}} = 2\beta(V_{\mathrm{mp}} - V_{\mathrm{th}}) \tag{9.6}$$

式中，g_{f} 为跨导；V_{mp} 为米勒平台电压。根据芯片的数据手册，线性化模型的参数可以估计为 $g_{\mathrm{f}} = 30.8\mathrm{A/V}$，如图 9.8(a)所示。对比非线性模型和线性模型，$v_{\mathrm{ge}} > 9\mathrm{V}$ 时二者的相对误差小于 5%，如图 9.8(b)所示。分析封装寄生参数对多芯片并联均流的影响可知，线性化模型的精确度足够高，相对于封装参数的不平衡度，线性化模型误差的影响可以忽略。

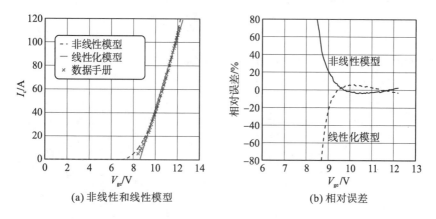

(a) 非线性和线性模型　　　　(b) 相对误差

图 9.8　IGBT 芯片的输入特性

v_{ge} 由栅极充电电流 i_{g} 确定，可以表示为

$$v_{\mathrm{ge}} = \frac{1}{C_{\mathrm{g}}}\int i_{\mathrm{g}}\mathrm{d}t = \begin{cases} 1/C_{\mathrm{ge}}\int i_{\mathrm{g}}\mathrm{d}t, & t_0 \leqslant t \leqslant t_2 \\ 1/C_{\mathrm{ies}}\int i_{\mathrm{g}}\mathrm{d}t, & t_2 < t \leqslant t_3 \\ 1/C_{\mathrm{ge}}\int i_{\mathrm{g}}\mathrm{d}t, & t_3 < t \leqslant t_4 \end{cases} \tag{9.7}$$

式中，等效栅极充电电容 C_{g} 可以表示为

$$C_{\mathrm{g}} = \begin{cases} C_{\mathrm{ge}}, & t_0 \leqslant t \leqslant t_2 \\ C_{\mathrm{ies}}, & t_2 < t \leqslant t_3 \\ C_{\mathrm{ge}}, & t_3 < t \leqslant t_4 \end{cases} \tag{9.8}$$

式中，$C_{ies} = C_{ge} + C_{gc}$，为输入电容；$C_{ge}$ 和 C_{gc} 分别是栅-射极和栅-集电极电容。

集-射电容 C_{ce} 仅在 v_{ce} 改变时，通过充放电电流 $i_{ce} = C_{ce}\,\mathrm{d}v_{ce}/\mathrm{d}t$ 影响 i_c。根据数据手册，IGBT 芯片的电容分布如图 9.9(a) 所示，其中 $C_{oes} = C_{ce} + C_{gc}$ 和 $C_{res} = C_{gc}$ 分别为输出电容和逆导电容。根据数据手册的测量结果，可以分离 IGBT 各个电极间的电容，如图 9.9(b) 所示。当 v_{ce} 大于 30 V 时，C_{ce} 小于 0.1 nF，远小于 C_{ge} 和 C_{gc}。当直流电压 $V_{ce} = 600$ V 和下降时间 $t_{fv} = 0.3$ μs 时，充放电电流 i_{ce} 小于 0.2 A，可以忽略不计。此外，C_{ge} 远大于 C_{ce} 和 C_{gc}，且可被认为是常数。

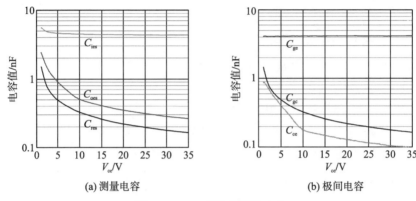

(a) 测量电容　　　　　　　　　　　(b) 极间电容

图 9.9　IGBT 芯片的寄生电容

对于没有开尔文连接的 DBC 布局，如图 9.6(a) 所示，根据图 9.10(a) 的阻抗模型，并联 IGBT 的栅-射电压可以表示为

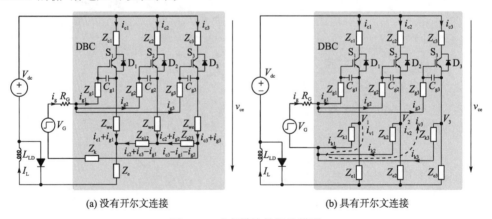

(a) 没有开尔文连接　　　　　　　　　(b) 具有开尔文连接

图 9.10　功率模块的阻抗模型

$$\begin{cases} v_{ge1} = V_G - Z_{g1}i_{g1} - (R_G + Z_k)(i_{g1} + i_{g2} + i_{g3}) - Z_{we}(i_{c1} + i_{g1}) \\ \qquad + Z_{e12}(i_{c2} + i_{c3} - i_{g1}) + Z_{e23}(i_{c3} - i_{g1} - i_{g2}) \\ v_{ge2} = V_G - Z_{g2}i_{g2} - (R_G + Z_k)(i_{g1} + i_{g2} + i_{g3}) - Z_{we}(i_{c2} + i_{g2}) \\ \qquad + Z_{e23}(i_{c3} - i_{g1} - i_{g2}) \\ v_{ge3} = V_G - Z_{g3}i_{g3} - (R_G + Z_k)(i_{g1} + i_{g2} + i_{g3}) - Z_{we}(i_{c3} + i_{g3}) \end{cases} \quad (9.9)$$

式中，$Z_{g1}=L_{g1}s+R_{g1}$, $Z_{k}=L_{k}s+R_{k}$, $Z_{we}=L_{we}s+R_{we}$, $Z_{e12}=L_{e12}s+R_{e12}$, $Z_{e23}=L_{e23}s+R_{e23}$, $Z_{g2}=L_{g2}s+R_{g2}$, $Z_{g3}=L_{g3}s+R_{g3}$, 为寄生阻抗。

对于图 9.6(b) 所示具有开尔文连接的 DBC 布局，根据图 9.1(b)，并联芯片的栅-射电压可以表示为

$$
\begin{cases}
v_{ge1}=V_{G}-R_{G}(i_{g1}+i_{g2}+i_{g3})-Z_{g1}i_{g1}-Z_{k1}i_{k1}\\
v_{ge2}=V_{G}-R_{G}(i_{g1}+i_{g2}+i_{g3})-Z_{g2}i_{g2}-Z_{k2}i_{k2}\\
v_{ge3}=V_{G}-R_{G}(i_{g1}+i_{g2}+i_{g3})-Z_{g3}i_{g3}-Z_{k3}i_{k3}
\end{cases}
\tag{9.10}
$$

式中，$Z_{k1}=L_{k1}s+R_{k1}$, $Z_{k2}=L_{k2}s+R_{k2}$, $Z_{k3}=L_{k3}s+R_{k3}$, 为栅极回路的寄生阻抗；$i_{k1}\sim i_{k3}$ 为开尔文连接电流，可以表示为

$$
\begin{cases}
i_{k1}=i_{v1}+i_{v3}\\
i_{k2}=i_{v2}-i_{v1}\\
i_{k3}=-i_{v2}-i_{v3}
\end{cases}
\tag{9.11}
$$

式中，i_{v1}、i_{v2} 和 i_{v3} 为图 9.10(b) 所示开尔文连接的环路电流，可以表示为

$$
\begin{cases}
i_{v1}=(V_1-V_2)/(Z_{k1}+Z_{k2})\\
i_{v2}=(V_2-V_3)/(Z_{k2}+Z_{k3})\\
i_{v3}=(V_1-V_3)/(Z_{k1}+Z_{k3})
\end{cases}
\tag{9.12}
$$

式中，V_1、V_2 和 V_3 为并联 IGBT 射极的电位，可以表示为

$$
\begin{cases}
V_1=V_{dc}-Z_{c1}i_{c1}\\
V_2=V_{dc}-Z_{c2}i_{c2}\\
V_3=V_{dc}-Z_{c3}i_{c3}
\end{cases}
\tag{9.13}
$$

式中，$Z_{c1}=L_{c1}s+R_{c1}$, $Z_{c2}=L_{c2}s+R_{c2}$, $Z_{c3}=L_{c3}s+R_{c3}$。根据式(9.12)和式(9.13)，图 9.10(b) 的环路电流可以表示为

$$
\begin{cases}
i_{v1}=\lambda_{12}Z_{c2}i_{c2}-\lambda_{12}Z_{c1}i_{c1}\\
i_{v2}=\lambda_{23}Z_{c3}i_{c3}-\lambda_{23}Z_{c2}i_{c2}\\
i_{v3}=\lambda_{13}Z_{c3}i_{c3}-\lambda_{13}Z_{c1}i_{c1}
\end{cases}
\tag{9.14}
$$

式中，各芯片射极端子之间的导纳可以表示为

$$
\begin{cases}
\lambda_{12}=1/(Z_{k1}+Z_{k2})\\
\lambda_{23}=1/(Z_{k2}+Z_{k3})\\
\lambda_{13}=1/(Z_{k1}+Z_{k3})
\end{cases}
\tag{9.15}
$$

根据式(9.14)，式(9.11)可以重新计算为

$$
\begin{cases}
i_{k1}=i_{v1}+i_{v3}=\lambda_{12}Z_{c2}i_{c2}-\lambda_{12}Z_{c1}i_{c1}+\lambda_{13}Z_{c3}i_{c3}-\lambda_{13}Z_{c1}i_{c1}\\
i_{k2}=i_{v2}-i_{v1}=\lambda_{23}Z_{c3}i_{c3}-\lambda_{23}Z_{c2}i_{c2}-\lambda_{12}Z_{c2}i_{c2}+\lambda_{12}Z_{c1}i_{c1}\\
i_{k3}=-i_{v2}-i_{v3}=-\lambda_{23}Z_{c3}i_{c3}+\lambda_{23}Z_{c2}i_{c2}-\lambda_{13}Z_{c3}i_{c3}+\lambda_{13}Z_{c1}i_{c1}
\end{cases}
\tag{9.16}
$$

从而，式(9.10)可以重新计算为

$$\begin{cases} v_{ge1} = V_G - R_G(i_{g1} + i_{g2} + i_{g3}) - Z_{g1}i_{g1} + Z_{k1}Z_{c1}(\lambda_{12} + \lambda_{13})i_{c1} - Z_{k1}Z_{c2}\lambda_{12}i_{c2} - Z_{k1}Z_{c3}\lambda_{13}i_{c3} \\ v_{ge2} = V_G - R_G(i_{g1} + i_{g2} + i_{g3}) - Z_{g2}i_{g2} - Z_{k2}Z_{c1}\lambda_{12}i_{c1} + Z_{k2}Z_{c2}(\lambda_{12} + \lambda_{23})i_{c2} - Z_{k2}Z_{c3}\lambda_{23}i_{c3} \\ v_{ge3} = V_G - R_G(i_{g1} + i_{g2} + i_{g3}) - Z_{g3}i_{g3} - Z_{k3}Z_{c1}\lambda_{13}i_{c1} - Z_{k3}Z_{c2}\lambda_{23}i_{c2} + Z_{k3}Z_{c3}(\lambda_{23} + \lambda_{13})i_{c3} \end{cases} \tag{9.17}$$

9.4 并联电流分配的通用模型

9.4.1 电流分配的数学模型

虽然功率模块的 DBC 布局各不相同，从矩阵和阻抗的角度，可以建立通用的数学模型[7, 8]，来揭示多芯片并联功率模块的电流分配机理。

根据式(9.9)和式(9.17)，栅-射电压与栅极电流、集电极电流的耦合，可以表示为

$$v_{ge} = V_G I - Z_n i_g - Z_o i_c \tag{9.18}$$

式中，$I = [1, 1, 1]^T$，$v_{ge} = [v_{ge1}, v_{ge2}, v_{ge3}]^T$，$i_g = [i_{g1}, i_{g2}, i_{g3}]^T$，$i_c = [i_{c1}, i_{c2}, i_{c3}]^T$；$Z_n$ 是栅极回路寄生阻抗，Z_o 是反馈回路寄生阻抗。

对于没有开尔文连接的 DBC 布局，根据式(9.9)，阻抗矩阵可以表示为

$$Z_n = \begin{bmatrix} Z_{g1} + R_G + Z_k + Z_{we} + Z_{e12} + Z_{e23} & R_G + Z_k + Z_{e23} & R_G + Z_k \\ R_G + Z_k + Z_{e23} & Z_{g2} + R_G + Z_k + Z_{we} + Z_{e23} & R_G + Z_k \\ R_G + Z_k & R_G + Z_k & Z_{g3} + R_G + Z_k + Z_{we} \end{bmatrix} \tag{9.19}$$

$$Z_o = \begin{bmatrix} Z_{we} & -Z_{e12} & -Z_{e12} - Z_{e23} \\ 0 & Z_{we} & -Z_{e23} \\ 0 & 0 & Z_{we} \end{bmatrix} \tag{9.20}$$

对于具有开尔文连接的 DBC 布局，根据式(9.18)，阻抗矩阵可以表示为

$$Z_n = \begin{bmatrix} Z_{g1} + R_G & R_G & R_G \\ R_G & Z_{g2} + R_G & R_G \\ R_G & R_G & Z_{g3} + R_G \end{bmatrix} \tag{9.21}$$

$$Z_o = \begin{bmatrix} -Z_{k1}Z_{c1}(\lambda_{12} + \lambda_{13}) & Z_{k1}Z_{c2}\lambda_{12} & Z_{k1}Z_{c3}\lambda_{13} \\ Z_{k2}Z_{c1}\lambda_{12} & -Z_{k2}Z_{c2}(\lambda_{12} + \lambda_{23}) & Z_{k2}Z_{c3}\lambda_{23} \\ Z_{k3}Z_{c1}\lambda_{13} & Z_{k3}Z_{c2}\lambda_{23} & -Z_{k3}Z_{c3}(\lambda_{23} + \lambda_{13}) \end{bmatrix} \tag{9.22}$$

根据式(9.7)，IGBT 的栅-射电压满足：

$$v_{ge} = N_c i_g \tag{9.23}$$

式中，导纳 N_c 可以表示为

$$N_c = \begin{bmatrix} 1/(C_{g1}s) & 0 & 0 \\ 0 & 1/(C_{g2}s) & 0 \\ 0 & 0 & 1/(C_{g3}s) \end{bmatrix} \tag{9.24}$$

根据式(9.18)和式(9.23)，消去 i_g，可以得到

$$v_{ge} = (E + Z_n N_c^{-1})^{-1}(V_G I - Z_o i_c) \tag{9.25}$$

式中，$E = \mathrm{diag}(1, 1, 1)$。根据式(9.4)和式(9.25)，集电极电流可以表示为

$$i_c = g_f(v_{ge} - V_{th}) = g_f\left[(E + Z_n N_c^{-1})^{-1}(V_G I - Z_o i_c) - V_{th}\right] \tag{9.26}$$

式中，$g_f = \mathrm{diag}(g_{f1}, g_{f2}, g_{f3})$、$V_{th} = [V_{th1}, V_{th2}, V_{th3}]^T$ 分别为并联器件的跨导和阈值电压。此外，式(9.26)可以化简为

$$i_c = \Delta^{-1} g_f (E + Z_n N_c^{-1})^{-1} V_G I - \Delta^{-1} g_f V_{th} \tag{9.27}$$

式中，

$$\Delta = E + g_f (E + Z_o N_c^{-1})^{-1} Z_o \tag{9.28}$$

根据式(9.27)和表 9.3，当 $V_G = 15\,\mathrm{V}$，$V_{th1} = V_{th2} = V_{th3} = 6\,\mathrm{V}$，$R_G = 30\,\Omega$，$g_{f1} = g_{f2} = g_{f3} = 30.8\mathrm{S}$，$C_{g1} = C_{g2} = C_{g3} = 4\,\mathrm{nF}$，可以得到没有开尔文连接和具有开尔文连接的 DBC 布局的集电极电流增益，如图 9.11(a)和(b)所示。可以发现，开尔文连接使集电极电流的增益变得更加不平衡，从而使并联均流的效果变差。

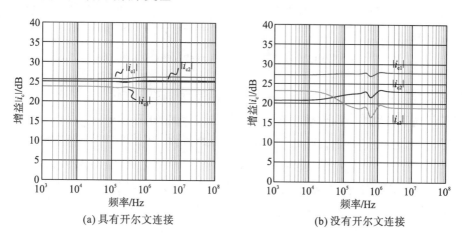

图 9.11　不同频率下的集电极电流增益

9.4.2　电流分配的框图模型

基于式(9.27)的通用数学模型，可以建立动态电流分配的框图模型和小信号模型。根据式(9.4)，不考虑寄生参数的影响，单个 IGBT 的框图模型如图 9.12(a)所示。计及封装的寄生参数和芯片间的耦合效应，框图模型可以扩展为图 9.12(b)。相应的小信号模型如图 9.13 所示。在这些模型中，Z_n 越小，栅极回路耦合越弱。此外，Z_o 越小，发射极阻抗引起的栅极回路压降越小，IGBT 的开关速度越快。

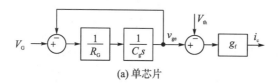

(a) 单芯片

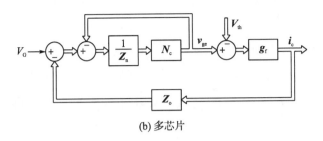

(b) 多芯片

图 9.12 多芯片并联功率模块的框图模型

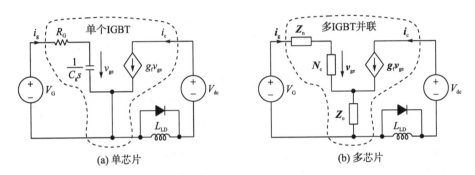

(a) 单芯片 (b) 多芯片

图 9.13 多芯片并联功率模块的小信号模型

如图 9.12 和图 9.13 所示，由于并联功率回路之间的耦合作用，Z_n 和 Z_o 不是对角线矩阵。多芯片功率模块的电流分配非常复杂，当且仅当 Z_n 和 Z_o 都是对角矩阵时，才可以消除并联芯片之间的电流耦合，这对于常规功率模块封装，难以实现。封装寄生阻抗的矩阵化模型为抑制动态不平衡电流提供了两条启示。首先，使 Z_n 和 Z_o 都为对称矩阵，保证耦合回路对称。其次，使 Z_n 或 Z_o 的对角线元素相等，保证并联回路的阻抗平衡。通常，对称的 DBC 布局可以保证 Z_n 和 Z_o 是对称矩阵，从而保证多芯片并联功率模块电流均衡。

9.4.3　电流分配的量化模型

矩阵 Z_n 和 Z_o 决定多芯片并联功率模块的电流分配，评估这些矩阵的对称性非常重要。并联电流分配不均衡的因素来自两个方面，一是并联回路的耦合不平衡，二是并联回路本身不平衡。对于耦合不平衡，Z_n 和 Z_o 非对角元素的对称性可以分别用系数 ξ_{Zn} 和 ξ_{Zo} 表示为

$$\xi_{Zn} = \frac{\left\| Z_n - Z_n^{T} \right\|_2}{\left\| Z_n + Z_n^{T} \right\|_2} \tag{9.29}$$

$$\xi_{Zo} = \frac{\left\| Z_o - Z_o^{T} \right\|_2}{\left\| Z_o + Z_o^{T} \right\|_2} \tag{9.30}$$

式中，$\|\cdot\|_2$ 代表矩阵的二阶范数。ξ_{Zn} 和 ξ_{Zo} 越小，并联回路之间的耦合越均衡。

若要并联回路均衡，Z_n 和 Z_o 的对角线元素应该尽可能相等，不平衡系数可以表示为

$$\varepsilon_{Znij} = \frac{Z_{nij}}{\|\boldsymbol{Z}_n \boldsymbol{E}\|_2}, \quad i=j=1,2,3 \tag{9.31}$$

$$\varepsilon_{Zoij} = \frac{Z_{oij}}{\|\boldsymbol{Z}_o \boldsymbol{E}\|_2}, \quad i=j=1,2,3 \tag{9.32}$$

式中，系数 Z_{nij} 和 Z_{oij} $(i=j=1,2,3)$ 分别是 $\boldsymbol{Z}_n$ 和 $\boldsymbol{Z}_o$ 的对角线元素。对于均衡的并联回路，矩阵对角线元素相等，对于 3 芯片并联的功率模块，系数 ε_{Znij} 和 ε_{Zoij} 应接近 $1/\sqrt{3}$。

根据式 (9.29)～式 (9.32) 和表 9.3，在不同栅极电阻 R_G 下，对于没有开尔文连接的 DBC 布局，矩阵的各个系数，如图 9.14 所示。ξ_{Zo} 远大于 ξ_{Zn}，不平衡电流主要由 $\boldsymbol{Z}_o$ 的耦合造成。使用较大的栅极电阻，可以减小由 $\boldsymbol{Z}_n$ 不平衡造成的不均衡电流。不同栅极电阻对 $\boldsymbol{Z}_o$ 没有影响。此外，采用开尔文连接，矩阵的不平衡系数更大。开尔文连接增加了并联芯片之间的不平衡耦合和不平衡回路，增加了不平衡电流，如图 9.5 所示。

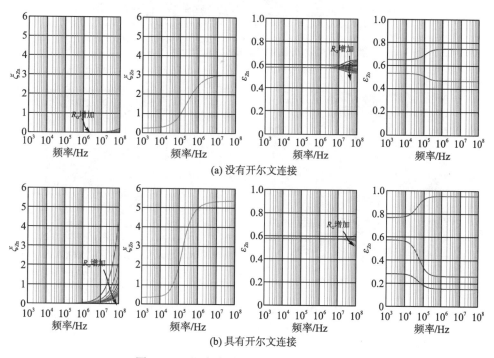

图 9.14 不同栅极电阻下的矩阵不平衡系数

9.5 实验结果与分析

针对图 9.1 和图 9.2 的功率模块，本节对比评估 DBC 布局对多芯片并联均流的影响。

9.5.1 实验平台

搭建电感钳位双脉冲测试电路，如图 9.15 所示。直流母线电压 $V_{dc}=600\text{ V}$，直流母线

电容 $C_{dc} = 210\ \mu F$。栅极电阻 $R_G = 30\ \Omega$，栅极驱动电压 $V_G = 15V/-5\ V$。使用带宽为 100 MHz 的信号发生器 Tektronix AFG3102C 产生触发脉冲。为了捕获高频开关波形，使用 1GHz 带宽的示波器 Lecroy 610Zi、30 MHz 带宽柔性 Rogowski 线圈 Cybertek CP9006S、200 MHz 带宽有源差分探头 Cybertek DP6150B。根据图 9.2 的 DBC 结构，研制了没有开尔文连接和具有开尔文连接的 2 种功率模块，并在相同电流水平下进行开关测试。

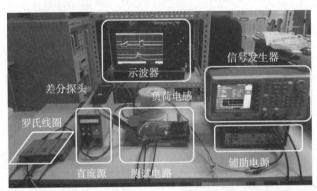

(a) 实验台

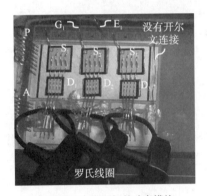

(b) 没有开尔文源极的功率模块

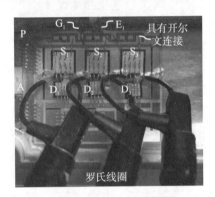

(c) 具有开尔文源极的功率模块

图 9.15   多芯片并联功率模块的双脉冲测试平台

9.5.2   评估指标

为了评估多芯片并联功率模块的电流分配规律，定义关键性能的量化指标。在开通或关断期间，并联芯片之间的最大不平衡电流定义为

$$\Delta I_{c,max} = \max\left[\max(|i_{c1} - i_{c2}|), \max(|i_{c2} - i_{c3}|), \max(|i_{c1} - i_{c3}|)\right] \tag{9.33}$$

每个芯片的平均电流定义为

$$I_{c,mean} = (I_{c1} + I_{c2} + I_{c3})/3 \tag{9.34}$$

式中，I_{c1}、I_{c2} 和 I_{c3} 为并联芯片的稳态电流。电流不均衡度定义为

$$\delta_I = \Delta I_{c,max} / I_{c,mean} \tag{9.35}$$

根据图 9.7，电流 i_c 和电压 v_{ce} 的上升和下降时间分别定义为 t_{ri}、t_{fi}、t_{rv} 和 t_{fv}，有

$$\begin{cases} t_{ri} = t\big|_{i_c = 0.9I_c} - t\big|_{i_c = 0.1I_c}, & 开通过程 \\ t_{fi} = t\big|_{i_c = 0.1I_c} - t\big|_{i_c = 0.9I_c}, & 关断过程 \end{cases} \tag{9.36}$$

$$\begin{cases} t_{fv} = t\big|_{v_{ce} = 0.1V_{ce}} - t\big|_{v_{ce} = 0.9V_{ce}}, & 开通过程 \\ t_{rv} = t\big|_{v_{ce} = 0.9V_{ce}} - t\big|_{v_{ce} = 0.1V_{ce}}, & 关断过程 \end{cases} \tag{9.37}$$

此外，根据图 9.7，每个芯片的开通损耗和关断损耗定义为

$$\begin{cases} E_{on} = \int_{t_1}^{t_3} v_{ce} i_c \mathrm{d}t \\ E_{off} = \int_{t_6}^{t_8} v_{ce} i_c \mathrm{d}t \end{cases} \tag{9.38}$$

开通和关断期间，并联芯片的最大不平衡损耗定义为

$$\begin{cases} \Delta E_{on,max} = \max\left[\max(|E_{on1} - E_{on2}|), \max(|E_{on2} - E_{on3}|), \max(|E_{on1} - E_{on3}|)\right] \\ \Delta E_{off,max} = \max\left[\max(|E_{off1} - E_{off2}|), \max(|E_{off2} - E_{off3}|), \max(|E_{off1} - E_{off3}|)\right] \end{cases} \tag{9.39}$$

每个芯片开通损耗和关断损耗的平均值为

$$\begin{cases} E_{on,mean} = (E_{on1} + E_{on2} + E_{on3})/3 \\ E_{off,mean} = (E_{off1} + E_{off2} + E_{off3})/3 \end{cases} \tag{9.40}$$

E_{on} 和 E_{off} 的不平衡度定义为

$$\begin{cases} \delta_{Eon} = \Delta E_{on,max} / E_{on,mean} \\ \delta_{Eoff} = \Delta E_{off,max} / E_{off,mean} \end{cases} \tag{9.41}$$

9.5.3 实验结果

对比评估实验主要考虑以下几个方面。首先，评估罗氏线圈的一致性，避免测量误差。然后，评估不同负载电流下的并联电流分配规律，从峰值电流、电流不平衡度、开关时间等方面，分析并联电流的分配规律。最后，分析开关损耗的并联分配规律，为多芯片并联功率模块的电-热设计提供基础。

为了避免由罗氏线圈参数分散性引入的测量误差，评估罗氏线圈在不同电流水平下的一致性。基于图 9.15 的实验电路，采用 3 个罗氏线圈同时测量某颗芯片的开关电流，测试结果几乎相同，线圈之间的相对误差小于 1%，如图 9.16 所示。因此，可认为罗氏线圈之间的分散性可以忽略不计。

在负载电流 30A 下，并联芯片的开通和关断工作波形如图 9.17 所示。开尔文连接能实现功率回路与栅极回路的解耦，但是会加剧并联回路之间的寄生参数不平衡，增加动态不平衡电流，这与理论分析结果一致。

不同电流水平下，并联芯片的动态电流分布如图 9.18 所示。没有开尔文连接的 DBC 布局，栅极与射极共用功率回路，降低栅极充放电速度。开尔文连接使功率回路和栅极回路的寄生参数解耦，提高芯片的开关速度。但是，高 $\mathrm{d}i/\mathrm{d}t$ 增加了关断电压过冲。开尔文

连接加大了栅极参数不均衡，增加了并联芯片之间的不平衡电流。

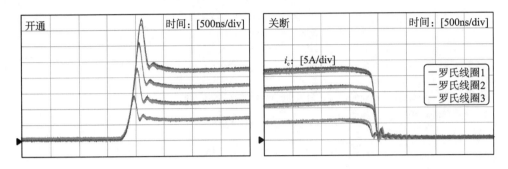

图 9.16　测量 IGBT 电流的罗氏线圈一致性标定

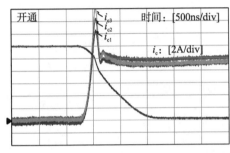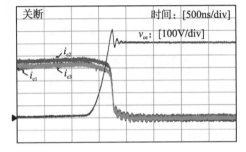

(a) 没有开尔文连接

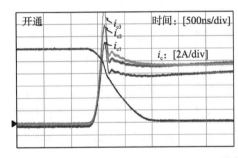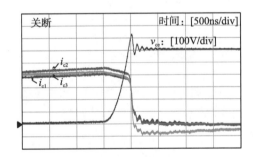

(b) 具有开尔文连接

图 9.17　负载电流 30A 时的开关波形

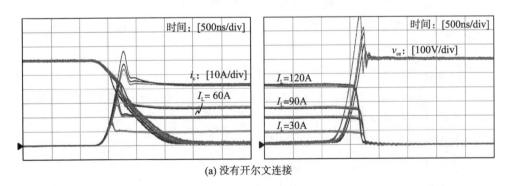

(a) 没有开尔文连接

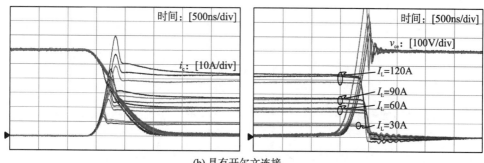

(b) 具有开尔文连接

图 9.18　不同负载电流时的开关波形

对于没有开尔文连接的 DBC 布局，并联芯片的峰值电流与平均电流之间的关系如图 9.19(a) 所示。对于开通过程，并联芯片的峰值电流分别为 $I_{c(pk)1} = 1.17I_{c,mean} + 4.82\,\text{A}$、$I_{c(pk)2} = 1.25I_{c,mean} + 5.49\,\text{A}$、$I_{c(pk)3} = 1.45I_{c,mean} + 5.76\,\text{A}$。对于关断过程，并联芯片的峰值电流分别为 $I_{c(pk)1} = 1.02I_{c,mean} + 0.87\,\text{A}$、$I_{c(pk)2} = 1.02I_{c,mean} + 1.03\,\text{A}$、$I_{c(pk)3} = 1.00I_{c,mean} + 0.49\,\text{A}$。开关过程的峰值电流与平均电流成正比，开通过程的峰值电流大于关断过程的峰值电流。

对于没有开尔文连接的 DBC 布局，不平衡电流的分布如图 9.19(b) 所示。对于开通过程，最大不平衡电流为 $\Delta I_{c,max,on} = 0.28I_{c,mean} + 1.45\,\text{A}$；对于关断过程，最大不平衡电流为 $\Delta I_{c,max,off} = 0.18I_{c,mean} - 0.34\,\text{A}$。类似地，开通过程和关断过程的电流不平衡度可以计算为 $\delta_{I,on} = -0.0027I_{c,mean} + 0.42$ 和 $\delta_{I,off} = 0.0005I_{c,mean} + 0.15$。$\Delta I_{c,max}$ 和 δ_I 与平均电流成正比，开通过程的不平衡电流比关断过程大，开通过程的电流不平衡度超过 30%。

对于具有开尔文连接的 DBC 布局，并联芯片的峰值电流与平均电流之间的关系如图 9.19(c) 所示。对于开通过程，并联芯片的峰值电流分别为 $I_{c(pk)1} = 1.09I_{c,mean} + 4.12\,\text{A}$、$I_{c(pk)2} = 1.27I_{c,mean} + 4.84\,\text{A}$、$I_{c(pk)3} = 1.57I_{c,mean} + 5.33\,\text{A}$。对于关断过程，并联芯片的峰值电流为 $I_{c(pk)1} = 0.94I_{c,mean} + 0.12\,\text{A}$、$I_{c(pk)2} = 1.04I_{c,mean} + 0.21\,\text{A}$、$I_{c(pk)3} = 1.07I_{c,mean} + 0.04\,\text{A}$。与没有开尔文连接的 DBC 相比，采用开尔文连接，提高了芯片的开关速度，也增加了 7% 的不平衡电流。

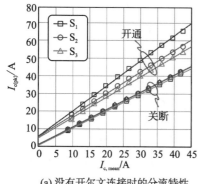

(a) 没有开尔文连接时的分流特性

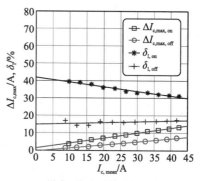

(b) 没有开尔文连接时的电流不平衡

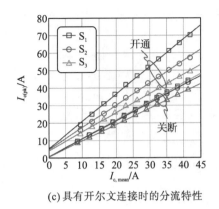
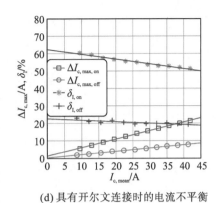

(c) 具有开尔文连接时的分流特性　　　　　　(d) 具有开尔文连接时的电流不平衡

图 9.19　功率模块的动态电流不平衡

对于具有开尔文连接的 DBC 布局，电流不平衡度的分布，如图 9.19(d) 所示。对于开通过程和关断过程，最大不平衡电流为 $\Delta I_{c,max,on} = 0.49 I_{c,mean} + 1.43\,A$ 和 $\Delta I_{c,max,off} = 0.19 I_{c,mean} + 0.27\,A$，电流不平衡度为 $\delta_{I,on} = -0.0027 I_{c,mean} + 0.62$ 和 $\delta_{I,off} = -0.0006 I_{c,mean} + 0.22$。与没有开尔文连接的 DBC 相比，采用开尔文连接，电流不平衡度增加 20%。开尔文连接增加了开关过程的不平衡电流，与理论分析相一致。

对于开通过程，并联芯片的电流上升时间和 di/dt 如图 9.20(a) 和 (b) 所示。电流上升时间为 $I_{c,mean}$ 的函数，当没有开尔文连接时，$t_{ri} = 206 e^{0.009 I_{c,mean}} - 81\,ns$，当采用开尔文连接时，$t_{ri} = 420 e^{0.0055 I_{c,mean}} - 319\,ns$。类似地，采用开尔文连接前后，$di/dt$ 与 $I_{c,mean}$ 的关系为 $di/dt = 750 (1 - e^{-0.012 I_{c,mean}}) - 8\,A/\mu s$ 和 $di/dt = 426 (1 - e^{-0.03 I_{c,mean}}) - 16\,A/\mu s$。与没有开尔文连接的 DBC 相比，开尔文连接使电流上升时间降低 15%、di/dt 增加 10%。

对于关断过程，并联芯片的电流上升时间和 di/dt，如图 9.20(c) 和 (d) 所示。开尔文连接降低了 20% 的下降时间，增加了 30% 的 di/dt。开尔文源极连接消除了共射极寄生电感的影响，提高了芯片的开关速度。

不平衡电流可能导致不平衡损耗，在温敏电参数的作用下，进一步影响不均衡电流。在最坏的情况下，温敏电参数的正反馈使不平衡电流持续增加，导致芯片热失控。因此，在分析不平衡电流的同时，还应关注不均衡损耗。

对于没有开尔文连接的 DBC 布局，不同负载电流下，开关损耗的分布如图 9.21(a) 所示。并联芯片的开通损耗为 $E_{on1} = 0.26 I_{c,mean} + 0.89\,mJ$、$E_{on2} = 0.27 I_{c,mean} + 0.95\,mJ$、$E_{on3} = 0.29 I_{c,mean} + 0.70\,mJ$。类似地，关断损耗为 $E_{off1} = 0.17 I_{c,mean} - 0.014\,mJ$、$E_{off2} = 0.17 I_{c,mean} + 0.044\,mJ$、$E_{off3} = 0.16 I_{c,mean} + 0.013\,mJ$。随着负载电流线性增加，开通损耗大于关断损耗。开关损耗的不均衡性如图 9.21(b) 所示。开通损耗不平衡表现为 $\Delta E_{on,max} = 0.037 I_{c,mean} - 0.19\,mJ$ 和 $\delta_{Eon} = 0.0031 I_{c,mean} - 0.016$，关断损耗不平衡表现为 $\Delta E_{off,max} = 0.011 I_{c,mean} + 0.031\,mJ$ 和 $\delta_{Eoff} = 0.0016 I_{c,mean} + 0.0046$。开关损耗的不平衡度与 $I_{c,mean}$ 成正比。开通损耗的不平衡度比关断损耗高 5%，最大的开通损耗不平衡度 >12%。

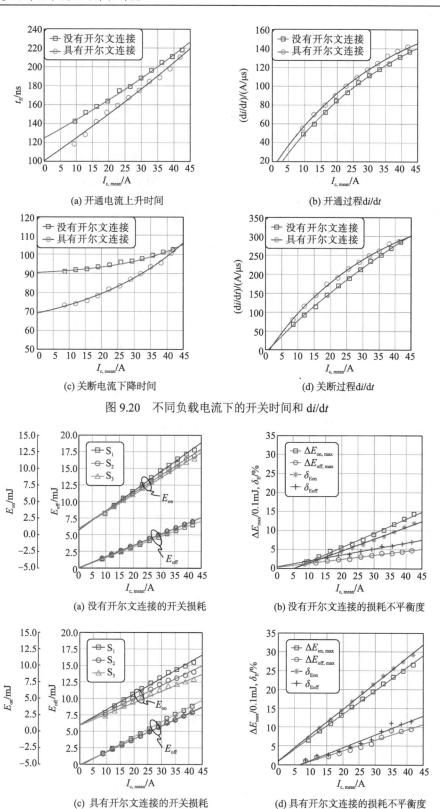

(a) 开通电流上升时间　　　(b) 开通过程 di/dt

(c) 关断电流下降时间　　　(d) 关断过程 di/dt

图 9.20　不同负载电流下的开关时间和 di/dt

(a) 没有开尔文连接的开关损耗　　　(b) 没有开尔文连接的损耗不平衡度

(c) 具有开尔文连接的开关损耗　　　(d) 具有开尔文连接的损耗不平衡度

图 9.21　功率模块的开关损耗不平衡

对于有开尔文连接的 DBC 布局，开关损耗的分析结果如图 9.21（c）所示。并联芯片的开通损耗为 $E_{\text{on1}}=0.17I_{\text{c,mean}}+0.89\,\text{mJ}$、$E_{\text{on2}}=0.20I_{\text{c,mean}}+0.98\,\text{mJ}$、$E_{\text{on3}}=0.24I_{\text{c,mean}}+0.98\,\text{mJ}$。类似地，开通损耗为 $E_{\text{off1}}=0.20I_{\text{c,mean}}-0.18\,\text{mJ}$、$E_{\text{off2}}=0.20I_{\text{c,mean}}-0.16\,\text{mJ}$、$E_{\text{off3}}=0.22I_{\text{c,mean}}-0.40\,\text{mJ}$。与图 9.21（a）相比，采用开尔文连接，开通损耗至少可降低 25%。然而，开关损耗的不平衡度显著增加。类似地，开关损耗的不平衡性如图 9.21（d）所示。开通过程和关断过程的最大不平衡损耗为 $\Delta E_{\text{on,max}}=0.062I_{\text{c,mean}}+0.088\,\text{mJ}$ 和 $\Delta E_{\text{off,max}}=0.028I_{\text{c,mean}}-0.21\,\text{mJ}$，不平衡度为 $\delta_{\text{Eon}}=0.0068I_{\text{c,mean}}+0.0097$ 和 $\delta_{\text{Eoff}}=0.0034I_{\text{c,mean}}-0.025$。与图 9.21（b）相比，采用开尔文连接，开通损耗和关断损耗的最大不平衡度分别增加 25% 和 5%。

对于具有开尔文连接的 DBC 布局，在负载电流 70A 情况下，不同栅极电阻对电流分配的影响如图 9.22 所示。栅极电阻越小，栅极充放电电流越大，芯片的开关速度越快。然而，栅极电阻越小，动态不平衡电流越大。

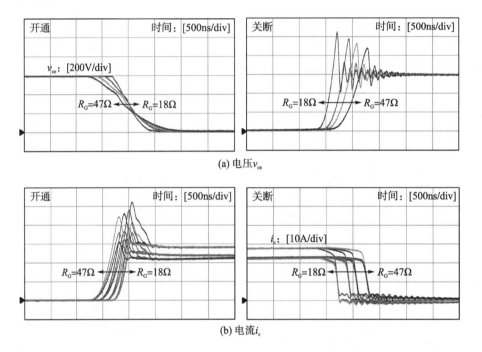

(a) 电压 v_{ce}

(b) 电流 i_{c}

图 9.22　不同栅极电阻下并联芯片的开关波形

开关时间和 $\text{d}i/\text{d}t$ 的分布规律如图 9.23 所示。对于开通过程，电流的上升时间为 $t_{\text{ri1}}=207(1-\text{e}^{0.021R_G})+45\,\text{ns}$、$t_{\text{ri2}}=221(1-\text{e}^{0.024R_G})+47\,\text{ns}$、$t_{\text{ri3}}=199(1-\text{e}^{0.025R_G})+43\,\text{ns}$，$\text{d}i/\text{d}t$ 为 $(\text{d}i/\text{d}t)_1=237\text{e}^{-0.078R_G}+91\text{A}/\mu\text{s}$、$(\text{d}i/\text{d}t)_2=167\text{e}^{-0.074R_G}+66\,\text{A}/\mu\text{s}$、$(\text{d}i/\text{d}t)_3=181\text{e}^{-0.077R_G}+72\,\text{A}/\mu\text{s}$。对于关断过程，电流的下降时间为 $t_{\text{fi1}}=85(1-\text{e}^{0.0098R_G})+31\,\text{ns}$、$t_{\text{fi2}}=112(1-\text{e}^{0.01R_G})+28\,\text{ns}$、$t_{\text{fi3}}=148(1-\text{e}^{0.006R_G})+31\,\text{ns}$，$\text{d}i/\text{d}t$ 为 $(\text{d}i/\text{d}t)_1=348\text{e}^{-0.022R_G}+139\,\text{A}/\mu\text{s}$、$(\text{d}i/\text{d}t)_2=428\text{e}^{-0.013R_G}+43\,\text{A}/\mu\text{s}$ 和 $(\text{d}i/\text{d}t)_3=315\text{e}^{-0.021R_G}+83\,\text{A}/\mu\text{s}$。

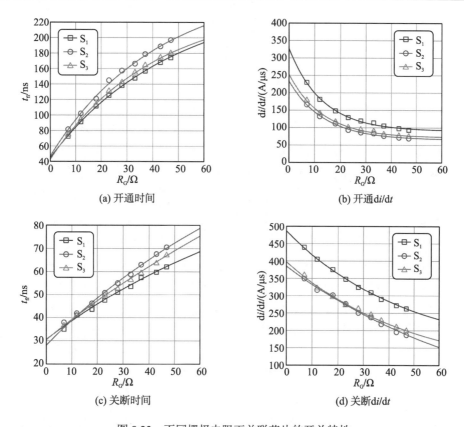

图 9.23　不同栅极电阻下并联芯片的开关特性

不同栅极电阻下，最大不平衡电流和电流不平衡度的计算结果如图 9.24 所示。不平衡电流为 $\Delta I_{c,max,on} = 10e^{-0.064R_G} + 13.8\,A$ 和 $\Delta I_{c,max,off} = 0.8e^{-0.052R_G} + 5.7\,A$，电流不平衡度为 $\delta_{I,on} = 0.42e^{-0.061R_G} + 0.56$ 和 $\delta_{I,off} = 0.04e^{-0.04R_G} + 0.23$。随着栅极电阻增加，电流不平衡度从 100%降低到 60%。

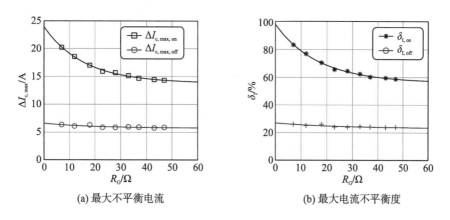

图 9.24　不同栅极电阻下并联芯片的电流不均衡性

9.6　本　章　小　结

　　电热应力不均衡是制约大容量多芯片并联功率模块的关键问题。本章介绍了封装布局对并联芯片电流分配的影响规律。电磁场分析的结果表明，并联芯片的功率回路长度不相等，寄生电感不一致，功率回路之间的电流分布严重不均衡。针对特定的功率模块封装，开尔文连接可能改善也可能恶化并联芯片的电流分配。为了定量分析多芯片并联功率模块内的电流分配规律，建立了不同 DBC 布局的寄生参数电网络模型。借助 DBC 模型参数矩阵化、功率芯片模型线性化，得到了并联芯片电流分配的通用数学模型，并建立了对应的框图模型和小信号模型。分析发现：栅极回路寄生阻抗矩阵 Z_n 和反馈回路寄生阻抗 Z_o 的不对称，是并联芯片电流不平衡的主要原因。采用对称封装布局，增加栅极驱动电阻等措施，可以提高阻抗矩阵的对称性，降低并联芯片间的不平衡电流。针对具有和没有开尔文连接的两种功率模块，采用实验结果，验证了封装布局对多芯片并联电流分配的影响，证明了并联芯片电流分配模型的有效性。

参 考 文 献

[1] Zeng Z, Zhang X, Li X. Layout-dominated dynamic current imbalance in multichip power module: Mechanism modeling and comparative evaluation[J]. IEEE Transactions on Power Electronics, 2019, 34(11): 11199-11214.

[2] Li H, Nielsen S M, Wang X, et al. Effects of auxiliary-source connections in multichip power module[J]. IEEE Transactions on Power Electronics, 2017, 32(10): 7816-7823.

[3] Zhu H, Hefner A R, Lai J S. Characterization of power electronics system interconnect parasitics using time domain reflectometry[J]. IEEE Transactions on Power Electronics, 1999, 14(4): 622-628.

[4] Dutta A, Ang S S. Electromagnetic interference simulations for wide-bandgap power electronic modules[J]. IEEE Journal of Emerging and Selected Topics in Power Electronics, 2016, 4(3): 757-766.

[5] Baliga B J. Fundamentals of Power Semiconductor Devices[M]. USA, New York: Springer Press, 2008.

[6] Wang F, Zhang Z, Jones E A. Characterization of Wide Bandgap Power Semiconductor Devices[M]. United Kingdom, London: IET Press, 2018.

[7] Wang K, Yang X, Wang L, et al. Instability analysis and oscillation suppression of enhancement-mode GaN devices in half-bridge circuits[J]. IEEE Transactions on Power Electronics, 2018, 33(2): 1585-1596.

[8] Lemmon A, Mazzola M, Gafford J, et al. Instability in half-bridge circuits switched with wide band-gap transistors[J]. IEEE Transactions on Power Electronics, 2014, 29(5): 2380-2392.

第10章 SiC 器件的开关测量建模与分析

SiC 器件开关速度非常快,给测量仪器和测试方法提出了严峻挑战。测量仪器的带宽、延迟时间、分散性等会导致测量结果的不精确性和不确定性。此外,测量仪器的输出阻抗会干扰 SiC 器件的正常开关行为,导致测量结果的不稳定性。本章介绍测量通道的构成、测量仪器的特点和技术现状。针对测量的不确定性,分析不同示波器、不同通道之间的分散性。针对测量的不精确性,评估不同探头带宽和延迟时间对测量结果的影响。针对测量的不稳定性,建立器件和测量仪器的综合阻抗模型,分析测量探头对 SiC 器件开关行为的影响规律。

10.1 测量仪器的特点

为了观察 SiC 器件的开关行为,评估 SiC 器件的开关损耗,需要测量 SiC 器件的电压和电流波形。以图 10.1 所示双脉冲测试电路为例,分别采用高阻无源电压探头、有源差分电压探头和罗氏线圈,测量 SiC MOSFET 器件的驱动电压 v_g、漏-源电压 v_{ds} 和漏极电流 i_d,并在数字示波器中显示测量波形。

数字示波器的多个输入通道之间,通常采用共地连接。因此,当各测量变量的参考电位不一致时,需要采取必要的隔离措施。否则,示波器的公共连接线会导致测试电路发生短路。在图 10.1 所示电路中,有源差分探头通过隔离运放实现电气隔离,罗氏线圈通过电磁耦合实现电气隔离。

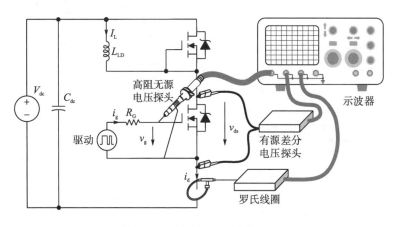

图 10.1 典型双脉冲测试电路

10.1.1　测量通道的影响机理

基于图 10.1 所示的测量电路，图 10.2 给出了典型的测量通道。由于探头和示波器的带宽总是有限的，会引入一定的上升时间，并且还会产生一定的信号延迟。因此，示波器实际观察到的信号与真实的被测信号之间，不可避免地存在一定的差异。然而，SiC 器件的开关速度非常快，探头和示波器所引起的波形畸变和延迟，会带来较大的测量误差，需要深入分析和评估[1-6]。

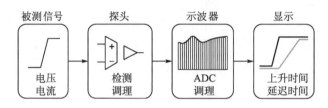

图 10.2　双脉冲测试电路的典型测量通道

图 10.3 给出了测量通道对被测波形的畸变和延迟影响。为了理解探头和示波器对 SiC 器件开关行为测量的影响，首先介绍上升时间、带宽和传输延迟的数学模型，然后分析探头和示波器对测量精度的影响规律。

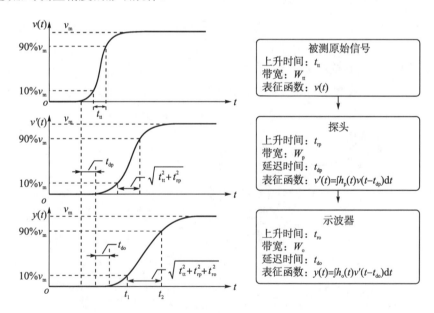

图 10.3　探头和示波器对测量波形的影响

当信号带宽小于 1GHz 时，可以采用高斯函数表征被测信号，即

$$v(t) = v_\mathrm{m} \int_{-\infty}^{t} \frac{1}{\sqrt{\pi} t_\mathrm{tt}} \mathrm{e}^{-t^2/t_\mathrm{tt}^2} \mathrm{d}t \tag{10.1}$$

式中，v_m 和 t_{tt} 分别为被测信号的幅值和上升时间。t_{tt} 被定义为被测信号从 $10\%v_m$ 上升到 $90\%v_m$ 所需要的时间。探头和示波器的响应特性，也可以采用高斯脉冲响应函数来表征[7]，即

$$h_p(t) = \frac{1}{\sqrt{\pi}t_{rp}}e^{-t^2/t_{rp}^2} \tag{10.2}$$

$$h_o(t) = \frac{1}{\sqrt{\pi}t_{ro}}e^{-t^2/t_{ro}^2} \tag{10.3}$$

式中，t_{rp} 和 t_{ro} 分别为探头和示波器的上升时间。在频域内，示波器实际观察到的波形 $y(t)$ 可以表示为

$$Y(\omega) = U(\omega)H_p(\omega)H_o(\omega) = \frac{v_m}{j\omega}e^{-(1/4)\omega^2 t_{tt}^2}e^{-(1/4)\omega^2 t_{rp}^2}e^{-(1/4)\omega^2 t_{ro}^2} = \frac{v_m}{j\omega}e^{-(1/4)\omega^2(t_{tt}^2+t_{rp}^2+t_{ro}^2)} \tag{10.4}$$

采用反变换，可以得到 $y(t)$ 的时域解为

$$y(t) = v_m\int_{-\infty}^t \frac{1}{\sqrt{\pi}\sqrt{t_{tt}^2+t_{rp}^2+t_{ro}^2}}e^{-t^2/(t_{tt}^2+t_{rp}^2+t_{ro}^2)}dt = v_m\int_{-\infty}^t \frac{1}{\sqrt{\pi}t_r}e^{-t^2/t_r^2}dt \tag{10.5}$$

因此，计及探头和示波器的影响，示波器实际测得信号的等效上升时间为

$$t_r = \sqrt{t_{tt}^2+t_{rp}^2+t_{ro}^2} \tag{10.6}$$

此外，当信号的带宽小于 1GHz 时，出于分析方便考虑，通常也可以采用一阶低通滤波器来表征实测信号，即

$$y(t) = v_m(1-e^{-\omega_c t}) \tag{10.7}$$

式中，$\omega_c = 2\pi W_B$ 为低通滤波器的转折频率；W_B 为实测信号的带宽。根据图 10.3 所示的定义，上升时间可以表示为

$$t_r = t_2 - t_1 \tag{10.8}$$

式中，阶跃信号 $10\%v_m$ 和 $90\%v_m$ 位置对应的时间为

$$\begin{cases} y(t_1) = 0.1v_m = v_m(1-e^{-\omega_c t_1}) \\ y(t_2) = 0.9v_m = v_m(1-e^{-\omega_c t_2}) \end{cases} \Rightarrow t_r = t_2 - t_1 = \frac{\ln 9}{\omega_c} \tag{10.9}$$

因此，上升时间和带宽之间满足反比关系：

$$t_r = \frac{\ln 9}{2\pi W_B} \approx \frac{0.35}{W_B} \tag{10.10}$$

式(10.10)所示模型的前提假设为信号带宽小于 1GHz。但是，式(10.10)所示反比例模型对于更高带宽的信号同样适用，只不过系数 0.35 将变为 0.4～0.45[7-9]。基于式(10.10)，探头和示波器的上升时间也可以利用带宽来描述：

$$t_{rp} \approx \frac{0.35}{W_p}, t_{ro} \approx \frac{0.35}{W_o} \tag{10.11}$$

式中，W_p 和 W_o 分别为探头和示波器的带宽。根据式(10.6)和式(10.11)，实际测量通道的带宽 W_{ms} 由探头和示波器的带宽决定，即

$$\frac{0.35}{W_{\mathrm{ms}}} = \sqrt{\left(\frac{0.35}{W_{\mathrm{p}}}\right)^2 + \left(\frac{0.35}{W_{\mathrm{o}}}\right)^2} \Rightarrow W_{\mathrm{ms}} = \frac{W_{\mathrm{p}}W_{\mathrm{o}}}{\sqrt{W_{\mathrm{p}}^2 + W_{\mathrm{o}}^2}} \tag{10.12}$$

根据前述理论分析，图 10.4 给出了被测信号和探头的上升时间与实测信号上升时间的关系，其中 $\varepsilon_{\mathrm{ms}} = (t_{\mathrm{r}} - t_{\mathrm{tt}})/t_{\mathrm{tt}}$，图 10.5 给出了示波器、探头带宽对测量通道带宽的影响。根据图 10.4，被测信号的上升时间越长，探头和示波器对测量结果的影响越小。根据图 10.5，探头和示波器的带宽越高，上升时间越短，测量通道的带宽越高，测量过程引入的误差越小。

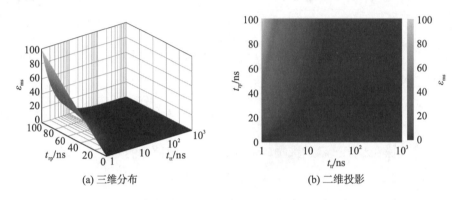

(a) 三维分布　　　　　　　　　　(b) 二维投影

图 10.4　实测信号上升时间的影响规律

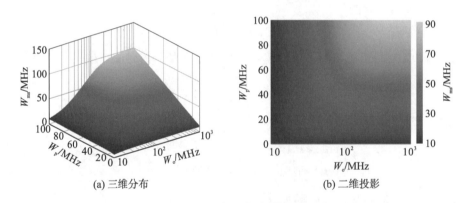

(a) 三维分布　　　　　　　　　　(b) 二维投影

图 10.5　测量通道带宽的影响规律

探头和示波器还会对被测信号引入延迟。根据式 (10.4)，考虑测量仪器的延迟后，实际测量信号可以表示为

$$Y'(s) = U(s)\left[H_{\mathrm{p}}(s)\mathrm{e}^{-t_{\mathrm{dp}}s}\right]\left[H_{\mathrm{o}}(s)\mathrm{e}^{-t_{\mathrm{do}}s}\right] = U(s)H_{\mathrm{p}}(s)H_{\mathrm{o}}(s)\mathrm{e}^{-(t_{\mathrm{dp}}+t_{\mathrm{do}})s} = Y(s)\mathrm{e}^{-(t_{\mathrm{dp}}+t_{\mathrm{do}})s} \tag{10.13}$$

式中，t_{dp} 和 t_{do} 分别为探头和示波器的延迟时间。因此，示波器观测到的实测信号为

$$y(t) = y(t - t_{\mathrm{d}}) = y(t - t_{\mathrm{dp}} - t_{\mathrm{do}}) \tag{10.14}$$

因此，测量通道引入的延迟时间为探头和示波器延迟时间之和，即

$$t_{\mathrm{d}} = t_{\mathrm{dp}} + t_{\mathrm{do}} \tag{10.15}$$

部分商业化测量仪器的上升时间和带宽满足式 (10.10)，如图 10.6 (a) 所示。例如，20MHz 带宽的测量仪器的上升时间为 18ns，会明显降低实测信号的上升/下降速度。由于 Si IGBT 器件的开关速度较慢，开通或关断的时间通常为几微秒，远大于测量仪器的上升时间。因此，Si IGBT 器件对高带宽、低上升时间的测量仪器要求不高。但是，SiC 和 GaN 等宽禁带器件的开关速度非常快，例如：SiC MOSFET 器件的开关时间通常为几十纳秒，GaN HEMT 器件的开关时间甚至小于 10ns。低带宽的探头，会严重影响 SiC MOSFET 器件开关行为的测量精度。为了保证足够的测量精度，通常要求探头和示波器的带宽是被测信号带宽 W_{tt} 的 5 倍以上。因此，如果 SiC MOSFET 器件开关波形信号的带宽为 25MHz，那么要求探头和示波器的带宽超过 125MHz。否则，就可能出现一定的测量不确定性。

部分商业化测量仪器的延迟时间统计结果如图 10.6 (b) 所示。测量仪器的延迟时间和测量通道的长度有关，与仪器的带宽几乎无关。短的接地线和电缆长度有利于降低信号传输延迟。此外，部分测量仪器的最大延迟时间甚至超过 20ns。由于 SiC 器件的开关时间很小，即使非常短的延迟时间也可能造成不可接受的测量误差。

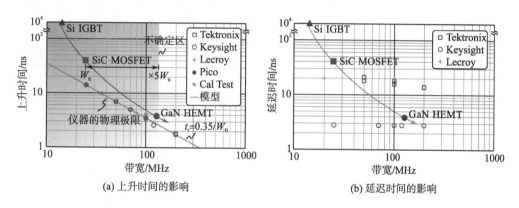

(a) 上升时间的影响　　　　　　　　　　　(b) 延迟时间的影响

图 10.6　探头和示波器对测量波形的影响

10.1.2　测量仪器的性能统计

1. 示波器

根据制造商的数据手册和销售商的产品报价，部分商业化示波器的性能统计结果如图 10.7 所示。示波器的上升时间和带宽之间满足式 (10.10) 所示模型。此外，示波器的价格与带宽之间呈指数增加，拟合模型为

$$C_{OSC} = C_{OSC1}(1 - e^{C_{OSC2}W_o}) \tag{10.16}$$

式中，C_{OSC1} 和 C_{OSC2} 为模型系数。基于图 10.7 所示统计数据，可以估计模型参数为 $C_{OSC1} = 2.4 \times 10^4$、$C_{OSC2} = -0.0013$。

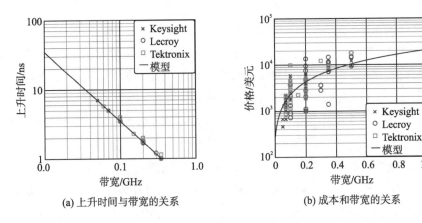

(a) 上升时间与带宽的关系　　　　　　(b) 成本和带宽的关系

图 10.7　示波器性能与带宽的规律

2. 无源高阻电压探头

基于商业化的无源高阻电压探头产品，得到如图 10.8 所示的统计结果。

如图 10.8(a) 所示，对于 15MHz 到 1.5GHz 的无源高阻电压探头，输入电容范围在几 pF 到几百 pF。此外，输入电容随带宽的增加而降低，拟合模型为

$$\lg C_{\text{in}} = k_{\text{c}} \lg W_{\text{p}} + C_{\text{in0}} \tag{10.17}$$

式中，C_{in} 为探头的输入电容；k_{c} 和 C_{in0} 分别为模型的电容系数和基础电容。根据式(10.17) 和图 10.8(a) 所示的统计结果，模型参数估计为 $k_{\text{c}} = -0.43$ 和 $C_{\text{in0}} = 2.07$。

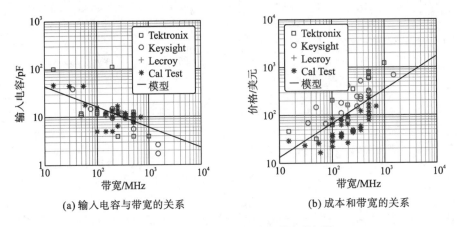

(a) 输入电容与带宽的关系　　　　　　(b) 成本和带宽的关系

图 10.8　无源高阻电压探头与带宽的规律

如图 10.8(b) 所示，无源高阻电压探头的成本随着带宽的增加而增加，可以表示为

$$\lg p_{\text{HIPV}} = k_{\text{p,HIPV}} \lg W_{\text{p}} + p_{0,\text{HIPV}} \tag{10.18}$$

其中，p_{HIPV} 为无源高阻探头的成本；$k_{\text{p,HIPV}}$ 和 $p_{0,\text{HIPV}}$ 分别为探头的成本系数和基础价格。根据式(10.18) 所示模型和图 10.8(b) 所示的统计结果，可以估计模型参数为 $k_{\text{p,HIPV}} = 0.70$ 和 $p_{0,\text{HIPV}} = 0.42$。

3. 有源差分电压探头

类似地，对于有源差分电压探头，部分商业化产品的统计结果如图 10.9 所示。探头的输入阻抗随着带宽的增加而减小，探头的成本随着带宽的增加而增加。

如图 10.9(a)所示，有源差分电压探头的复阻抗系数(输入阻抗乘以输入电容)随着带宽的增加而减小。探头的输入阻抗可以表示为

$$\lg Z_{in} = k_Z \lg W_p + Z_{in0} \tag{10.19}$$

其中，Z_{in} 为探头的复阻抗系数；k_z 和 Z_{in0} 分别为探头的阻抗系数和复阻抗常数。根据式(10.19)和图 10.9(a)，可以估计模型的参数为 $k_Z = -0.16$ 和 $Z_{in0} = 1.76$。

如图 10.9(b)所示，有源差分电压探头的成本随着带宽的增加而增加，并可以表示为

$$\lg p_{DV} = k_{p,DV} \lg W_p + p_{0,DV} \tag{10.20}$$

式中，p_{DV} 为有源差分电压探头的成本；$k_{p,DV}$ 和 $p_{0,DV}$ 分别为成本系数和成本常数。根据式(10.20)和图 10.9(b)，可以估计得到模型的参数为 $k_{p,DV} = 0.66$ 和 $p_{0,DV} = 1.83$。

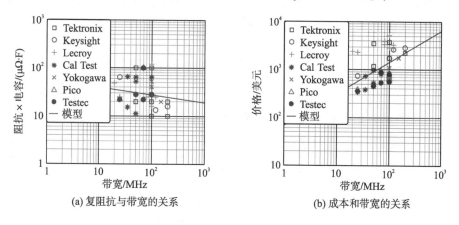

(a) 复阻抗与带宽的关系　　　　　　　(b) 成本和带宽的关系

图 10.9　有源差分探头性能与带宽的规律

4. 电流探头

对于电流探头，部分商业化产品的统计结果如图 10.10 所示。可见，电流探头在高带宽和大容量之间存在明显的折中。

如图 10.10(a)所示，电流探头的量程随带宽增加而减小。此外，如图 10.10(b)所示，电流探头的量程与成本关系不大，电流探头的量程和成本与带宽之间满足

$$\lg(I_n p_{RC}) = k_{pn} \lg W_p + p_{pn} \tag{10.21}$$

式中，I_n 和 p_{RC} 分别为电流探头的量程和成本；k_{pn} 和 p_{pn} 为常数。根据式(10.21)和图 10.10(a)，可以估计得到模型的参数为 $k_{pn} = -1.14$ 和 $p_{pn} = 7.6$。

部分探头制造商还给出了探头的阻抗。如图 10.10(c)所示，以 Tektronix 公司的部分探头为例，电流探头的插入阻抗 Z_{RC} 呈阻感性，即

$$Z_{RC} = \sqrt{(2\pi f L_{RC})^2 + R_{RC}^2} \tag{10.22}$$

式中，L_{RC} 和 R_{RC} 为电流探头的插入电感和电阻。

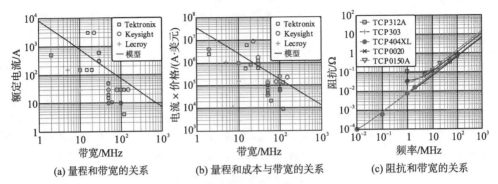

(a) 量程和带宽的关系　　　　(b) 量程和成本与带宽的关系　　　　(c) 阻抗和带宽的关系

图 10.10　电流探头性能与带宽的规律

综上，测量通道的带宽高度依赖于测量仪器的带宽，高带宽的测量仪器，在提高测量精度的同时，也增加了测量系统的成本。因此，非常有必要评估测量仪器对 SiC 器件测量误差的影响规律，为选择高性价比的测量方案提供参考。

10.2　测量的精确性

保证示波器具有足够的带宽，可以减小测量误差。一般用−3dB 频率表征示波器的带宽。相对于输入正弦信号的幅值，在−3dB 处所显示的正弦信号幅值下降到 70.7%[10]，即

$$20\lg\frac{v_{\text{out}}}{v_{\text{in}}} = 20\lg 0.707 = -3\text{dB} \tag{10.23}$$

但是，不能在示波器的−3dB 频率附近做测量，因为测量该频率的正弦信号，会引入 30% 的幅值误差。幅值精度随 W_o/W_tt 变化的衰减曲线如图 10.11 所示。

为了获得足够的测量精度，通常要求测量仪器的带宽是被测信号带宽的 5 倍以上，才能获得 2% 以下的测量误差，如图 10.11 所示。

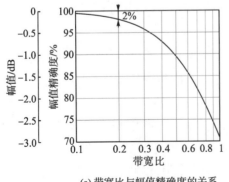
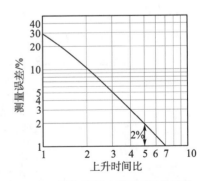

(a) 带宽比与幅值精确度的关系　　　　(b) 上升时间比与测量误差的关系

图 10.11　测量仪器对测量误差的影响规律

10.2.1　示波器的分散性

电力电子领域使用的示波器，带宽范围比较广，通常为几百兆赫兹(MHz)至几吉赫兹(GHz)。图 10.12 给出了几款常用示波器，表 10.1 给出了这些示波器的基本性能。示波器的带宽越高，价格也越贵。在选择合适的示波器时，需要在测试精度和测试成本之间寻求折中。

(a) MSO2014　　　(b) GDS-3154　　　(c) DSOX2024　　　(d) HDO8058　　　(e) 715Zi

图 10.12　部分常用示波器

表 10.1　部分常用示波器的基本参数

制造商	产品型号	价格/美元	带宽	上升时间	采样率	精度	输入阻抗，电容
Tektronix	MSO2014	3800	100MHz	3.5ns	1GS/s	8 位	$1M\Omega$，11.5pF
Gwinstek	GDS-3154	2236	150MHz	2.3ns	5GS/s	8 位	$1M\Omega$，15pF
Keysight	DSOX2024	3370	200MHz	1.75ns	2GS/s	8 位	$1M\Omega$，11pF
Lecroy	HDO8058	25350	500MHz	700ps	10GS/s	12 位	$1M\Omega$，16pF
Lecroy	715Zi	29250	1.5GHz	235ps	20GS/s	11 位	$1M\Omega$，16pF

根据表 10.1 可知，示波器的带宽越高，响应速度越快，但是价格也越高。出于成本考虑，经常会采用一些低带宽的示波器。但是，这些示波器对于 SiC 这样的高速器件是否仍然适用，还需要详细评估。

对于图 10.1 所示的双脉冲测试电路，3 个探头在示波器的 4 个通道之间，有 24 种排列组合方式，如表 10.2 所示。

表 10.2　探头和示波器通道的组合方式

	组合 1	组合 2	组合 3	组合 4	组合 5	⋯	组合 24
通道 1	v_{gs}	v_{gs}	v_{gs}	v_{gs}	v_{gs}	⋯	i_d
通道 2	v_{ds}	v_{ds}	×	×	i_d	⋯	v_{ds}
通道 3	i_d	×	v_{ds}	i_d	v_{ds}	⋯	×
通道 4	×	i_d	i_d	v_{ds}	×	⋯	v_{gs}

针对某种特定的组合，采用 Lecroy 715Zi，重复 10 次测试 SiC MOSFET 器件的开关过程，如图 10.13(a) 所示。从实验结果来看，10 次重复测试的结果基本一致。图 10.13(b)

给出了重复测试所得到的开关损耗。开通损耗的均值和方差分别为 444.7μJ 和 4.3μJ，关断损耗的均值和方差分别为 372.2μJ 和 3.5μJ。可见，重复测量的随机偏差不大，测试结果的分散性小于 1%。因此，可以排除测试电路对测量结果不确定性的影响。

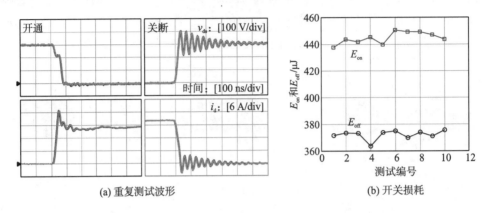

(a) 重复测试波形　　　　　　　　　　　(b) 开关损耗

图 10.13　Lecroy 715Zi 重复测试 10 次的器件开关波形

针对 24 种组合，分别采用 Tektronix 公司 100MHz 带宽和 Lecroy 公司 1.5GHz 带宽的示波器进行测试，实验结果如图 10.14 所示。仅从实验波形来看，很难分辨两种示波器的差异。

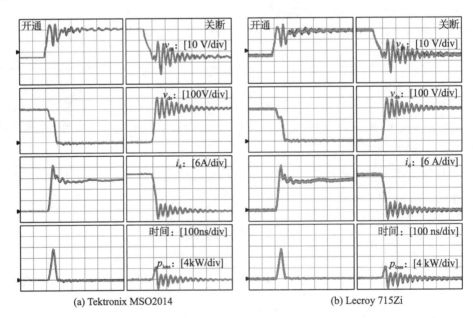

(a) Tektronix MSO2014　　　　　　　　　(b) Lecroy 715Zi

图 10.14　基于不同示波器和不同测试组合的器件开关波形

针对表 10.2 所示 24 种组合方案，采用更多的示波器加以测试，图 10.15 给出了不同示波器的开关损耗测试结果。对于同一台示波器，不同通道组合所得到的测量结果存在超过 15%的差异。对于不同的示波器，测量结果的差异甚至超过 45%。可见，同一示波器

的不同通道之间，以及不同型号的示波器之间，都存在较大的分散性，对于 SiC 器件开关
损耗的精确测量具有显著的影响。

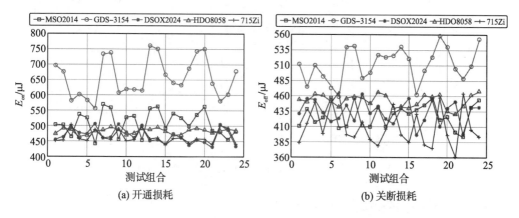

图 10.15　不同示波器 24 种测试组合得到的开关损耗

　　图 10.16 评估了开关损耗测量结果的概率分布特性。开关损耗测量结果服从正态分布，
且分散性较大，不同示波器呈现的正态分布也不一致。开关损耗测量存在分散性的原因主
要在于：示波器的带宽、通道长度、通道寄生参数等存在差异性。SiC 器件的开关速度非
常快，其开关行为的测量，面临十分突出的不确定性问题。

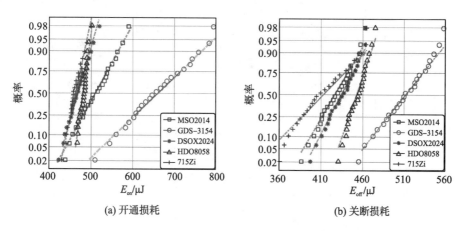

图 10.16　不同示波器测量开关损耗的概率分布特性

　　基于图 10.16 所示概率分布特性，可以估计开关损耗结果的正态分布系数。图 10.17
给出了不同示波器所得结果的概率密度分布。曲线越瘦高，表明测试结果的分散性越小。
　　精确性和分散性是测量的两个基本指标。测试结果的分散性越小，并不等于测试结
果越精确。通常，在分散性一定的情况下，选择带宽越高的示波器，所得到的测试结果
越准确。

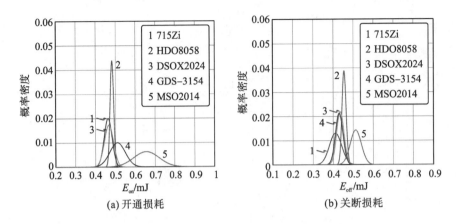

(a) 开通损耗   (b) 关断损耗

图 10.17   不同示波器测量开关损耗的概率密度分布

10.2.2   开关损耗测量误差建模

第 10.1 节的结果表明：探头的带宽远小于示波器的带宽，尤其是电流探头的带宽受到量程的限制。因此，探头延迟时间和上升时间对开关损耗测量结果的影响更加严重。本节进一步介绍探头所引入的测量误差。采用如图 10.18 所示的阻性单脉冲测试电路，排除二极管反向恢复电流的影响，便于建模分析和解析计算。R_L 为负荷电阻。

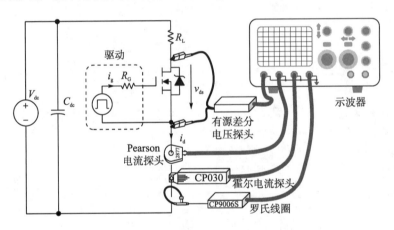

图 10.18   阻性单脉冲测试电路

1. 基于理想测量仪器的开关损耗模型

由于采用单脉冲测试电路，在开通过程中，不存在续流二极管的反向恢复过程。在关断过程中，负荷电阻可以提供足够的阻尼，抑制寄生电感引起的电压振荡和过冲。此外，SiC MOSFET 为单极型器件，在关断过程中，漏极电流不存在类似 Si IGBT 的拖尾电流。因此，SiC MOSFET 的开关轨迹非常平滑，如图 10.19 所示。用直线来解析表征器件开关过程中的漏-源电压 v_{ds} 和漏极电流 i_d。v_{ds} 和 i_d 的交叠区产生器件的开关损耗 p_{loss}。

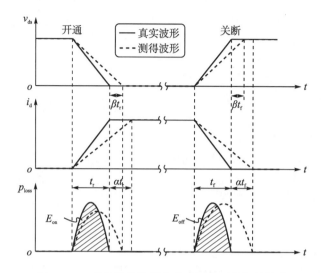

图 10.19　考虑测量仪器上升时间的开关损耗影响

考虑理想的测量仪器，带宽无限大，且没有延迟。如图 10.19 所示，对于开通过程，漏-源电压可以表示为

$$v_{ds} = V_{dc} - \frac{V_{dc}}{t_r}t \quad (0 \leqslant t \leqslant t_r) \tag{10.24}$$

式中，V_{dc} 为直流母线电压；t_r 为漏极电流的上升时间。漏极电流可以表示为

$$i_d = \frac{I_L}{t_r}t \quad (0 \leqslant t \leqslant t_r) \tag{10.25}$$

式中，I_L 为稳态负荷电流。

基于式(10.24)和式(10.25)，SiC MOSFET 的开通功耗 p_{on} 可以表示为

$$p_{on} = v_{ds}i_d = \frac{1}{t_r^2}V_{dc}I_L(t_r - t)t \quad (0 \leqslant t \leqslant t_r) \tag{10.26}$$

因此，开通损耗 E_{on} 可以计算为

$$E_{on} = \int_0^{t_r} p_{on}\mathrm{d}t = \int_0^{t_r} v_{ds}i_d\mathrm{d}t = \frac{1}{6}V_{dc}I_L t_r \tag{10.27}$$

对于关断过程，漏-源电压可以表示为

$$v_{ds} = \frac{V_{dc}}{t_f}t \quad (0 \leqslant t \leqslant t_f) \tag{10.28}$$

式中，t_f 为漏极电流的下降时间。漏极电流可以表示为

$$i_d = \frac{I_L}{t_f}(t_f - t) \quad (0 \leqslant t \leqslant t_f) \tag{10.29}$$

在关断过程中，SiC MOSFET 的功耗 p_{off} 可以表示为

$$p_{off} = v_{ds}i_d = \frac{V_{dc}I_L}{t_f^2}(t_f - t)t \quad (0 \leqslant t \leqslant t_f) \tag{10.30}$$

因此，关断损耗可以计算为

$$E_{off} = \int_0^{t_f} p_{off} \mathrm{d}t = \int_0^{t_f} v_{ds} i_d \mathrm{d}t = \frac{1}{6} V_{dc} I_L t_f \tag{10.31}$$

2. 计及测量仪器上升时间的开关损耗模型

由于示波器和探头的带宽总是有限的，根据图 10.19，当计及示波器和电流探头的上升时间时，实际测得波形的上升时间为

$$t_r' = \sqrt{t_r^2 + t_{rp}^2 + t_{ro}^2} \tag{10.32}$$

式中，t_{rp} 和 t_{ro} 分别为电流探头和示波器的上升时间。相对于被测波形，实测波形的上升时间增加的比例为

$$\alpha = \frac{t_r' - t_r}{t_r} \tag{10.33}$$

类似地，可以定义实测 v_{ds} 下降时间增加的比例为 β。通常，电流探头的带宽比电压探头更窄，电流探头的上升时间比电压探头更长。因此，有 $\beta < \alpha$。器件开通过程中的漏极电流可以表示为

$$i_d = \frac{I_L}{(1+\alpha)t_r} t \quad (0 \le t \le t_r + \alpha t_r) \tag{10.34}$$

此时，漏-源电压可以表示为

$$v_{ds} = \begin{cases} \dfrac{V_{dc}}{(1+\beta)t_r}[(1+\beta)t_r - t], & 0 \le t < (1+\beta)t_r \\ 0, & (1+\beta)t_r \le t \le (1+\alpha)t_r \end{cases} \tag{10.35}$$

通常，探头和示波器增加的上升时间，小于 SiC 器件的开关时间。因此，有 $0 < \alpha < 1$ 和 $0 < \beta < 1$。根据式 (10.34) 和式 (10.35)，计及测量仪器的上升时间后，开通损耗可以重新计算为

$$E_{on}' = \int_0^{(1+\alpha)t_r} v_{ds} i_d \mathrm{d}t = \frac{V_{dc} I_L t_r (1+\alpha)(1-2\alpha+3\beta)}{6(1+\beta)} \tag{10.36}$$

根据式 (10.27) 和式 (10.36)，测量仪器的带宽受限时，开通损耗将偏离式 (10.27) 所示的真实值。实测开通损耗的相对误差可以表示为

$$\delta_{on}' = \frac{E_{on}' - E_{on}}{E_{on}} = \frac{-2\alpha^2 + (3\beta-1)\alpha + 2\beta}{1+\beta} \tag{10.37}$$

根据式 (10.32)、式 (10.33) 和式 (10.37)，当 $t_r = 50\mathrm{ns}$、$W_p = 200\mathrm{MHz}$ 和 $W_o = 1.5\mathrm{GHz}$ 时，考虑不同电流探头和示波器带宽的影响，模型计算得到的测量误差如图 10.20 (a) 所示。随着测量仪器上升时间的增加，开通损耗的相对测量误差也增加，最大的相对误差超过 30%。此外，当示波器的带宽超过 200MHz、电流探头的带宽超过 20MHz 时，测量误差可以得到有效抑制。根据式 (10.37)，上升时间增加比例与测量误差的关系如图 10.20 (b) 所示。当 β 一定时，SiC 器件的开关速度越快，α 越大，测量误差越大。

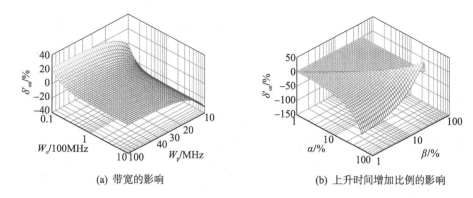

(a) 带宽的影响　　　　　　　　　　　　(b) 上升时间增加比例的影响

图 10.20　测量仪器上升时间对开通损耗的影响规律

类似地，对于器件的关断过程，计及测量仪器的上升时间影响，漏极电流可以表示为

$$i_{\mathrm{d}} = \frac{I_{\mathrm{L}}}{(1+\alpha)t_{\mathrm{f}}}[(1+\alpha)t_{\mathrm{f}} - t] \quad (0 \leqslant t \leqslant (1+\alpha)t_{\mathrm{f}}) \tag{10.38}$$

漏-源电压可以表示为

$$v_{\mathrm{ds}} = \begin{cases} \dfrac{V_{\mathrm{dc}}}{(1+\beta)t_{\mathrm{f}}}t, & 0 \leqslant t < (1+\beta)t_{\mathrm{f}} \\ V_{\mathrm{dc}}, & (1+\beta)t_{\mathrm{f}} \leqslant t \leqslant (1+\alpha)t_{\mathrm{f}} \end{cases} \tag{10.39}$$

同样假设 $0 < \alpha < 1$、$0 < \beta < 1$ 和 $\beta < \alpha$，关断过程中的器件功耗可以计算为

$$E'_{\mathrm{off}} = \int_0^{(1+\alpha)t_{\mathrm{f}}} v_{\mathrm{ds}} i_{\mathrm{d}} \mathrm{d}t = \frac{V_{\mathrm{dc}} I_{\mathrm{L}} t_{\mathrm{f}} (3\alpha^2 - 3\alpha\beta + \beta^2 + 3\alpha - \beta + 1)}{6(1+\beta)} \tag{10.40}$$

根据式(10.31)和式(10.40)，测量仪器上升时间对关断损耗测量误差的影响可以表示为

$$\delta'_{\mathrm{off}} = \frac{E'_{\mathrm{off}} - E_{\mathrm{off}}}{E_{\mathrm{off}}} = \frac{3\alpha^2 + (2-3\beta)\alpha + \beta^2 - \beta}{1+\alpha} \tag{10.41}$$

根据式(10.32)、式(10.33)和式(10.41)，当 $t_{\mathrm{f}} = 50\mathrm{ns}$、$W_{\mathrm{p}} = 200\mathrm{MHz}$ 和 $W_{\mathrm{o}} = 1.5\mathrm{GHz}$ 时，测量仪器带宽对关断损耗测量误差的影响，如图 10.21(a) 所示。可见，测量误差随着测量仪器带宽的降低而增加，最大相对误差超过 50%。对于不同的 α 和 β，测量误差的规律如图 10.21(b) 所示。提升 SiC 器件的开关速度，会降低 α 和 β，导致测量误差可能超过 100%。

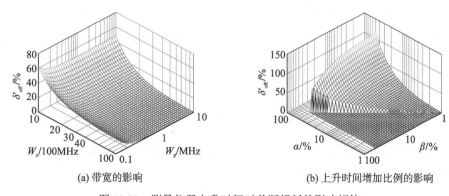

(a) 带宽的影响　　　　　　　　　　　　(b) 上升时间增加比例的影响

图 10.21　测量仪器上升时间对关断损耗的影响规律

实验测试中,采用带宽 200MHz 的差分电压探头 Cybertek DP6150B,以及带宽 1.5GHz 的示波器 Lecroy 715Zi。探头和示波器将分别引入 1.75ns 和 0.235ns 的上升时间。此外,若选择带宽 200MHz 的电流探头 Pearson 2877,将引入 1.75ns 的上升时间。若选择带宽 30MHz 的罗氏线圈 Cybertek CP90006S,将引入 11.7ns 的上升时间。基于这些测量仪器,可以得到 SiC MOSFET 的开关波形,如图 10.22 所示。可见,低带宽的电流探头会引入更长的上升时间,测得的电流的波形变得更加平缓。表 10.3 进一步给出了开关损耗的计算结果,以带宽 200MHz 的 Pearson 电流探头为参照,带宽 30MHz 的电流探头放慢了 SiC MOSFET 的开关轨迹,并引入了 3%~4%的开关损耗测量误差。

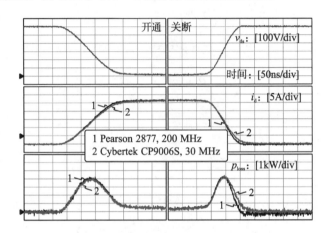

图 10.22   不同带宽的电流探头对 SiC MOSFET 开关暂态的测量结果

表 10.3   不同电流探头带宽对 SiC MOSFET 开关损耗测量的影响

开通				关断			
变量	Pearson 2877	Cybertek CP9006S	相对误差	变量	Pearson 2877	Cybertek CP9006S	相对误差
V_{dc}/V	602.8	602.8	—	V_{dc}/V	602.8	602.8	—
I_d/A	26.4	26.6	0.8%	I_d/A	26.4	26.6	0.8%
E_{on}/μJ	479.8	465.9	−2.9%	E_{off}/μJ	63.1	272.8	3.7%

3. 计及测量仪器延迟时间的开关损耗模型

计及测量仪器延迟时间的影响,SiC MOSFET 器件的开关过程如图 10.23 所示。

如图 10.23 所示,考虑探头和示波器的延迟时间后,漏极电流可以表示为

$$i_d = \begin{cases} 0, & 0 \leqslant t < t_{di} \\ \dfrac{I_L}{t_r}(t - t_{di}), & t_{di} \leqslant t \leqslant t_r + t_{di} \end{cases} \tag{10.42}$$

式中, $t_{di} = t_{dp} + t_{do}$ 是电流测量通道的延迟时间,为电流探头和示波器的延迟时间之和。定义 $t_{di} = wt_r$, w 为电流通道延迟时间与电流上升时间之比。此时,漏-源电压可以表示为

$$v_{ds} = \begin{cases} V_{dc}, & 0 \leqslant t < t_{dv} \\ \dfrac{V_{dc}}{t_r}(t_r + t_{dv} - t), & t_{dv} \leqslant t < t_r + t_{dv} \\ 0, & t_r + t_{dv} \leqslant t \leqslant t_r + t_{di} \end{cases} \tag{10.43}$$

式中，t_{dv} 为电压测量通道的延迟时间。同样，定义 $t_{dv} = vt_r$，v 为 t_{dv} 与 t_r 之比。

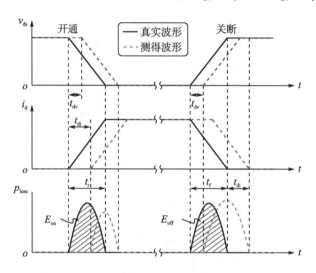

图 10.23　考虑测量仪器延迟时间的开关损耗影响

根据式(10.42)和式(10.43)，器件的开通损耗可以计算为

$$E_{on}'' = \int_0^{t_r+t_{di}} v_{ds} i_d \mathrm{d}t = \frac{V_{dc} I_L t_r (v - w + 1)^3}{6} \tag{10.44}$$

根据式(10.27)和式(10.44)，由延迟时间引起的开通损耗测量误差为

$$\delta_{on}'' = \frac{E_{on}'' - E_{on}}{E_{on}} = (v - w)(v^2 - 2vw + 3v - 3w + 3) \tag{10.45}$$

根据式(10.45)，当 $t_{di} = 5\mathrm{ns}$ 时，不同 t_{dv} 和 t_r 对开通损耗测量误差的影响如图 10.24(a) 所示。可见，提高器件的开关速度(减小 t_r)，或增加测量通道的延迟时间(增加 t_{dv})，开通损耗测量的误差都将增大。此外，测量误差也可以用比例系数 v 和 w 来表征，如图 10.24(b) 所示。可见，当且仅当电压和电流测量通道的延迟时间相等时，测量仪器的延迟时间不引入测量误差。

类似地，对于器件的关断过程，考虑测量通道的延迟时间，漏极电流可以表示为

$$i_d = \begin{cases} I_L, & 0 \leqslant t < t_{di} \\ \dfrac{I_L}{t_f}(t_{di} + t_f - t), & t_{di} \leqslant t \leqslant t_f + t_{di} \end{cases} \tag{10.46}$$

实际测量得到的漏-源电压可以表示为

$$v_{ds} = \begin{cases} 0, & 0 \leqslant t < t_{dv} \\ \dfrac{V_{dc}}{t_f}(t - t_{dv}), & t_{dv} \leqslant t < t_f + t_{dv} \\ V_{dc}, & t_f + t_{dv} \leqslant t \leqslant t_f + t_{di} \end{cases} \tag{10.47}$$

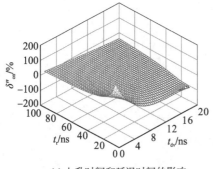

(a) 上升时间和延迟时间的影响

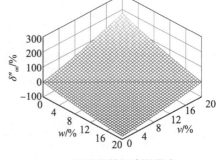

(b) 延迟时间比例的影响

图 10.24   测量仪器延迟时间对开通损耗的影响规律

根据式 (10.46) 和式 (10.47)，关断损耗可以表示为

$$E''_{off} = \int_0^{t_{di}+t_f} v_{ds} i_d \mathrm{d}t = \frac{V_{dc} I_L t_f}{6} [v^3 + (3 - 3w)v^2 + (3w^2 - 6w - 3)v + 3w^2 + 3w + 1] \tag{10.48}$$

根据式 (10.31) 和式 (10.48)，关断损耗的测量误差可以表示为

$$\delta''_{off} = (v - w)[v^2 + (3 - 2w)v + w^2 - 3w - 3] \tag{10.49}$$

根据式 (10.49)，当 $t_{di} = 5\text{ns}$ 时，不同 t_f 和 t_{dv} 对测量误差的影响如图 10.25(a) 所示。对比图 10.24(a) 和图 10.25(a)，关断损耗对于测量仪器的延迟时间更加敏感。对于相同的延迟时间，关断损耗的测量误差比开通损耗更大。不同 v 和 w 对测量误差的影响，如图 10.25(b) 所示。测量误差随着测量仪器延迟时间的增加而增加。

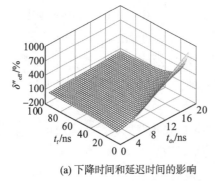

(a) 下降时间和延迟时间的影响

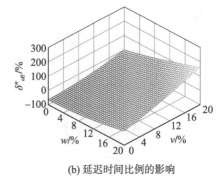

(b) 延迟时间比例的影响

图 10.25   测量仪器延迟时间对关断损耗的影响规律

当采用示波器 Lecroy 715Zi 时，电流探头 Pearson 2877 和 Lecroy CP030（带宽 50MHz）的对比实验结果如图 10.26 所示。相对于 Pearson 电流探头，电流探头 Lecroy CP030 引入

10ns 的延迟，并带来严重的测量误差，定量分析结果如表 10.4 所示。延迟时间引起的最大测量误差接近 30%。对于 SiC 器件的应用，在器件评测和变流器设计过程中，应该对开关损耗的测量误差引起足够的重视，以避免过设计或欠设计。

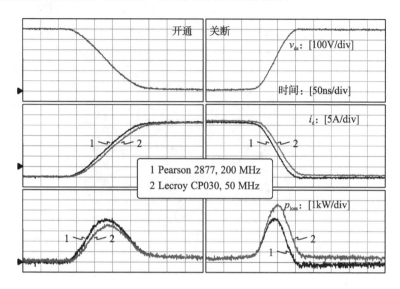

图 10.26　不同延迟时间的电流探头对 SiC MOSFET 开关暂态的测量结果

表 10.4　不同电流探头延迟时间对 SiC MOSFET 开关损耗测量的影响

	开通				关断		
变量	Pearson 2877	Lecroy CP030	误差	变量	Pearson 2877	Lecroy CP030	误差
V_{dc}/V	602.9	602.9	—	V_{dc}/V	602.9	602.9	—
I_L/A	26.4	26.6	0.8%	I_L/A	26.4	27.1	2.7%
E_{on}/μJ	479.8	405.3	−15.5%	E_{off}/μJ	263.1	339.5	29.0%

综上，测量仪器引入的开关损耗测量误差主要包括两部分，即测量仪器上升时间和延迟时间引入的误差，可以表示为

$$\begin{cases} \delta_{on} = \delta'_{on} + \delta''_{on} \\ \delta_{off} = \delta'_{off} + \delta''_{off} \end{cases} \tag{10.50}$$

式中，δ_{on} 和 δ_{off} 分别表示开通损耗和关断损耗的测量误差。

此外，上述模型假设电流测量通道的上升时间或延迟时间比电压测量通道大。当电压探头的性能较差，成为制约高精度测量的主要瓶颈时，根据图 10.19 和图 10.23，从波形的角度来看，开通过程中的电流轨迹正好对应关断过程的电压轨迹。因此，当电压探头的带宽比电流探头低时，上述模型仍然适用。只不过，此时的开通损耗和关断损耗测量误差应该将式 (10.41) 和式 (10.37) 互换。类似地，当电压探头的延迟时间比电流探头更长时，开关损耗的测量误差应该将式 (10.49) 和式 (10.45) 互换。

10.2.3 开关损耗测量误差评估

搭建如图 10.27 所示的阻性单脉冲测试平台。直流电压 V_{dc} 由可编程电源和母线电容 C_{dc} 提供。采用不同的有源差分电压探头和电流探头测量漏-源电压和漏极电流，采用数字示波器 Lecroy 715Zi 捕获实验波形，采用 TI TMS28335 DSP 控制板产生双脉冲触发信号，被测器件为 Rohm 公司的 SiC 器件 SCH2080KE，驱动电压为 20/−5V。

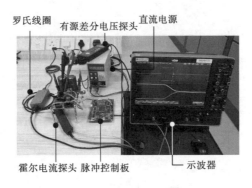

图 10.27   阻性单脉冲实验平台

由于有源差分电压探头和电流探头的带宽总是有限的，绝对精确的测量是无法实现的。因此，选择足够高带宽探头的测量结果作为参照。选用带宽 200MHz 的有源差分探头 Cybertek DP6150B 和带宽 200MHz 的电流探头 Pearson 2877 的测试结果作为真实波形。

采用 Cybertek DP6150B 测量漏-源电压，对比不同电流探头的测试结果，被测器件的驱动电阻为 $R_G = 30\Omega$，实验波形如图 10.28 所示。Pearson 2877 的上升时间和延迟时间非常小，其测得的漏极电流作为真实波形参考。Lecroy CP030 引入了 10ns 的延迟时间，且上升时间介于 Pearson 2877 和 Cybertek CP9006S 之间。

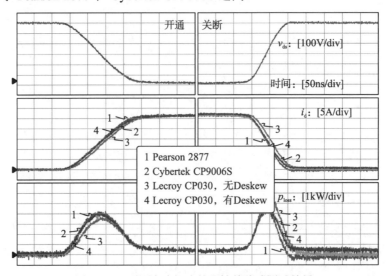

图 10.28   不同电流探头的阻性单脉冲测试结果

以开通损耗为例,计算得到的测量误差 δ_{on} 包括由上升时间引起的误差 δ'_{on} 和延迟时间引起的误差 δ''_{on}。通常示波器都有 Deskew 功能,补偿测量通道的延迟时间。因此, δ''_{on} 可以从 δ_{on} 中分离出来,剩下 δ'_{on}。

采用示波器 Deskew 功能,补偿 10ns 延迟时间之后,探头 Lecroy CP030 的开通损耗和关断损耗的测量误差分别为 $\delta'_{on}=-2.3\%$ 和 $\delta'_{off}=3.2\%$。因此,根据表 10.4,由延迟时间引起的开关损耗测量误差分别为 $\delta''_{on}=\delta_{on}-\delta'_{on}=-15.5\%-(-2.3\%)=-13.2\%$ 和 $\delta''_{off}=\delta_{off}-\delta'_{off}=29\%-3.2\%=25.8\%$。

改变 SiC 器件的开关速度,采用有源差分电压探头 Cybertek DP6150B、电流探头 Pearson 2877 和 Lecroy CP030 的对比测试结果,如图 10.29 所示。测试工况为 $V_{dc}=600\,V$ 和 $I_L=26\,A$。被测器件的驱动电阻从 100Ω 减小到 0Ω,以调节器件的开关速度。随着器件开关时间的减小,探头 Lecroy CP030 的延迟时间严重降低了开关损耗的测量精度。

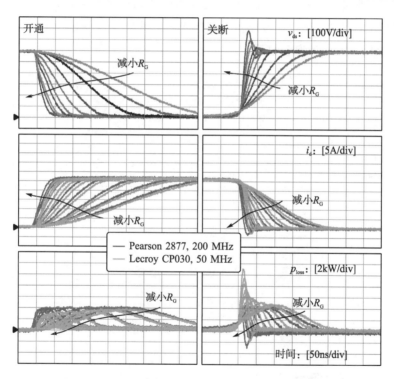

图 10.29　器件开关速度对电流探头测试结果的影响

根据图 10.29,计算开关损耗的测量误差,并基于 Deskew 功能,分离由上升时间和延迟时间引起的测量误差,得到计算结果,如图 10.30 所示。同时,根据理论模型,预测不同开关速度下的测量误差。可见,测量误差随着器件开关速度的增加而增加。同时,电流探头的低带宽和长延迟,增加了器件开关损耗的测量误差。此外,考虑带宽 50MHz 和延迟时间 10ns 的电流探头 Lecroy CP030,实验的测试结果和模型的预测结果吻合较好,验证了理论模型的有效性。

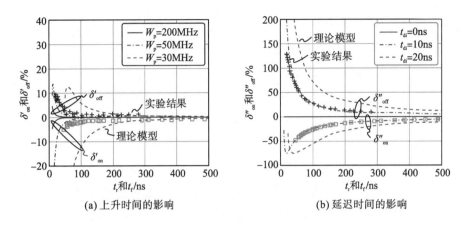

(a) 上升时间的影响   (b) 延迟时间的影响

图 10.30   电流探头导致测量误差的理论和实验对比

考虑不同有源差分电压探头的影响，对比带宽 200MHz 的探头 Cybertek DP6150B 和带宽 120MHz 的探头 Lecroy HVD3106，实验结果如图 10.31 所示。采用电流探头 Pearson 2877 测量的漏极电流作为参考波形。

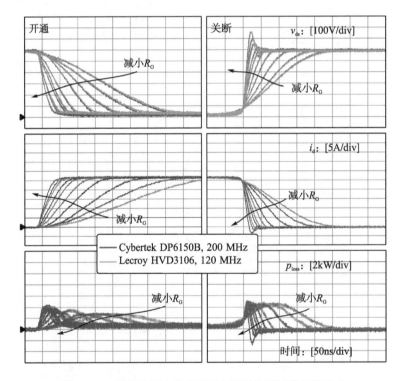

图 10.31   器件开关速度对不同电压探头测试结果的影响

根据图 10.31，可以计算并分离上升时间和延迟时间引起的测量误差，如图 10.32 所示。可见，器件开关速度越快，测量误差越大。实验结果和理论模型吻合较好，进一步验证了模型的有效性。

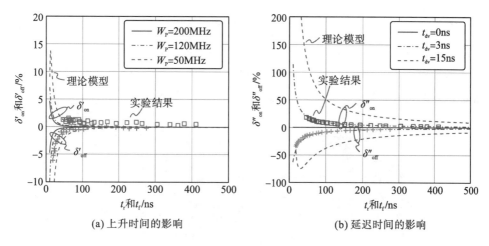

(a) 上升时间的影响   (b) 延迟时间的影响

图 10.32   电流探头导致测量误差的理论和实验对比

根据理论模型,图 10.33 进一步表征了测量仪器对 SiC 器件开关损耗测量的不确定性。边界 1 由带宽 50MHz 和延迟 10ns 的电流探头 Lecroy CP030 确定,边界 2 由 120MHz 带宽和延迟 3ns 的有源差分探头 Cybertek HVD3106 确定。这两个边界表征了测量结果的可能范围,因此它们同样也表征了测量的不确定性。随着器件开关速度的提升和开关时间的缩短,测量的不确定性也急剧增加。对于 Si IGBT 器件,其开关时间通常为几个微秒,由探头引起的测量误差非常小。然而,对于 SiC MOSFET 器件,其开关时间仅为几十纳秒,探头带宽和延迟时间对开关损耗的精确测量影响较大。因此,对于 SiC MOSFET 器件的测量,应该正确地选择测量仪器的带宽,减小测量通道的延迟,提高测量的准确性,才能得到有价值的结论。

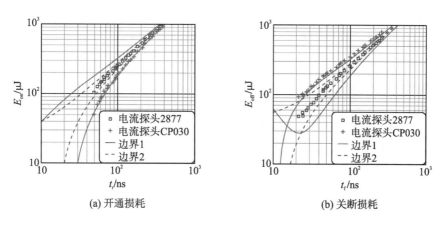

(a) 开通损耗   (b) 关断损耗

图 10.33   探头对开关损耗测量精度的影响规律

10.3   测量的稳定性

现场经验表明,测量探头会影响 SiC MOSFET 的暂态稳定性[11, 12]。探头接地回路和衰减回路所引入的寄生参数，会干扰测试电路的正常工作，其基本原理如图 10.34 所示。被测电路可以等效为电压源 v_{in} 和阻抗 Z_o，探头接地回路的寄生电感和电容分别为 L_{GND} 和 C_{GND}，探头的输入电阻和电容分别为 R_{in} 和 C_{in}，电缆的电容为 C_{cable}。这些阻抗将形成复杂的 LC 谐振网络，电压阶跃扰动可能激发系统的失稳模态。

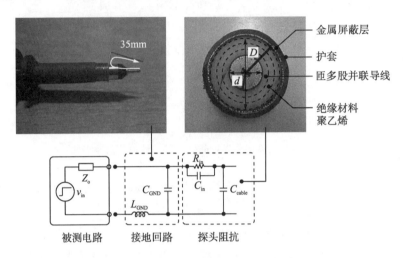

图 10.34   探头干扰测试电路的基本原理

接地回路的寄生参数可表示为

$$\begin{cases} L_{GND} = \dfrac{\mu_0 l_{GND}}{2\pi}\left(\ln\dfrac{2l_{GND}}{d_{GND}} - 1 \right) \\ C_{GND} = \dfrac{2\pi\varepsilon_0 l_{GND}}{\Lambda}\left\{ 1 + \dfrac{1}{\Lambda}(1 - \ln 2) + \dfrac{1}{\Lambda^2}\left[1 + (1 - \ln 2)^2 - \dfrac{\pi^2}{12} \right] \right\} \end{cases} \tag{10.51}$$

式中，l_{GND} 和 d_{GND} 分别为接地线的长度和直径；变量 Λ 定义为 $\Lambda = \ln(l/d)$；ε_0 为真空介电常数。

电缆的寄生电容可表示为

$$C_{cable} = \frac{2\pi\varepsilon}{\ln(D_{cable}/d_{cable})} = \frac{2\pi\varepsilon_0\varepsilon_r}{\ln(D_{cable}/d_{cable})} \tag{10.52}$$

式中，$\varepsilon_r = 2.25$ 为聚乙烯绝缘材料的相对介电常数；D_{cable} 和 d_{cable} 分别为电缆的外径和铜芯直径。

在电感钳位双脉冲测试中，SiC MOSFET 的稳定和不稳定开关过程如图 10.35 (a) 和 (b) 所示。所用的对比测试条件分别为：①对于稳定模式，采用无源探头 PP026，带宽 500MHz，输入电容 10pF，且采用短接地回路；②对于不稳定模式，采用无源探头 10071A，带宽 150MHz，输入电容 15pF，且采用长接地回路。所有其他测试条件均相同，因此不稳定模式仅由探头引起，与其他参数无关。

对于接地线直径 $d_{GND} = 0.8\,\text{mm}$，考虑长接地回路，$l_{GND} = 165\,\text{mm}$，根据式 (10.51)，

有：$L_{GND}=165\,\mathrm{nH}$ 和 $C_{GND}=3.2\,\mathrm{pF}$。考虑短接地回路，$l_{GND}=35\,\mathrm{mm}$，可知：$L_{GND}=24\,\mathrm{nH}$ 和 $C_{GND}=0.9\,\mathrm{pF}$。可见，不同接地回路长度对寄生电感的影响较大，接地回路的寄生电容非常小，可以忽略不计。探头接地回路对测试稳定性的影响，主要与接地线的长度有关。

如图 10.35(b) 所示，由于低带宽的探头和较长的接地回路，探头寄生参数激发测试系统的不稳定振荡模式，并损坏 SiC MOSFET。可见，探头引入的寄生参数改变了测试电路的阻抗，并改变了 SiC 器件的开关轨迹。不正确的探头应用，会导致严重的测量不稳定，甚至器件损坏。

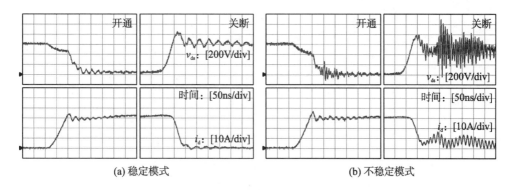

(a) 稳定模式　　　　　　　　　　　　　　(b) 不稳定模式

图 10.35　探头寄生参数对 SiC MOSFET 开关过程的影响

为了分析探头对 SiC 器件暂态稳定的影响机制，需要建立探头的数学模型和电路模型，揭示器件和探头的交互作用机理，阐明多因素影响下的稳定性规律。

10.3.1　器件和仪器的阻抗模型

1. SiC MOSFET 器件的阻抗模型

SiC MOSFET 可以等效为压控电流源，如图 10.36(a) 所示，R_g 为芯片内部的栅极电阻。SiC MOSFET 的开关轨迹如图 10.36(b) 所示，变量如表 10.5 所示。

SiC MOSFET 的漏极电流可表示为

$$i_{d}=\begin{cases}0, & 0\leqslant v_{gs}<V_{th}\\ g_{f}(v_{gs}-V_{th}), & V_{th}\leqslant v_{gs}\leqslant V_{C}\end{cases}\tag{10.53}$$

式中，V_{th} 为阈值电压；g_{f} 为跨导[13]。栅-源电压 v_{gs} 可表示为

$$v_{gs}=\begin{cases}G_{gs}(s)v_{G}, & v_{gs}<V_{mp}\ \text{或}\ v_{ds}\geqslant V_{on}\\ V_{mp}, & \text{其他}\end{cases}\tag{10.54}$$

式中，V_{mp} 为米勒平台电压；$V_{on}=R_{ds,on}I_{L}$，为器件的导通电压；I_{L} 为稳态负荷电流。根据图 10.36，从 v_{G} 到 v_{gs} 的传递函数模型可以表示为

$$G_{gs}(s)=\frac{v_{gs}}{v_{G}}=\frac{1}{(L_{g}+L_{cs})C_{gs}s^{2}+(R_{g}+R_{G}+R_{cs})C_{gs}s+1}\tag{10.55}$$

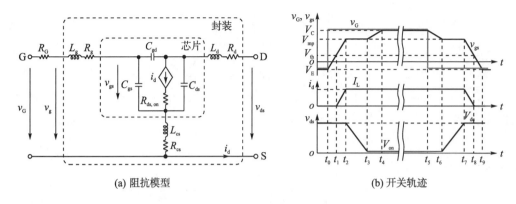

(a) 阻抗模型   (b) 开关轨迹

图 10.36   SiC MOSFET 的模型

表 10.5   SiC MOSFET 器件的模型变量

变量	描述
L_g	栅极的寄生电感
R_G, R_g	外部和内部的栅极电阻
L_d, R_d	漏极的寄生电感和电阻
L_{cs}, R_{cs}	共源极的寄生电感和电阻
C_{gs}, C_{gd}, C_{ds}	栅–源电容、栅–漏电容、漏–源电容
$R_{ds,on}$	导通电阻
v_{gs}	C_{gs} 上的电压
v_G	驱动提供的栅极电压
V_C 和 V_E	v_G 的最大和最小电压

以 Wolfspeed 的 SiC MOSFET 器件 C2M0080120D 为例，根据其数据手册，式(10.55) 的参数如表 10.6 所示。寄生电阻 R_d 和 R_{cs} 足够小，可以忽略不计。

表 10.6   SiC MOSFET 器件的典型参数

变量	V_{th}	g_f	C_{gs}	L_d	L_g	L_{cs}	R_G	R_g	V_C	V_E
取值	2.6V	8.1S	950pF	5.9nH	9.2nH	7.5nH	5Ω	4.6Ω	20	−5V

2. 高阻无源电压探头的阻抗建模

高阻无源电压探头一般用于测量 v_{gs}，其最大输入电压通常为 400V。常用高阻无源电压探头的电路模型如图 10.37 所示[14]，L_p 和 L_n 为测试点和接地线的寄生电感，R_{in} 和 C_{in} 为探头的输入电阻和电容，C_{cable} 为同轴电缆的寄生电容，R_{comp} 和 C_{comp} 为补偿器的电阻和电容，R_{scope} 和 C_{scope} 为示波器的输入电阻和电容。

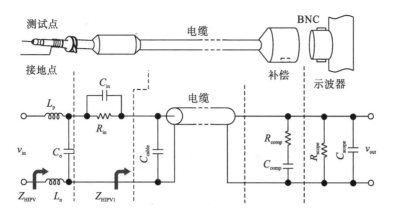

图 10.37　高阻无源电压探头的电路模型

根据图 10.37，电缆、补偿器和示波器的等效阻抗可以表示为

$$Z_{HIPV1} = \cfrac{1}{sC_{cable} + \cfrac{sC_{comp}}{sC_{comp} + R_{comp}} + \cfrac{1}{R_{scope}} + sC_{scope}} = \frac{b_1 s + b_0}{a_2 s^2 + a_1 s + 1} \tag{10.56}$$

式中，

$$\begin{cases} a_2 = R_{scope} R_{comp} (C_{cable} + C_{scope}) C_{comp} \\ a_1 = R_{scope} (C_{cable} + C_{comp} + C_{scope}) + R_{comp} C_{comp} \\ b_1 = R_{scope} R_{comp} C_{comp} \\ b_0 = R_{scope} \end{cases} \tag{10.57}$$

因此，探头的输入阻抗可表述为

$$Z_{HIPV2} = (L_p + L_n)s + \frac{R_{in}}{R_{in} C_{in} s + 1} + Z_{HIPV1} \tag{10.58}$$

忽略非常小的寄生参数，式(10.58)可以化简为

$$Z_{HIPV} = (L_p + L_n)s + \frac{R_{in} + R_{scope}}{(R_{in} + R_{scope}) C_{in} s + 1} \tag{10.59}$$

从电压 v_{in} 到 v_{out} 的传递函数，可以表示为

$$G_{HIPV}(s) = \frac{v_{out}}{v_{in}} = \frac{Z_{HIPV1}}{Z_{HIPV2}} \tag{10.60}$$

以 Lecroy 公司的高阻无源电压探头 PP026 和示波器 715Zi 为例，根据其数据手册，表 10.7 给出了探头和示波器的模型参数。根据式(10.59)和式(10.60)，考虑 L_n 和 C_{in} 的影响，可以得到探头的频域特性，如图 10.38 和图 10.39 所示。

表 10.7　高阻无源电压探头和示波器的典型参数

变量	L_p	L_n	C_{cable}	R_{in}	C_{in}	R_{comp}	C_{comp}	R_{scope}	C_{scope}
取值	10nH	10nH	120pF	9MΩ	10pF	500Ω	20pF	1MΩ	16pF

根据图 10.38，高阻无源电压探头的带宽高于 100MHz，输入阻抗在低频段、中频段和高频段分别呈现为电阻、电容和电感。通常，SiC 器件的开关振荡频率为 20～40MHz。在该频率范围内，探头的阻抗较小，对 SiC 器件的影响不能忽略。探头在测量电路中插入的阻抗，可能会影响 SiC 器件的暂态稳定。

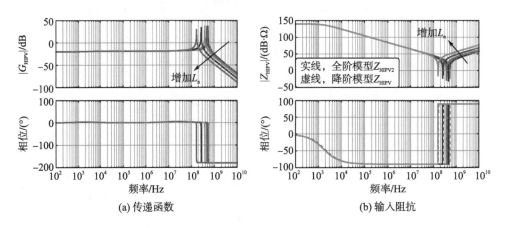

图 10.38　L_n 对高阻无源电压探头的影响

此外，高阻无源电压探头的截止频率随着寄生电感的增大而降低，这将降低探头的带宽，并影响 SiC 器件的暂态特性。对于 SiC 器件，增大探头的带宽和高频阻抗，减小探头的寄生电感，对于精确和稳定的测量非常有效。此外，图 10.38 还表明：简化的阻抗模型 Z_{HIPV} 足以表征全阶模型 Z_{HIPV2} 的频域特性。

根据图 10.39，输入电容 C_{in} 会影响 G_{HIPV}，减小探头的带宽，并降低测量的准确性。此外，探头的输入阻抗也与 C_{in} 有关，C_{in} 越大，输入阻抗越小，可能会破坏 SiC 器件的暂态稳定。

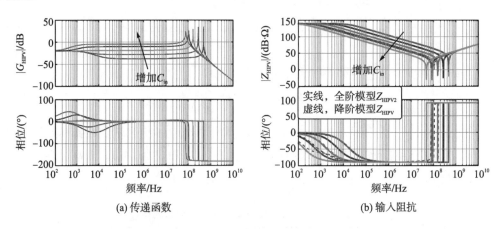

图 10.39　C_{in} 对高阻无源电压探头的影响

3. 有源差分电压探头的阻抗建模

当 v_{ds} 大于 300V，或有电气隔离要求时，需要使用有源差分电压探头，其电路模型，如图 10.40 所示。通常，参数满足 $L_p = L_n$、$R_1 = R_2$、$R_3 = R_4$、$R_5 = R_6$、$R_7 = R_8$、$R_9 = R_{10}$。以 Lecroy 公司的探头 HVD3106 为例，根据其数据手册，可以得到模型参数，如表 10.8 所示。

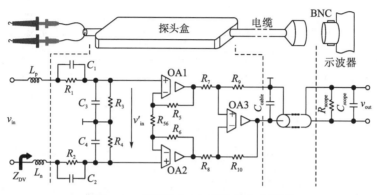

图 10.40　有源差分电压探头的电路模型

表 10.8　有源差分电压探头的典型参数

变量	L_p	L_n	R_1	C_1	R_3	C_3	R_{56}	R_5	R_7	R_9
取值	15nH	15nH	5MΩ	5pF	100kΩ	250pF	100kΩ	470Ω	470Ω	470Ω

根据图 10.40，从测量输入电压 v_{in} 到隔离运算放大器 (operation amplifier, OA) 的输入电压 v'_{in} 之间的传递函数，为

$$G_{DV1}(s) = \frac{v'_{in}}{v_{in}} = \frac{B_1 s + B_0}{A_3 s^3 + A_2 s^2 + A_1 s + A_0} \tag{10.61}$$

式中，

$$\begin{cases} A_3 = R_1 R_3 (L_p + L_n) C_1 C_3 \\ A_2 = (R_1 C_1 + R_3 C_3)(L_p + L_n) \\ A_1 = (L_p + L_n + 2R_3 R_1 C_1 + 2R_1 R_3 C_3) \\ A_0 = 2R_1 + 2R_3 \\ B_1 = 2R_3 R_1 C_1 \\ B_0 = 2R_3 \end{cases} \tag{10.62}$$

从 v'_{in} 到输出电压 v_{out} 的传递函数，为

$$G_{DV2}(s) = \frac{v_{out}}{v'_{in}} = \frac{R_9}{R_7}\left(1 + \frac{R_5}{R_{56}} + \frac{R_6}{R_{56}}\right) \tag{10.63}$$

因此，探头的传递函数，可以表示为

$$G_{DV}(s) = \frac{v_{out}}{v_{in}} = G_{DV1}(s) G_{DV2}(s) \tag{10.64}$$

根据图 10.40，可知探头的输入阻抗，为

$$Z_{DV1} = (L_p + L_n)s + 2\frac{R_1}{R_1 C_1 s + 1} + 2\frac{R_3}{R_3 C_3 s + 1} \tag{10.65}$$

由于 $R_1 \gg R_3$、$R_1 C_1 \approx R_3 C_3$，Z_{DV1} 中的第三项可以忽略。因此，有

$$Z_{DV} = (L_p + L_n)s + 2\frac{R_1}{R_1 C_1 s + 1} \tag{10.66}$$

考虑 L_p 和 C_1 的影响，根据式 (10.61)～式 (10.66) 所示模型，以及表 10.8 所示参数，可以得到有源差分电压探头的传递函数和输入阻抗，如图 10.41 和图 10.42 所示。

根据图 10.41，有源差分电压探头的带宽接近 100MHz，长的测量回路会增大寄生电感 L_n，降低测量带宽，并增加高频阻抗。此外，简化的阻抗模型 Z_{DV} 可以精确地表征全阶的阻抗模型 Z_{DV1}。

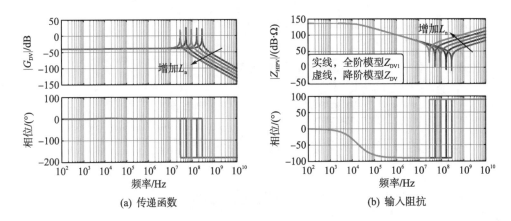

(a) 传递函数   (b) 输入阻抗

图 10.41 L_n 对有源差分电压探头的影响

如图 10.42 所示，C_1 越大，DV 探头的低频增益越高，高频阻抗越小，测量误差越大，且探头无法与测试电路解耦。此外，DV 探头的阻抗在 20～40 MHz 频率范围内较低，可能会影响 SiC 器件的暂态稳定。

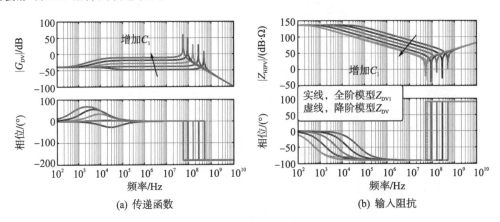

(a) 传递函数   (b) 输入阻抗

图 10.42 C_1 对有源差分电压探头的影响

4. 电流探头的阻抗建模

电流探头用于测量 SiC 器件的高频电流，通常采用霍尔传感器或罗氏线圈，它们具有类似的电路模型，如图 10.43 所示。M 是线圈的互感，C_c 和 C_p 是线圈的寄生电容，L_c 和 R_c 是线圈的自感和寄生电阻，R_d 为阻尼电阻，用于抑制线圈寄生参数的谐振，R_o 和 C_o 是无源积分电阻和电容，R_i 和 C_i 是有源积分电阻和电容。通常，有源和无源积分电路满足 $R_oC_o=R_iC_i$。电路参数选择为 $R_o=R_i$ 和 $C_o=C_i$。

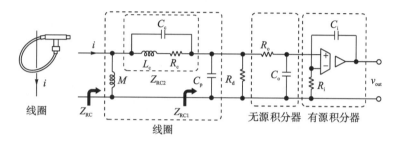

图 10.43　电流探头的电路模型

图 10.44 进一步给出了罗氏线圈的寄生参数模型，n 为线圈的匝数。

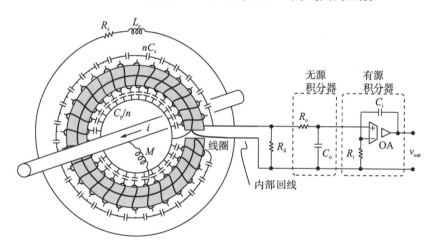

图 10.44　罗氏线圈的寄生参数模型

根据图 10.45 所示的线圈结构，可以计算 M 和 L_c 为[15-18]

$$M = \frac{1}{2}\mu_0 n\left(\sqrt{a}-\sqrt{b}\right)^2 \tag{10.67}$$

$$L_c = \frac{1}{2\pi}\mu_0 n^2 D \log\frac{b}{a} \tag{10.68}$$

式中，a 和 b 分别为线圈的外径和内径；D 为线圈直径。以某罗氏线圈为例，若 $n=2000$、$a=30\text{mm}$、$b=31\text{mm}$、$D=1\text{mm}$，计算得到 $M=10\text{ nH}$ 和 $L_c=26\,\mu\text{H}$。

　　线圈的寄生电阻可以表示为

$$R_c = \frac{\rho l_w}{\pi (d/2)^2}$$ (10.69)

式中，ρ 为线圈材料的电阻率，$\Omega \cdot m$；$l_w = n\pi D$ 为线圈导线的长度，D 为线圈的直径。d 为线圈导线的直径。若线圈的导线为铜线，且电阻率为 $\rho = 1.72 \times 10^{-8} \Omega \cdot m$、直径为 $d = 0.1mm$。根据式(10.69)，计算得到线圈的电阻为 4.4 Ω。

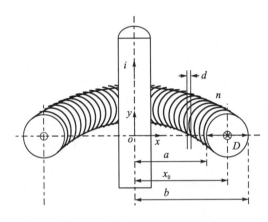

图 10.45　罗氏线圈的界面尺寸

　　线圈的寄生电容可以表示为[15-17]

$$C_c = \frac{\pi \varepsilon_0 l_w}{n} \left[\frac{\pi(a+b)}{nd} + \sqrt{\frac{\pi(a+b)^2}{nd-1}} \right]$$ (10.70)

$$C_p = \frac{2\pi^2 \varepsilon_0 (a+b)}{\ln[(a+b)/2] - \ln[(b-a)/2]}$$ (10.71)

　　基于线圈的尺寸，根据式(10.70)和式(10.71)，线圈的寄生电容可以计算为 $C_c = 0.09pF$ 和 $C_p = 2.6pF$。

　　为了抑制 L_c 和 C_p 可能形成的 LC 谐振，所选的阻尼电阻为

$$R_d = \frac{1}{2\xi} \sqrt{\frac{L_c}{C_p}}$$ (10.72)

　　考虑最优阻尼比 $\xi = 0.707$，阻尼电阻可以计算为 $R_d = 2k\Omega$。

　　对于积分器，根据图 10.43，积分器决定电流探头的低频带宽，可以表示为

$$f_{low} = R_o C_o$$ (10.73)

　　此外，R_o 连接到运放的负极性端。为了限制运放的输入电流，选择 $R_o = 100k\Omega$。若要求电流探头的低频带宽为 10Hz，积分器的电容可以计算为 $C_o = 100\mu F$。

　　根据式(10.67)～式(10.71)，探头的寄生参数决定于线圈的尺寸和匝数，其影响规律如图 10.46 所示。可见，电流探头的量程越大，线圈的尺寸也越大，探头的寄生参数也越大。因此，为了适应 SiC MOSFET 器件的开关动态测量，电流探头的带宽要求高达数十

兆赫，电流探头的尺寸应该尽可能小，以减小探头寄生参数对测量回路的影响。

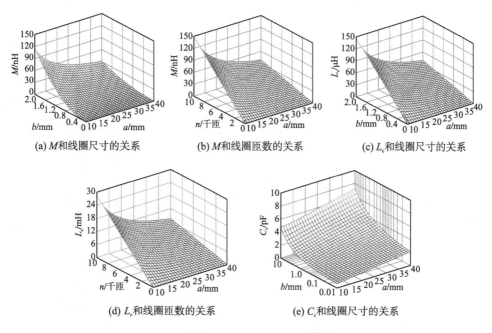

(a) M 和线圈尺寸的关系　　　(b) M 和线圈匝数的关系　　　(c) L_c 和线圈尺寸的关系

(d) L_c 和线圈匝数的关系　　　(e) C_c 和线圈尺寸的关系

图 10.46　线圈寄生参数的影响规律

根据图 10.43，等效阻抗 Z_{RC1} 和 Z_{RC2} 为

$$Z_{RC1} = \cfrac{1}{C_p s + \cfrac{1}{R_o} + \cfrac{C_i s}{R_i C_i s + 1}} \tag{10.74}$$

$$Z_{RC2} = \cfrac{1}{C_c s + \cfrac{1}{L_c s + R_c}} \tag{10.75}$$

输入阻抗可以表述为

$$Z_{RC3} = \frac{(Z_{RC1} + Z_{RC2})Ms}{Ms + Z_{RC1} + Z_{RC2}} \tag{10.76}$$

忽略非常小的寄生参数，式(10.76)可以化简为

$$Z_{RC} = \frac{Ms}{MC_c s^2 + 1} \tag{10.77}$$

从测量电流 i 到输出电压 v_{out} 的传递函数可表示为

$$G_{RC}(s) = \frac{i}{v_{out}} = Ms \frac{Z_{RC1}}{Z_{RC1} + Z_{RC2}} \frac{1}{R_i C_i s + 1} \tag{10.78}$$

以 Lecroy 公司的电流探头 CP030 为例，根据其数据手册，可以得到典型电流探头的参数，如表 10.9 所示。根据式(10.77)和式(10.78)，图 10.47 和图 10.48 给出了 M 和 C_c 对探头的影响。

表 10.9　罗氏线圈的典型参数

变量	M	L_c	R_c	C_c	C_p	R_o	R_i	C_i
取值	10nH	26μH	4Ω	0.09pF	2.6pF	0.1MΩ	0.1MΩ	100μF

根据图 10.47，电流探头的带宽接近于 10MHz。传输特性 $G_{RC}(s)$ 和输入阻抗 Z_{RC3} 的增益随着互感 M 增大而增大。在低频段，电流探头的输入阻抗由互感 M 决定。在高频段，输入阻抗由 C_c 决定。此外，简化的阻抗模型 Z_{RC} 具有足够高的精确，可以用于表征电流探头的阻抗。

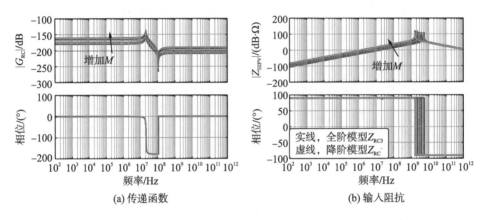

图 10.47　M 对电流探头的影响

图 10.48 给出了 C_c 对电流探头性能的影响。C_c 越大，G_{RC} 的高频增益越大，不利于高频噪声抑制。此外，C_c 越大，Z_{RC} 的高频阻抗越低，这可能会干扰 SiC 器件的暂态特性。

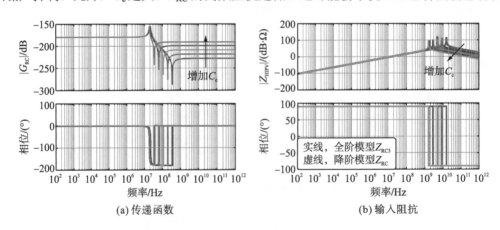

图 10.48　C_c 对电流探头的影响

10.3.2　器件和仪器的耦合模型

根据前述 SiC 器件和探头的阻抗模型，图 10.1 所示双脉冲测试电路可以扩展为如

图 10.49（a）所示。L_{loop} 为功率回路中的寄生电感，C_{loop} 为负荷电感和续流二极管的寄生电容，R_{sn} 和 C_{sn} 分别为缓冲吸收电路的电阻和电容。

为了分析探头对 SiC 器件暂态稳定的影响，探头分别用阻抗 Z_{HIPV}、Z_{DV} 和 Z_{RC} 代替。因此，图 10.49（a）的模型可以简化为图 10.49（b）所示的等效电路。

采用小信号模型分析方法，图 10.49（b）中的等效电路可以进一步简化为图 10.49（c）所示电路，其中 Y 形连接的阻抗可以表示为

$$\begin{cases} Z_1 = Z_{\text{g}} + Z_{\text{HIPV}}R_{\text{G}}/(Z_{\text{HIPV}} + R_{\text{G}}) \\ Z_2 = Z_{\text{cs}} \\ Z_3 = Z_{\text{d}} + Z'_{\text{DV}}(Z_{\text{Loop}} + Z_{\text{RC}})/(Z_{\text{Loop}} + Z'_{\text{DV}} + Z_{\text{RC}}) \end{cases} \tag{10.79}$$

式中，

$$\begin{cases} Z_{\text{g}} = L_{\text{g}}s + R_{\text{g}} \\ Z_{\text{d}} = L_{\text{d}}s + R_{\text{d}} \\ Z_{\text{cs}} = L_{\text{cs}}s + R_{\text{cs}} \\ Z'_{\text{DV}} = Z_{\text{DV}}Z_{\text{sn}}/(Z_{\text{DV}} + Z_{\text{sn}}) \\ Z_{\text{sn}} = R_{\text{sn}} + 1/(C_{\text{sn}}s) \\ Z_{\text{loop}} = L_{\text{loop}}s + 1/(C_{\text{loop}}s) \end{cases} \tag{10.80}$$

Y 形连接的阻抗可以变换为 △ 连接，如图 10.49（d）所示，有

$$\begin{cases} Z_{\text{GS}} = (Z_1Z_2 + Z_1Z_3 + Z_2Z_3)/Z_3 \\ Z_{\text{GD}} = (Z_1Z_2 + Z_1Z_3 + Z_2Z_3)/Z_2 \\ Z_{\text{DS}} = (Z_1Z_2 + Z_1Z_3 + Z_2Z_3)/Z_1 \end{cases} \tag{10.81}$$

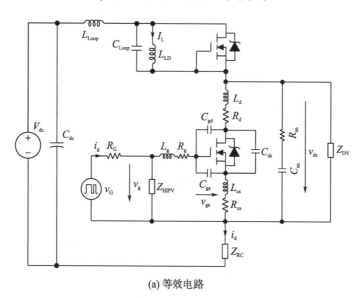

(a) 等效电路

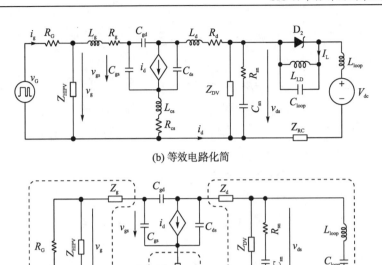

(b) 等效电路化简

(c) 小信号电路模型

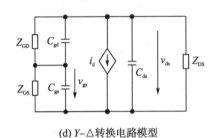

(d) Y–△转换电路模型

图 10.49　基于阻抗的 SiC 器件和探头交互模型

从 i_d 到 v_{gs} 的传递函数模型可以表示为

$$v_{gs} = F(s)i_d = -\frac{Z'_{DS}}{Z'_{GD} + Z'_{GS} + Z'_{DS}} Z'_{GS} i_d \tag{10.82}$$

式中，$F(s)$ 是反馈路径的增益，并联器件结电容后的阻抗为

$$\begin{cases} Z'_{GS} = Z_{GS}/(C_{GS}sZ_{GS} + 1) \\ Z'_{GD} = Z_{GD}/(C_{GD}sZ_{GD} + 1) \\ Z'_{DS} = Z_{DS}/(C_{DS}sZ_{DS} + 1) \end{cases} \tag{10.83}$$

根据图 10.50 所示的框图，探头对 SiC 器件的影响可表示为

$$i_d = G(s) = \frac{A(s)}{1 - A(s)F(s)} = \frac{g_f(Z'_{GD} + Z'_{GS} + Z'_{DS})}{Z'_{GD} + Z'_{GS} + Z'_{DS} - g_f Z'_{GS} Z'_{DS}} v_g \tag{10.84}$$

式中，$A(s)$ 为前向路径的增益[18]，根据式 (10.53)，有

$$A(s) = \frac{\partial i_d}{\partial v_{gs}} = g_f \tag{10.85}$$

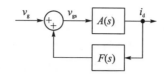

图 10.50　SiC 器件和探头交互的框图模型

为了分析探头对 SiC 器件稳定性的影响规律，式(10.84)的特征方程可以表示为

$$\Delta = \prod_i (s - p_i) = 0 \tag{10.86}$$

对于任意一个极点 p_i，有

$$p_i = \sigma_i + \mathrm{j}\omega_i \tag{10.87}$$

式中，σ_i 和 ω_i 分别为极点的实部和虚部。阻尼比 ξ_i 可以定义为

$$\xi_i = -\frac{\sigma_i}{\sqrt{\sigma_i^2 + \omega_i^2}} = -\frac{\sigma_i}{\omega_{\mathrm{d}i}} \tag{10.88}$$

式中，ω_i 和 $\omega_{\mathrm{d}i}$ 为固有谐振频率和阻尼谐振频率。极点 σ_i 的实部决定了系统的稳定性，正 σ_i 表示负阻尼和不稳定模式，远离虚轴的负 σ_i 意味着正阻尼和稳定模式。

10.3.3　器件和仪器的交互规律

根据前述分析，可以得到式(10.84)所示闭环模型的极点，如图 10.51 所示。测试电路存在两对靠近虚轴的共轭极点，谐振频率分别约为 283MHz 和 285MHz，阻尼比分别约为 4.6×10^{-3} 和 3.6×10^{-3}。此外，测试电路有一对靠近实轴的极点，其谐振频率和阻尼比分别为 24MHz 和 0.38。受到测量探头的影响，这些极点可能会穿过虚轴移动到不稳定区，从而导致 SiC 器件的暂态不稳定。

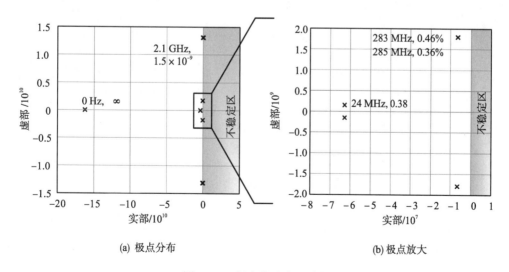

(a) 极点分布　　　　　　　　　　　　　　(b) 极点放大

图 10.51　极点的分布和放大

对于高阻无源电压探头，图 10.52 给出了寄生参数 C_{in} 和 L_n 的影响，C_{in} 越大，越不利于 SiC 器件的暂态稳定。当 $C_{in} > 47\text{pF}$ 时，出现不稳定模式。此外，长的接地回路，导致 L_n 较大，驱使两对共轭极点靠近虚轴，降低阻尼比和稳定裕度。

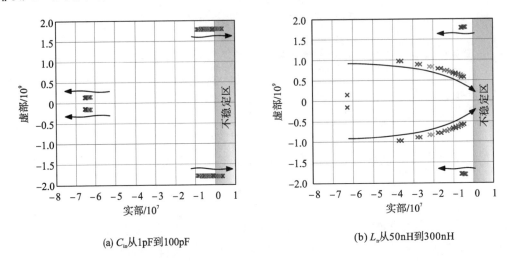

(a) C_{in} 从1pF到100pF   (b) L_n 从50nH到300nH

图 10.52   高阻无源电压探头寄生参数对 SiC 器件稳定性的影响

对于有源差分电压探头，图 10.53 给出了 C_1 和 L_n 的影响。低的探头带宽和长的测试环路，将增大 C_1 和 L_n，驱使一对极点靠近虚轴，减小阻尼比，降低测量系统的稳定性。

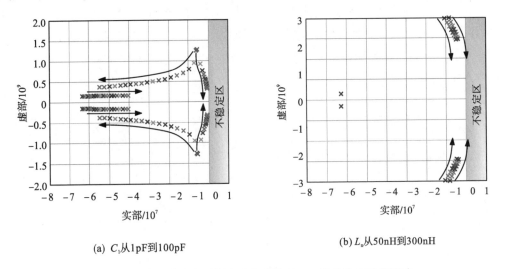

(a) C_1 从1pF到100pF   (b) L_n 从50nH到300nH

图 10.53   有源差分电压探头寄生参数对 SiC 器件稳定性的影响

对于电流探头，图 10.54 展示了 M 和 C_c 的影响。互感 M 几乎不降低 SiC 器件的暂态稳定性。然而，当 C_c 为 5pF 至 20pF 时，电流探头的电容可能会导致测量系统不稳定。

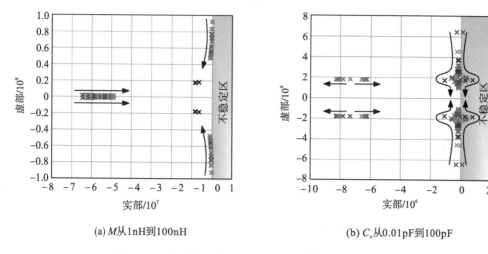

(a) M从1nH到100nH　　　　　　(b) C_c从0.01pF到100pF

图 10.54　电流探头寄生参数对 SiC 器件稳定性的影响

对于功率回路寄生参数的影响，如图 10.55 所示。功率回路的寄生参数会驱使一对极点靠近虚轴，在有其他干扰的情况下，很容易发生不稳定。

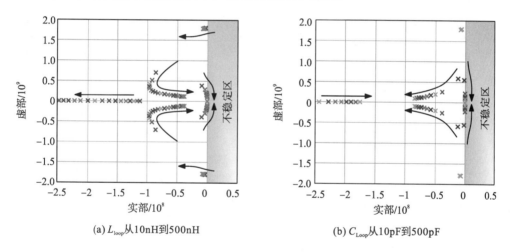

(a) L_{loop}从10nH到500nH　　　　　　(b) C_{Loop}从10pF到500pF

图 10.55　功率回路寄生参数对 SiC 器件稳定性的影响

对于器件参数的影响，如图 10.56 所示。通常，器件的输入阻抗呈容性，较大的器件寄生电容，使系统的极点靠近虚轴，减小振荡频率对应的阻尼比，不利于系统稳定。

如图 10.57(a)所示，使用较大的栅极电阻，可以提高测试系统的稳定性。图 10.57(a)中，R_G 从 1Ω 至 25Ω 变化。栅极回路的总电阻小于 7Ω 时，测试系统不稳定。此外，图 10.57(b)展示了缓冲吸收电路对于提升系统稳定性的作用，其中：R_{sn} =10Ω 和 C_{sn}= 220pF。对比图 10.57(a)和图 10.57(b)，可以发现：缓冲电路能重塑测试电路的阻抗，影响器件和探头的交互作用，消除由栅极电阻过小引起的不稳定极点。

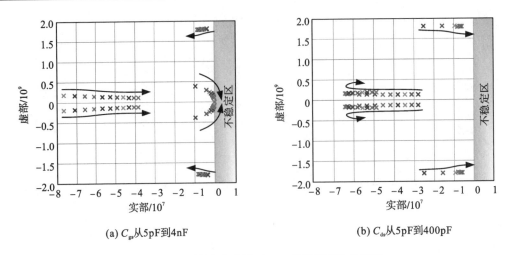

(a) C_{gs} 从5pF到4nF   (b) C_{ds} 从5pF到400pF

图 10.56   器件寄生参数对 SiC 器件稳定性的影响

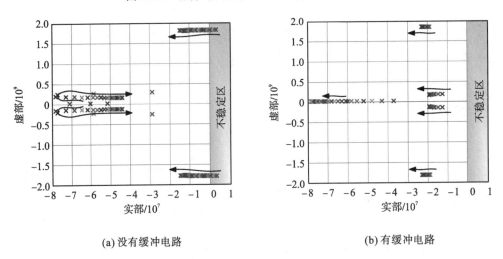

(a) 没有缓冲电路   (b) 有缓冲电路

图 10.57   栅极电阻对 SiC 器件稳定性的影响

10.3.4   实验结果

为了证实所提出的模型和方法，搭建了双脉冲测试平台，如图 10.58 所示。测试条件为 $V_{dc} = 600V$，$I_L = 15A$，$R_G = 10\Omega$，$V_C / V_E = 20 / -5V$。采用 Lecroy 的示波器 715Zi（带宽 1.5GHz，采样率 20GS/s）测量波形。本节针对高阻无源电压探头、有源差分电压探头、电流探头、栅极电阻和器件的影响，进行了详细的对比分析。

使用表 10.10 所示的不同高阻无源电压探头，SiC 器件的开关波形如图 10.59 所示。根据理论分析，高带宽的探头同时也表现出低输入电容。不同带宽的探头会影响 v_{gs} 的测量精度。但是，探头的带宽高于 150 MHz 时，探头对 i_d 和 v_{ds} 的耦合影响很小，可以忽略不计。

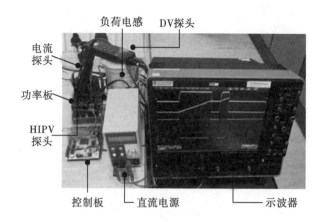

图 10.58　双脉冲实验平台

表 10.10　高阻无源电压探头的对比测试

制造商	探头	带宽/MHz	C_{in}/pF	阻抗/MΩ
Agilent	10071A	150	15	10
Tektronix	TPP0200	200	12	10
Lecroy	PP026	500	10	10

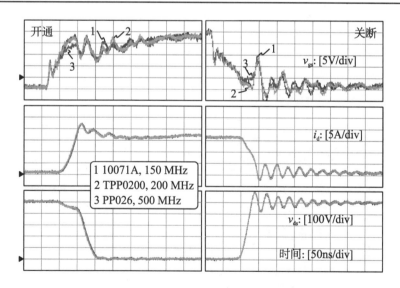

图 10.59　不同高阻无源电压探头的实验结果

　　考虑到有源差分电压探头对 SiC 器件暂态稳定的影响，对比不同的探头，如表 10.11 所示。输入电容 C_1 越小，探头的带宽越高。实验结果如图 10.60 所示，探头直接影响 v_{ds} 的测量精度。此外，使用具有不同带宽的探头，i_d 的延迟时间会发生改变。此外，v_{gs} 的暂态行为也受探头的干扰。

表 10.11   有源差分电压探头的对比测试

制造商	探头	带宽/MHz	C_1/pF	阻抗/MΩ
Pico	TA044	70	10	10
Lecroy	ADP305	100	7	4
Lecroy	HVD3106	120	5	5
Cybertek	DP6150B	200	4	5

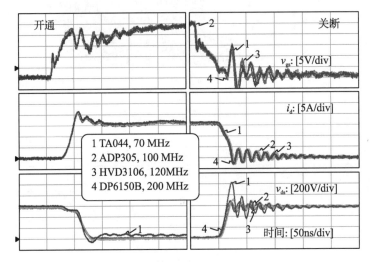

1 TA044, 70 MHz
2 ADP305, 100 MHz
3 HVD3106, 120MHz
4 DP6150B, 200 MHz

图 10.60   不同有源差分电压探头的实验结果

如表 10.12 中所示，对比不同电流探头的影响，实验结果如图 10.61 所示。电流探头直接侵扰 i_d 的测量，影响 di/dt、延迟时间、谐振频率等。此外，测量到的漏-源和栅-源电压也受电流探头寄生参数的耦合影响。

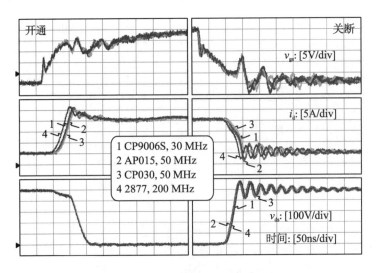

1 CP9006S, 30 MHz
2 AP015, 50 MHz
3 CP030, 50 MHz
4 2877, 200 MHz

图 10.61   不同电流探头的实验结果

表 10.12 电流探头的对比测试

制造商	原理	探头	带宽/MHz	上升时间/ns
Cybertek	罗氏线圈	CP9006S	30	–
Lecroy	霍尔效应	AP015	50	7
Lecroy	霍尔效应	CP030	50	7
Pearson	霍尔效应	2877	200	2

采用表 10.13 所示不同厂商的器件，对比器件寄生参数的影响，实验结果如图 10.62 所示。可以看出，具有较小 C_{gs} 的器件可以表现出更快的开关速度，这将降低器件和探头耦合系统的稳定性。相对于 Si IGBT 器件，SiC MOSFET 器件的暂态稳定性对探头寄生参数更加敏感。

表 10.13 功率器件的对比测试

型号	制造商	器件	额定电流/A	C_{gs}/pF
C2M0080120D	Wolfspeed	SiC MOSFET	36	950
SCH2080KE	Rohm	SiC MOSFET	40	1850
H1M120F060	Hestia	SiC MOSFET	41	1800
LSIC1MO120E0080	Littelfuse	SiC MOSFET	39	1825
IHW20N120R3	Infineon	Si IGBT	40	1503

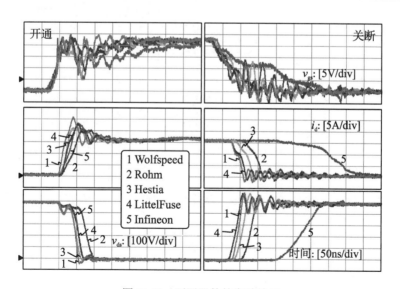

图 10.62 不同器件的实验结果

对于栅极电阻 R_G 对测量系统的影响，实验结果如图 10.63 所示。栅极电阻为 2.4～30Ω 时，使用大的栅极电阻 R_G 可以增加系统的阻尼比，提高系统的稳定性。

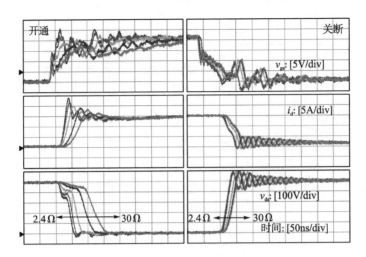

图 10.63   无缓冲吸收电路时不同栅极电阻的实验结果

当采用缓冲吸收电路 R_{sn} =10Ω 和 C_{sn} = 220pF 时，不同 R_G 对 SiC 器件开关轨迹的影响如图 10.64 所示。与图 10.63 进行对比，缓冲吸收电路能减小开关振荡和过冲，改善暂态稳定性。然而，缓冲吸收电路也降低了 di/dt 和 dv/dt，增加了器件的开关时间，增加了器件的开关损耗。因此，在暂态稳定性和开关损耗之间存在折中。

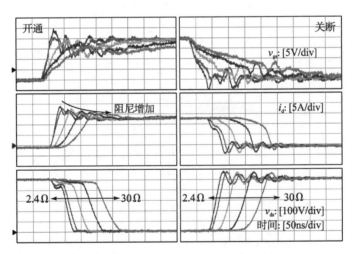

图 10.64   有缓冲吸收电路时不同栅极电阻的实验结果

10.4   本 章 小 结

SiC 器件的高速开关能力是一把双刃剑。一方面，SiC 器件的开关时间非常短，有助于降低开关损耗，提高器件的开关频率。另一方面，SiC 器件非常高的 di/dt 和 dv/dt，对测量仪器的带宽、阻抗要求较高，给 SiC 器件的精确稳定测量提出了严峻挑战。

本章介绍了测量通道的构成，建立了测量通道带宽、上升时间、延迟时间的数学模型，统计分析了测量仪器的性能。结果表明：测量仪器的带宽与上升时间成反比，延迟时间与带宽无关。测量通道的带宽、响应时间、延迟时间与探头和示波器的性能有关。高带宽、高精度的测量，面临高成本的问题。

　　为了提高 SiC 器件开关行为的测量精确性，评估了常用示波器的测量精度。结果表明：不同示波器之间、同一示波器的不同通道之间，均存在较大的分散性，最大测量误差甚至超过 45%。测量仪器的精确性和分散性是两个相互独立的变量。通常，在分散性一定的情况，选择带宽尽可能高的示波器，可以提高测量精度。此外，不同带宽、不同延迟时间的电压或电流探头，也会影响 SiC 器件测量的精度。其中，相对于带宽的影响，探头延迟时间对测量误差的影响更加突出。

　　为了提高 SiC 器件开关行为的测量稳定性，揭示了 SiC 器件和测量仪器的交互机理。建立了探头的数学模型和电路模型，分析了寄生参数对探头阻抗和带宽的影响规律。从阻抗的角度，构建了探头和器件之间交互作用的电路模型和数学模型。结果表明：探头的输入电容会降低探头的输入阻抗和带宽，并引起 SiC 器件的暂态失稳。探头测试点和接地线之间的寄生电感，也会降低了 SiC 器件的暂态稳定裕度。采用较大的栅极驱动电阻，可以提升 SiC 器件的暂态稳定性。此外，采用合适的缓冲吸收电路，也有利于提高 SiC 器件的暂态稳定性。与 Si 器件相比，SiC 器件的暂态稳定性对探头寄生参数更加敏感。

参 考 文 献

[1] Zeng Z, Zhang X, Miao L. Inaccuracy and instability: challenges of SiC MOSFET transient measurement intruded by probes[C]. IEEE International Conference on Power Electronics and ECCE Asia, 2019: 1-6.

[2] Grubmüller M, Schweighofer B, Wegleiter H. Development of a differential voltage probe for measurements in automotive electric drives[J]. IEEE Transactions on Industrial Electronics, 2017, 64(3): 2335-2343.

[3] Li K, Videt A, Idir N. Using current surface probe to measure the current of the fast power semiconductors[J]. IEEE Transactions on Power Electronics, 2015, 30(6): 2911-2917.

[4] Oyarbide E, Bernal C, Gaudó P M. New current measurement procedure using a conventional Rogowski transducer for the analysis of switching transients in transistors[J]. IEEE Transactions on Power Electronics, 2017, 32(4): 2490-2492.

[5] Sakairi H, Yanagi T, Otake H, et al. Measurement methodology for accurate modeling of SiC MOSFET switching behavior over wide voltage and current ranges[J]. IEEE Transactions on Power Electronics, 2018, 33(9): 7314-7325.

[6] Deboy G, Haeberlen O, Treu M. Perspective of loss mechanisms for silicon and wide band-gap power devices[J]. CPSS Transactions on Power Electronics and Applications, 2017, 2(2): 89-100.

[7] Mittermayer C, Steininger A. On the determination of dynamic errors for rise time measurement with an oscilloscope[J]. IEEE Transactions Instrument and Measurement, 1999, 48(6): 1103-1107.

[8] Laimer G, Kolar J W. Accurate measurement of the switching losses of ultra high switching speed CoolMOS power transistor/SiC diode combination employed in unity power factor[C]. IEEE International Exhibition and Conference for Power Electronics, Intelligent Motion, Renewable Energy and Energy Management, 2002: 1-8.

[9] Ammous K, Morel H, Ammous A. Analysis of power switching losses accounting probe modeling[J]. IEEE Transactions Instrument and Measurement, 2010, 59(12): 3218-3226.

[10] Tektronix. XYZs of oscilloscopes[EB/OL]. http://www.tek.com/document/primer/xyzs-oscilloscopes-primer, 2020.

[11] Zeng Z, Zhang X, Blaabjerg F, et al. Impedance-oriented transient instability modeling of SiC MOSFET intruded by measurement probes[J]. IEEE Transactions on Power Electronics, 2020, 35(2): 1866-1881.

[12] Tong C F, Nawawi A, Liu Y, et al. Challenges in switching waveforms measurement for a high-speed switching module[C]. IEEE Energy Conversion Congress and Exposition, 2015: 6175-6179.

[13] Baliga B J. Fundamentals of Power Semiconductor Devices[M]. USA, New York: Springer Press, 2008.

[14] Ammous K, Morel H, Ammous A. Inverse models of voltage and current probes[J]. IEEE Transactions on Instrumentation and Measurement, 2011, 60(12): 3898-3906.

[15] Rezaee M, Heydari H. Mutual inductances comparison in Rogowski coil with circular and rectangular cross-sections and its improvement[C]. IEEE Conference on Industrial Electronics and Applications, 2008: 1507-1511.

[16] Saetang P, Suksri A. The design and optimization of combined Rogowski coil based on printed circuit board[C]. MATEC International Conference on Manufacturing and Industrial Technologies, 2016: 1-4.

[17] Samimi M H, Mahari A, Farahnakian M A, et al. The Rogowski coil principles and applications: a review[J]. IEEE Sensors Journal, 2015, 15(2): 651-658.

[18] Wang K, Yang X, Li H, et al. A high-bandwidth integrated current measurement for detecting switching current of fast GaN devices[J]. IEEE Transactions on Power Electronics, 2018, 33(7): 6199-6210.

第11章 SiC分立器件在直流固态变压器中的应用

以直流固态变压器为例，本章介绍SiC分立器件的应用。首先，介绍直流固态变压器的技术需求和工作原理。然后，以焊料层疲劳寿命模型为基础，分析SiC分立器件的寿命模型。基于双有源桥电路的工作原理，建立直流固态变压器的损耗模型，以及分立SiC器件的热耦合模型。最后，基于配电网的年负荷曲线，评估直流固态变压器的寿命。

11.1 直流固态变压器的技术需求

11.1.1 直流固态变压器的概况

随着可再生能源的持续增长，电网对新能源接口的要求持续增加。得益于灵活高效的电能变换、极高的功率密度，固态变压器引起了广泛的关注[1]。

下面简要介绍固态变压器的发展历程。1970年，美国GE公司的McMurray W首次提出固态变压器的概念[2]，发明了双半桥型变压器拓扑，也称为高频链功率变换器。1980年，Brooks J L等将Buck变换器应用于固态变压器，有效降低了输入电压[3]。1996年，Harada K等采用反向串联的器件，实现双向开关的"智能变压器"，使用相位控制实现恒定功率和恒定电压输出[4]。1999年，Ronan E R等提出了通用的固态变压器拓扑，由输入、隔离和输出三级构成，减少谐波含量，简化器件串联，方便分布式电源并网[5]。2013年，Qin H等分析了固态变压器的系统稳态性，论证了代替传统变压器的可行性，提出了移相控制策略[6]。

固态变压器一般包含整流模块、DC-DC变换模块和逆变模块三部分。其中，DC-DC变换模块最为重要，它兼具功率传输、电压变换、电气隔离等功能，是降低变压器体积和重量的关键。此外，随着新能源越来越多地接入直流电网，DC-DC变换模块也单独应用于直流电网，形成了直流固态变压器的概念。

直流固态变压器中的DC-DC变换器通常采用双有源桥(dual active bridge，DAB)电路。相对于其他隔离型DC-DC变换器，DAB的能量传输能力最强，具有双向功率传输能力，容易实现模块化和软开关[7-9]。1991年，德国亚琛工业大学的Doncker R W D等给出了DAB的概念[10]。得益于新型功率器件和磁性材料的发展，DAB引起了广泛的关注。在DAB的数学模型、基本规律、控制策略等方面，都获得了深入的研究。

近年来，直流固态变压器的应用越来越广，涵盖新能源发电、电动汽车、不间断电源、储能等领域。以海上风力发电为例，若采用传统的交流并网方式，工频变压器的体积庞大，运输安装成本高，经济性较差。若采用新兴的直流并网方式，采用高效率和高功率密度的直流固态变压器，可以减少投资费用，经济性较好。

11.1.2　直流固态变压器的工作原理

以单移相控制的 DAB 电路为例，图 11.1 给出了直流固态变压器的电路拓扑，其中 V_i 和 V_o 分别为 DAB 的输入和输出电压，C_i 和 C_o 为对应的稳压电容，i_o 为输出电流，$S_1\sim S_4$ 和 $D_1\sim D_4$ 为原边的开关管和二极管，$Q_1\sim Q_4$ 和 $M_1\sim M_4$ 为副边的开关管和二极管，L 为辅助电感，i_L 为辅助电感的电流，高频率变压器 T 的变比为 $n:1$，v_{h1} 和 v_{h2} 分别为原边 H 桥和副边 H 桥的输出电压和输入电压，原副边开关管的占空比 D 均为 0.5，通过调节副边开关管的移相角 φ 可以控制输出电压 V_o 为给定值 V_{ref}[11]。

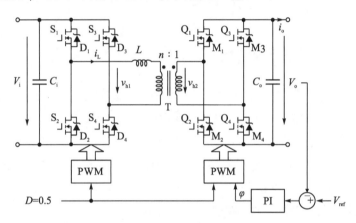

图 11.1　单移相控制的 DAB 拓扑

DAB 的工作原理如图 11.2 所示，$v_{S1,4}$ 为原边开关管 S_1、S_4 的驱动信号，与 S_2、S_3 的驱动信号互补，$v_{Q1,4}$ 为副边开关管 Q_1、Q_4 的驱动信号，与 Q_2、Q_3 的驱动信号互补，$i_{S1}\sim i_{S4}$ 和 $i_{D1}\sim i_{D4}$ 分别为原边开关管和二极管的电流，$i_{Q1}\sim i_{Q4}$ 和 $i_{M1}\sim i_{M4}$ 分别为副边开关管和二极管的电流。辅助电感 L 左端和右端的电压分别为 v_{h1} 和 nv_{h2}，辅助电感的电压为 $v_L = v_{h1} - nv_{h2}$。对于高频变压器，由于端电压之比 V_i/V_o 与变压器变比 n 难以完全匹配，会导致电压调制比 $k_m = V_i/(nV_o)$，大于或小于 1。在分析电路工作状态后发现，k_m 的取值对于电感电流 i_L 的表达式没有影响。图 11.2 还详细给出了每个晶体管和二极管的工作电流波形，便于第 11.3.1 节计算器件的开关损耗和导通损耗[12]。

对于图 11.2 所示的 DAB 工作波形，电感电流 i_L 可表示为

$$\begin{cases} i_L(t_0) = nV_o(1 - 2d - k_m)/Z \\ i_L(t_2) = nV_o\big[(2d-1)k_m + 1\big]/Z \\ i_L(t_3) = -i_L(t_0) \\ i_L(t_5) = -i_L(t_2) \end{cases} \qquad (11.1)$$

式中，$Z=4Lf_s$ 为辅助电感的特征阻抗，f_s 为开关频率，$T_s=1/f_s$ 为开关周期，$d=2\varphi/T_s$ 为移相比，各时间点可表示为

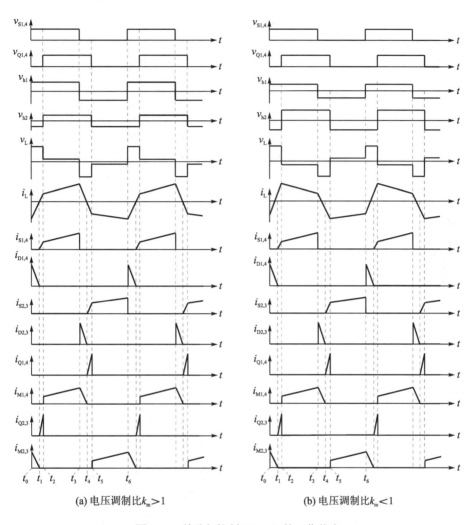

(a) 电压调制比 $k_m > 1$　　　　　　　　(b) 电压调制比 $k_m < 1$

图 11.2　单移相控制下 DAB 的工作状态

$$\begin{cases} t_1 = \dfrac{k_m - 1 + 2d}{4(k_m + 1)} T_s \\[2mm] t_2 = 0.5 d T_s \\[2mm] t_3 = 0.5 T_s \\[2mm] t_4 = 0.5 T_s + t_1 = \dfrac{3k_m + 1 + 2d}{4(k_m + 1)} T_s \\[2mm] t_5 = 0.5 T_s (1 + d) \\[2mm] t_6 = T_s \end{cases} \qquad (11.2)$$

各时段电流波形可表示为

$$i_{\mathrm{L}}(t) = \begin{cases} \lambda_{\mathrm{L1}}t + i_{\mathrm{L}}(t_0), & t \in [t_0, t_2] \\ \lambda_{\mathrm{L2}}(t-t_2) + i_{\mathrm{L}}(t_2), & t \in [t_2, t_3] \\ -\lambda_{\mathrm{L1}}(t-t_3) + i_{\mathrm{L}}(t_3), & t \in [t_3, t_5] \\ -\lambda_{\mathrm{L2}}(t-t_5) + i_{\mathrm{L}}(t_5), & t \in [t_5, t_6] \end{cases} \tag{11.3}$$

式中，$\lambda_{\mathrm{L1}} = (V_{\mathrm{i}} + nV_{\mathrm{o}})/L$ 和 $\lambda_{\mathrm{L2}} = (V_{\mathrm{i}} - nV_{\mathrm{o}})/L$ 为电流的斜率。

11.1.3 直流固态变压器的仿真结果和实验结果

针对特定工况：输入电压 400V，额定输出电压 200V，高频变压器变比 2∶1，电阻负载功率 3kW，采用单移相控制。DAB 的仿真结果，如图 11.3 所示。

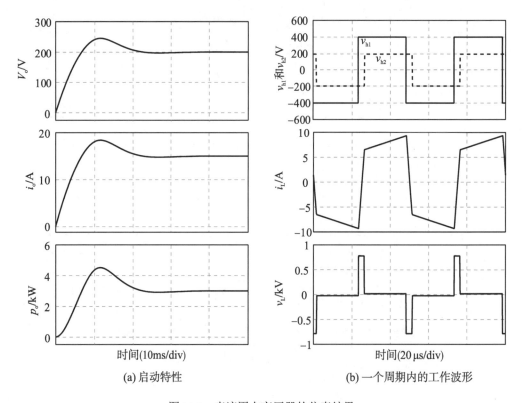

(a) 启动特性   (b) 一个周期内的工作波形

图 11.3　直流固态变压器的仿真结果

基于一台 3kW 的 DAB 样机，对比研究 Si IGBT 和 SiC MOSFET 在直流变压器中的应用，如图 11.4(a) 所示。控制器采用 TI 公司的 DSP 芯片 TMS320F28335，系统参数如表 11.1 所示，k_{p} 和 k_{i} 为图 11.1 所示 PI 控制器的比例和积分系数。图 11.4(b) 进一步给出了开关频率对直流变压器的影响，提高开关频率，可以降低变压器的体积和质量，提升变换器的功率密度。

表 11.1　DAB 样机的关键参数

参数	取值	参数	取值	参数	取值
V_i	400V	V_o	200V	V_{ref}	200V
n	2	C_i	80μF	C_o	80μF
k_p	0.041	k_i	1702	L	150μH

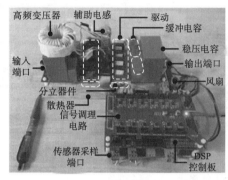

(a) DAB样机

(b) 隔离变压器对比

图 11.4　3kW 的 DAB 样机

以采用 SiC MOSFET 器件的直流变压器为例，图 11.5 给出了不同开关频率时的 DAB 工作波形，输出电压均能稳定在设计的 200V。但是，相对于 50kHz 的开关频率，当 DAB 工作于 200kHz 开关频率时，电压的超调量更大。可见，对于高频开关过程，主功率回路的寄生参数开始影响变换器的工作过程。

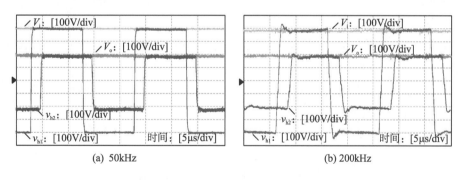

(a) 50kHz　　　　　　　　　　　　　　　　(b) 200kHz

图 11.5　不同开关频率下的实验结果

针对 Si IGBT 器件在 DAB 中的应用，实验设置不同的负载电阻 R_{load}，固定开关频率为 30kHz，改变输入电压，分析样机的工作效率，如图 11.6(a) 所示。负载电阻值越小，负载功率越大，样机效率越高。此外，输入电压 V_i 越接近设计工作点 400V，样机效率越高。但是，由于 Si 器件的开关损耗较大，Si 样机的效率不高。

针对 SiC MOSFET 器件在 DAB 中的应用，实验设置不同的开关频率和负载电阻，固定输入电压为 400V，分析样机的效率，如图 11.6(b) 所示。当开关频率为 50kHz 时，SiC 样机的峰值效率为 97%。此外，开关频率每上升 50kHz，SiC 样机的峰值效率下降 1%～2%。但是，即使开关频率达到 200kHz，SiC 样机的效率仍然高于 Si 样机。提高开关频率，虽然会降低 SiC 样机的效率，但是可以进一步减小磁性元件的体积和质量，提高 DAB 的功率密度。

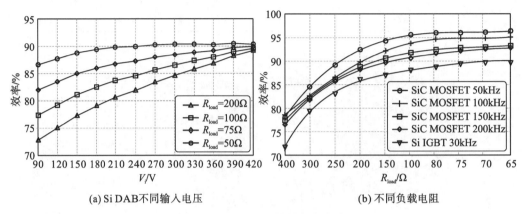

(a) Si DAB不同输入电压　　　　　　　　　　(b) 不同负载电阻

图 11.6　不同工况下的效率测试结果

11.2　分立器件的寿命模型

11.2.1　器件结构

对于功率器件，焊料层的疲劳失效是最常见的器件失效模式。由于难以直接测量焊层的应力或应变，通常采用多物理场建模，借助有限元计算方法和商业化计算软件，评估焊料层的应力[13-15]。

以 TO-247 封装的分立器件为例，采用厚度为 120μm 的焊料 SAC305，将芯片焊接于长宽为 10mm×10mm 的铜框架上，如图 11.7 所示。在对比研究中，Si IGBT 和 SiC MOSFET 具有相同的额定电压和电流，分别采用 Infineon 公司的 SIGC41T120R3E 芯片和 Wolfspeed 公司的 CPM2-1200-0080B 芯片，芯片参数如表 11.2 所示。可见，由于 SiC 材料的电流密度更大，因此 SiC MOSFET 芯片的尺寸更小。

表 11.2　SiC MOSFET 和 Si IGBT 器件模型的材料参数

参数	Si 芯片	SiC 芯片	焊层	铜层
面积(mm×mm)	6.5×6.8	3.1×3.36	同芯片	10×10
厚度/μm	140	180	120	300
热膨胀系数/(10^{-6}/K)	3	3.4	23	17
杨氏模量/GPa	162	501	40	110
泊松比	0.28	0.45	0.4	0.35
热导率/[W/(m·K)]	130	370	50	400
热容量/[J/(kg·K)]	700	690	150	385

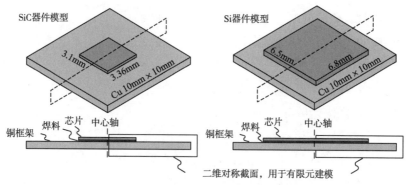

图 11.7　SiC 和 Si 功率器件的几何模型

11.2.2　应力分布

以平均结温 $T_{jm}=90℃$、温度波动 $\Delta T_{j}=120℃$ 为例，为了保持相同的结温波动，在 Si 芯片上均匀地施加幅值为 $2.75\times10^{10}W/m^{3}$ 的脉冲功率损耗，在 SiC 芯片施加的功率损耗调整为 $3.24\times10^{10}W/m^{3}$。脉冲的周期为 2s，占空比为 50%。

最大应变通常出现在焊料和芯片界面的顶角，监测该区域的应力演变，其 von Mises 应力、蠕变应变速率和蠕变能量密度如图 11.8 所示。温度的瞬变是导致热-机应力的主要原因，相对于冷却过程，加热过程产生更大的 von Mises 应力。von Mises 应力由材料之间的热膨胀系数不匹配引起，并且在每个功率循环周期内随温度波动。蠕变应变和蠕变能量由材料属性决定，随着温度和应力增加而增加，并且在每个循环期间累积。蠕变应变率和蠕变能量变化率的不同，导致蠕变和蠕变能量的差异。

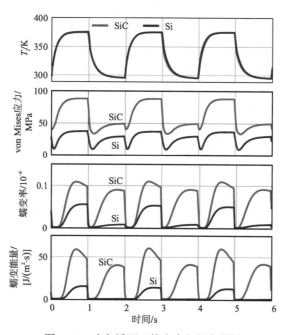

图 11.8　功率循环下的应力与蠕变特性

焊料层的疲劳老化，可以通过功率循环的应力来评估。Morrow 模型提出了疲劳寿命和蠕变能量之间的关系，焊料层功率循环的累积蠕变能量 ΔW_c 与循环寿命 N_f 之间满足

$$\Delta W_c = W_f \left(2N_f \right)^m \tag{11.4}$$

式中，W_f 和 m 分别是焊料的疲劳能量系数和疲劳能量指数。对于常用焊料 SAC305，模型参数为 $W_f = 55 \times 10^6 \ \text{J/m}^3$ 和 $m = -0.69$。

基于 Morrow 模型，采用有限元分析软件 COMSOL，可以计算焊料层的寿命分布，如图 11.9 所示。对于 SiC 器件，焊料层的顶角处，具有更显著的疲劳效应，该处的寿命最短，这是因为焊料层形变过程中，应力积累由焊料层中心向边缘集中，在顶角处达到最大。对比 Si 器件，SiC 器件的杨氏模量更大，芯片更小，应力更加集中，焊料层的寿命更短。

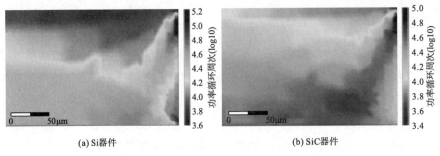

图 11.9   Si 和 SiC 器件焊料层顶角寿命分布

11.2.3   寿命模型

功率器件的寿命，可以通过改进的 Coffin-Manson 模型表征，即

$$N_f = \alpha (\Delta T_j)^{-n} e^{E_a / (k_b T_{jm})} \tag{11.5}$$

式中，α 和 n 为常数；E_a 为激活能量；k_b 为玻尔兹曼常数；T_{jm} 为平均结温，K。

对于不同 ΔT_j 的功率循环仿真结果，可得到不同 ΔT_j 对应的功率器件的寿命 N_f，如图 11.10 所示。可以发现，当 ΔT_j 相同时，SiC 器件的寿命比 Si 器件更短。随着 ΔT_j 减小，SiC 器件寿命减小的比例持续增加。

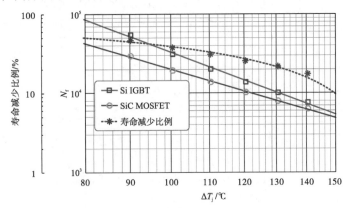

图 11.10   Si 和 SiC 器件的寿命模型

11.3　直流固态变压器的电-热协同设计

11.3.1　损耗计算模型

在建立 DAB 器件间的电-热模型之前，需要获取器件的损耗信息。

根据图 11.2 和式(11.3)，对于 SiC MOSFET，原边开关管的导通损耗为

$$P_{ps} = \frac{R_{dson}}{T_s}\left[\int_0^{\tau_1}(\lambda_{L1}t)^2\,dt + \int_0^{\tau_2}(\lambda_{L2}t + I_L)^2\,dt\right] \tag{11.6}$$

式中，R_{dson} 为器件的导通电阻；$I_L = i_L(t_2)$；τ_1 和 τ_2 分别为区间 $[t_1, t_2]$ 和 $[t_2, t_3]$ 的时间长度。对于 Si IGBT 器件，其导通损耗为

$$P_{ps} = \frac{V_{ce(sat)}}{T_s}\left[\int_0^{\tau_1}\lambda_1 t\,dt + \int_0^{\tau_2}(\lambda_2 t + I_L)\,dt\right] \tag{11.7}$$

式中，$V_{ce(sat)}$ 为 Si IGBT 器件的饱和压降。

原边二极管的导通损耗发生在 $[t_0, t_1]$ 区间，有

$$P_{pd} = \frac{1}{T_s}\int_0^{\tau_1}(V_F\lambda_{L1}t)\,dt \tag{11.8}$$

式中，V_F 为二极管的导通压降。

副边开关管的导通损耗发生在 $[t_1, t_2]$ 区间，此时的副边电流为原边电流的 n 倍，对于 SiC MOSFET 器件，有

$$P_{ss} = \frac{R_{dson}}{T_s}\int_0^{\tau_1}(n\lambda_{L1}t)^2\,dt \tag{11.9}$$

同理，对于 Si IGBT，有

$$P_{ss} = \frac{V_{ce(sat)}}{T_s}\int_0^{\tau_1}n\lambda_{L1}t\,dt \tag{11.10}$$

副边二极管的导通损耗发生在 $[t_2, t_3]$ 和 $[t_3, t_4]$ 区间，有

$$P_{sd} = \frac{V_F}{T_s}\left[\int_0^{\tau_2}n(\lambda_{L2}t + I_L)\,dt + \int_0^{\tau_3}n\lambda_{L1}t\,dt\right] \tag{11.11}$$

式中，τ_3 为区间 $[t_3, t_4]$ 的时间长度。

对于开关损耗，每个器件在一个开关周期内有一次硬关断，原边开关管在 t_3 时刻发生硬关断，利用三角形近似

$$P_{swps} = \frac{1}{T_s}V_i I_P t_{off} \tag{11.12}$$

式中，$I_P = i_L(t_3)$；t_{off} 为器件的关断时间(包括关断延迟时间和电压下降时间)。副边开关管在 t_2 时刻发生硬关断，可表示为

$$P_{swss} = \frac{1}{T_s}nV_o I_L t_{off} \tag{11.13}$$

对于原副边的二极管，开通速度非常快，开通损耗较小，可以忽略不计，且均工作于软关断，反向恢复损耗可以忽略不计。

综上，原边每个开关管和二极管的损耗可以分别表示为 $P_{ps}+P_{swps}$、P_{pd}，副边每个开关管和二极管的损耗可以分别表示为 $P_{ss}+P_{swss}$、P_{sd}。

针对 3kW 的 DAB 样机，输入和输出电压为 200V 和 400V，高频变压器匝比为 1：2，漏感 $L=60\mu H$，根据式(11.6)~式(11.13)的理论模型，这里给出一组具体算例。Si IGBT 器件选择 Infineon 公司的器件 IHW20N120R3，SiC MOSFET 器件选择 Wolfspeed 公司的器件 C2M0080120D。根据器件的数据手册，可以得到器件的相关参数如表 11.3 所示。图 11.11 给出了 DAB 的损耗分析结果。可见，导通损耗主要来自原边开关管和副边二极管，开关损耗主要来自原边和副边的开关管。此外，相对于 Si IGBT，采用 SiC MOSFET 器件后，DAB 在整个功率范围内的效率能够提高 2%。

表 11.3 典型 Si IGBT 器件和 SiC MOSFET 器件的性能

器件	型号	导通特性	开关特性
Si IGBT	IHW20N120R3	$V_{ce(sat)}=1.7V$，$V_F=1.7V$	$f_s=20kHz$，$t_{off}=412ns$
SiC MOSFET	C2M0080120D	$R_{dson}=80m\Omega$，$V_F=3.2V$	$f_s=50kHz$，$t_{off}=98ns$

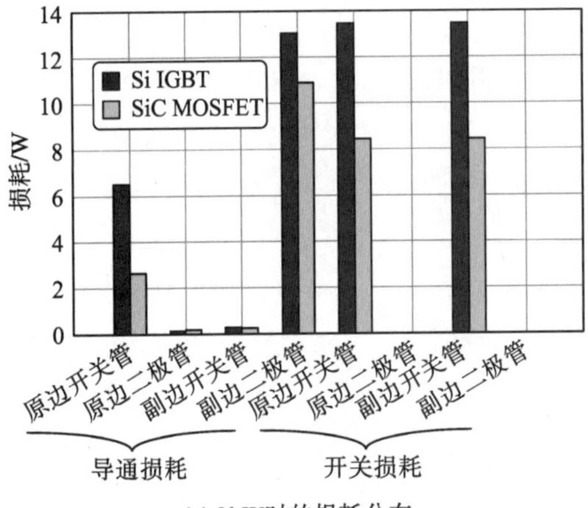

(a) 3kW时的损耗分布 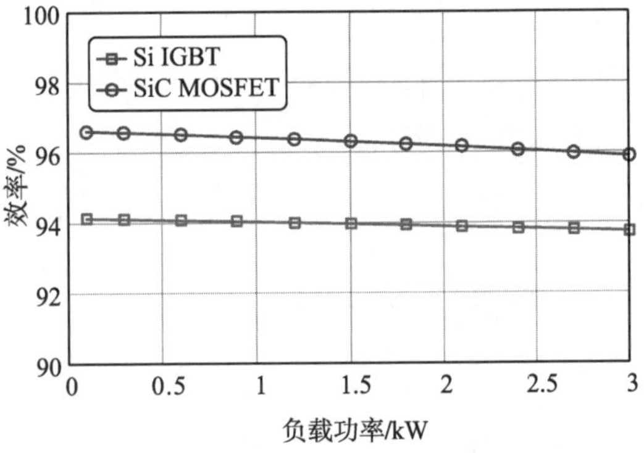   (b) 采用Si和SiC器件的效率对比

图 11.11 DAB 变换器的损耗分析

11.3.2 热网络模型

为了获得高功率密度，变流器通常设计得比较紧凑，器件之间的热耦合效应十分显著。为了更好地评估器件之间的热交互过程，基于图 11.4(a)所示的样机，采用 COMSOL 仿真软件，构建 8 个功率器件及散热器的三维有限元模型，如图 11.12 所示，建立器件间的耦合热阻模型[16]，各层材料的参数如表 11.4 所示。

表 11.4　DAB 样机热模型参数

模型参数	Si 芯片	SiC 芯片	SAC305 焊料层	铜层	硅脂	铝散热器
厚度/μm	140	180	120	300	120	—
热导率/[W/(m·K)]	130	370	50	400	3.4	328
密度/(kg/m³)	2329	3200	7440	8960	1180	2700
热容量/[J/(kg·K)]	700	690	150	385	1044	900

假设环境温度为 25℃，基于 Si IGBT 的 DAB，以传输功率 3kW 为例，DAB 的三维热仿真结果如图 11.12 所示，由于原、副边器件的损耗不同，各器件的所处位置不同，使得器件的结温并不一致。以芯片的平均温度作为器件结温，DAB 副边器件的结温高于原边器件，内侧器件的结温高于边缘器件。这是由于副边损耗更大，且器件之间的热耦合效应对器件结温产生了热累积现象。

图 11.12　DAB Si 器件及温度分布

同理，对于采用 SiC MOSFET 的 DAB，也可以得到类似的结果。器件结温、壳温的上升曲线如图 11.13 所示，选取器件与散热器的接触位置，作为壳温 T_c 的测量点。相同负荷功率和散热条件下，SiC 器件比 Si 器件的结温最高可降低 10℃。

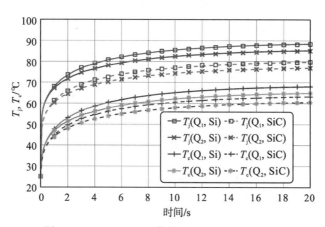

图 11.13　Si 和 SiC 器件结温与壳温的暂态曲线

基于功率器件的损耗和热网络，根据耦合热阻抗矩阵理论，可以建立 DAB 的热阻网络。根据多热源耦合热阻网络的矩阵关系，在 DAB 的有限元热模型中，提取各个器件的自热阻和互热阻参数。

计及器件之间的热耦合，建立 DAB 的热网络模型，如图 11.14 所示。其中，器件 $S_1 \sim S_4$、$Q_1 \sim Q_4$ 芯片依次编号为器件 $1 \sim 8$。P_{di}、T_{ji}、T_{ci} 分别为器件 i 的损耗、结温、壳温，T_a 为环境温度。

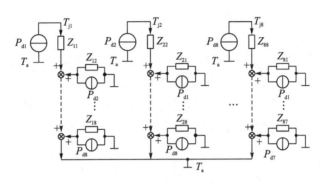

图 11.14　计及耦合热阻的改进热网络模型

耦合热阻 Z_{nm} 为器件 m 的单位损耗 P_{dm} 对器件 n 引起的结温增量 $\Delta T_{jn} = T_{jn} - T_a$，有

$$Z_{nm} = (T_{jn} - T_a) / P_{dm} \tag{11.14}$$

式中，$m, n = 1, \cdots, 8$，对于多个器件，考虑多个热源的耦合影响，可得各个器件的耦合热阻矩阵 $\boldsymbol{Z}_c$ 为

$$\boldsymbol{Z}_c = \begin{bmatrix} 0 & Z_{12} & \cdots & Z_{1n} \\ Z_{21} & 0 & \cdots & Z_{2n} \\ \vdots & \vdots & & \vdots \\ Z_{n1} & Z_{n2} & \cdots & 0 \end{bmatrix} \tag{11.15}$$

类似地，定义自热阻 Z_{ii} 为器件 i 的单位损耗 P_{di} 对器件 i 引起的结温增量 $\Delta T_{ji} = T_{ji} - T_a$，有

$$Z_{ii} = (T_{ji} - T_a) / P_{di} \tag{11.16}$$

各个器件的自热阻矩阵 $\boldsymbol{Z}_s$ 为

$$\boldsymbol{Z}_s = \begin{bmatrix} Z_{11} & 0 & \cdots & 0 \\ 0 & Z_{22} & \cdots & 0 \\ \vdots & \vdots & & \vdots \\ 0 & 0 & \cdots & Z_{nn} \end{bmatrix} \tag{11.17}$$

根据图 11.14 所示的热网络模型，器件的结温可以表示为

$$\begin{bmatrix} T_{j1} \\ T_{j2} \\ \vdots \\ T_{j8} \end{bmatrix} = \begin{bmatrix} Z_{11} & Z_{12} & \cdots & Z_{18} \\ Z_{21} & Z_{22} & \cdots & Z_{28} \\ \vdots & \vdots & & \vdots \\ Z_{81} & Z_{82} & \cdots & Z_{88} \end{bmatrix} \begin{bmatrix} P_{d1} \\ P_{d2} \\ \vdots \\ P_{d8} \end{bmatrix} + T_a \tag{11.18}$$

写为矩阵形式

$$\boldsymbol{T}_j = (\boldsymbol{Z}_c + \boldsymbol{Z}_s)\boldsymbol{P}_d + T_a \tag{11.19}$$

式中，$\boldsymbol{T}_j = [T_{j1}, T_{j2}, \cdots, T_{j8}]^T$，$\boldsymbol{P}_d = [P_d, P_d, \cdots, P_{d8}]^T$。根据式 (11.14)～式 (11.19)，可以得到热阻随时间变化的曲线，对该曲线按照 Foster 热阻模型进行拟合，五阶 Foster 模型可表示为

$$Z_{kk}(t) = \sum_{l=1}^{5} R_{thkl}(1 - e^{-t/\tau_{kl}}), \quad \tau_{kl} = R_{thkl}C_{thkl} \tag{11.20}$$

式中，τ_{kl}、R_{thkl}、C_{thkl} 分别为器件 k 第 l 层的热时间常数、热阻和热容。

11.3.3　热阻仿真结果

为准确得到改进热网络模型中的自热阻及耦合热阻参数，采用有限元法分析方法，分析其功率器件间的损耗和结温关系。以 SiC MOSFET 的 DAB 为例，在某个器件上施加恒定损耗，监测该器件及周边器件的结温，根据式 (11.14) 和式 (11.16)，获取该器件的自热阻和耦合热阻，具体流程如图 11.15 所示。图 11.16(a) 给出了 DAB 原边 S_1、S_2 和副边 Q_1、Q_2 的自热阻提取和拟合结果。给 S_1 施加给定功耗，图 11.16(b) 给出与 S_1 相关的互热阻耦合仿真和拟合结果。

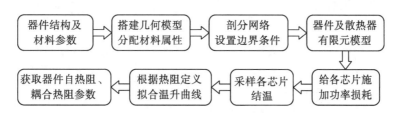

图 11.15　DAB 变换器热阻的提取方法

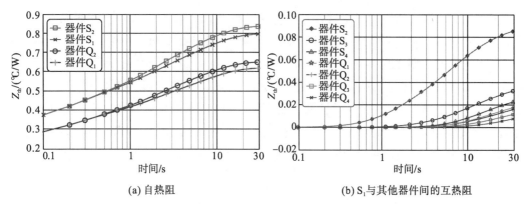

(a) 自热阻　　　　　　　　　　　　　(b) S_1 与其他器件间的互热阻

图 11.16　SiC DAB 热阻参数的提取结果

为简化计算过程，采用器件的稳态热阻来表征器件的自热阻和互热阻。器件自热阻包括芯片到外壳及外壳到散热器的热阻，各个器件参数值没有明显差异，并与器件在散热器上的位置无关，Si 器件的稳态自热阻值为 $R_{thjs\_Si} = (0.75\sim0.78)$℃/W，SiC 器件的稳态自热阻为 $R_{thjs\_SiC} = (0.88\sim0.92)$℃/W。耦合热阻的三维关系如图 11.17 所示，耦合热阻的幅值随着器件相对距离的增大而明显减小，当器件之间的距离大于 6cm 时，耦合热阻几乎为零，可以忽略不计。然而，同侧器件，尤其是相邻位置的器件，耦合热阻至少占器件自热阻的 10%以上，其热耦合效应不容忽视。SiC 器件的耦合热阻分布与 Si 器件的分布趋势类似，SiC 器件热阻较 Si 器件大，相同功率损耗条件下，较大的热阻会带来更高的结温，但由于两种器件的功率损耗条件相差一个数量级，因此有必要进一步验证相同负载条件下，两种器件的温升情况，从而客观评估器件在实际运行中的可靠性。

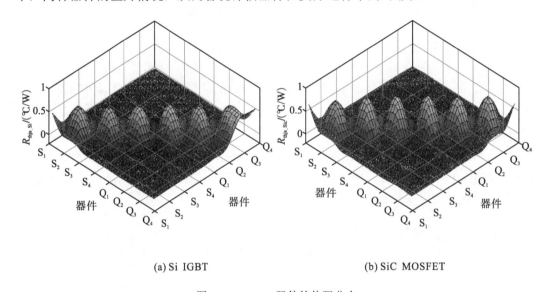

(a) Si IGBT   (b) SiC MOSFET

图 11.17 DAB 器件的热阻分布

11.3.4 电-热联合仿真结果

由于直流固态变压器的应用场合为低压配电网，以某地区低压配电网的居民用电负荷为参考，全年的日负荷曲线如图 11.18 所示，采样时间间隔为 15 分钟[17]。可以发现：负荷呈现出明显的周期性及不确定性，负荷高峰出现在 18 点左右，负荷低谷在 3~6 点。然而，一天内的负荷存在波动性，且负荷受节假日和季节等因素的影响。

基于 11.3.1 节对 DAB 损耗的计算，根据图 11.18 所示的负荷曲线，可以得到基于 Si IGBT 和 SiC MOSFET 的 DAB 的损耗分布情况，如图 11.19(a)~(d)所示。可以发现，采用 SiC MOSFET 后，DAB 的损耗可以明显降低，如图 11.19(e)所示，系统效率提升 2%左右。

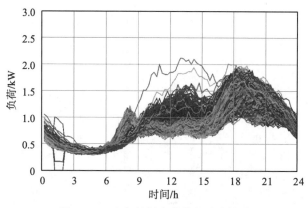

图 11.18　全年的日负荷数据分布情况

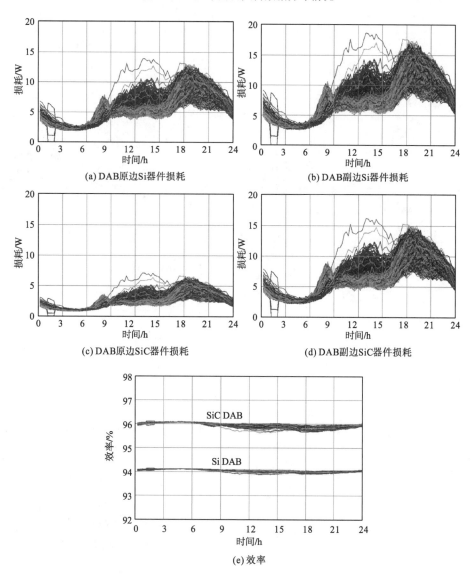

图 11.19　DAB 的损耗分布和效率

基于电热联合仿真模型，以图 11.18 所示的负荷数据为例，可以得到各个器件的结温分布，图 11.20 给出了 DAB 原边 S_1、副边 Q_1 的结温波动曲线。相同负荷条件下，SiC 器件的损耗远小于 Si 器件，结温幅值和结温波动更小。由于副边电流更大，相同器件情况下，副边的平均结温更高，导致副边器件的故障率更高，寿命更短。

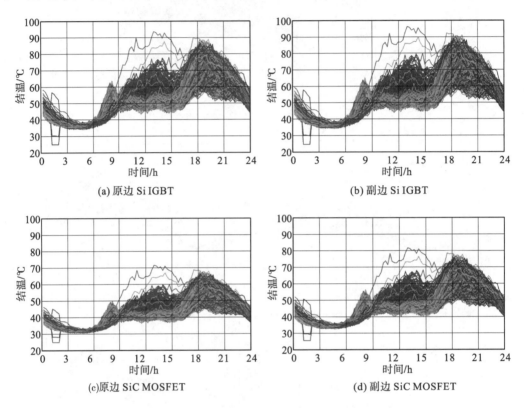

图 11.20   SiC MOSFET 和 Si IGBT 的 DAB 结温分布规律

11.4   直流固态变压器的寿命评估

11.4.1   雨流计数

功率器件是直流变压器的薄弱环节，基于 DAB 的多物理场建模，以及电-热联合仿真模型，可以获取器件的结温信息，采用雨流计数方法[18-20]，获得器件结温波动信息，借助器件的寿命模型，预测 DAB 样机的使用寿命。

基于图 11.20 所示的器件结温波动数据，利用雨流计数方法，可以得到如图 11.21 所示的结果。由于 8 个器件在 DAB 样机上位置对称，且内侧位置的器件结温更高，运行条件更加恶劣，以原副边内侧位置的 S_2 和 Q_2 作为分析对象，可以发现 SiC MOSFET 的平均结温 T_{jm} 更低，结温波动 ΔT_j 更小。

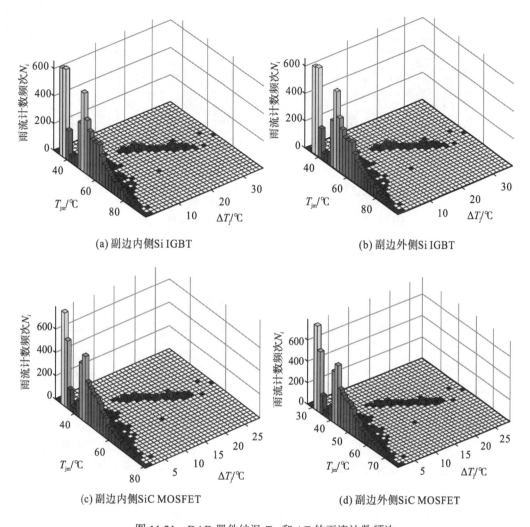

(a) 副边内侧Si IGBT　　　　　　　　　　(b) 副边外侧Si IGBT

(c) 副边内侧SiC MOSFET　　　　　　　　(d) 副边外侧SiC MOSFET

图 11.21　DAB 器件结温 T_{jm} 和 ΔT_j 的雨流计数频次

11.4.2　累积损伤

以 Si IGBT 为例，根据图 11.21，结温波动集中在 0～10℃范围内，少数分布在 10～30℃，极少数分布在 30～50℃。定义不同结温波动大小对器件的损伤度 $D_i = N_i / N_{fi}$[21, 22]，其中 N_i 为第 i 个结温波动 ΔT_{ji} 的实际循环次数，N_{fi} 为 ΔT_{ji} 的最大循环周次。在一年的负荷条件下，器件的总损伤度 D 可表示为

$$D = \sum_i D_i = \sum_i \frac{N_i}{N_{fi}} \tag{11.21}$$

以副边外侧器件为例，图 11.22 给出了 N_i 和 D_i 的统计结果，可以发现，虽然 20～40℃范围内的结温波动次数较少，但是由图 11.22 可知对应的 N_{fi} 也较小，其损伤度 D_i 仍然较大。

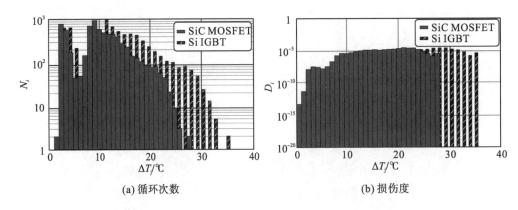

(a) 循环次数   (b) 损伤度

图 11.22   副边外侧器件的结温波动频次和损伤度统计

11.4.3   评估结果

根据各个器件的总损伤度 D，可得到器件预估寿命，各器件寿命对比如表 11.5 所示。

表 11.5   DAB 的寿命预估结果对比

	原边外侧/年	原边内侧/年	副边外侧/年	副边内侧/年
Si DAB	17.44	18.82	12.73	11.98
SiC DAB	31.67	29.47	10.17	9.01

根据表 11.5 中的寿命评估结果，DAB 原边器件比副边器件寿命更高。从原边器件的角度来看，SiC DAB 的寿命更高，然而从副边器件的角度来看，Si DAB 的寿命更高。这是因为，根据图 11.10 所示的寿命模型，相对于 SiC 器件，Si 器件寿命随温度的变化更陡，在 ΔT_j 小的区域内，SiC 器件的寿命明显低于 Si 器件，因而当负载工况波动时，Si 器件因 ΔT_j 不同而带来的寿命差异更为显著。

内外侧器件的对比可以发现，外侧器件比内侧器件寿命更长，该部分差异主要来自热耦合影响。因此，考虑器件之间的热耦合效应，计及耦合热阻，对于分析由器件位置引起的寿命差异十分必要。而外侧器件寿命更长的原因，是由于外侧器件与同侧其余三个器件的相对位置更远，耦合热阻更小，器件结温受影响程度更低。

综上，DAB 的寿命由寿命最短的器件决定，即由副边内侧器件的寿命决定。由表 11.5 可知，SiC DAB 的寿命比 Si DAB 短 25%。

11.5   本 章 小 结

对于中小功率应用，通常采用分立器件的形式。本章以直流固态变压器应用为例，介绍 SiC 分立器件及功率变换器的设计要点。首先，阐述了直流固态变压器的技术需求和发展现状，针对双有源桥电路，介绍了直流固态变压器的工作原理、工程样机、仿真结果和实验结果。结果表明：采用 SiC 功率器件，提高变换器的工作频率，可以明显降低变压器的体积和重量，提高变换器的功率密度。然后，针对 SiC 和 Si 器件，采用多物理场仿真方法，分析了分立器件的寿命模型。结果表明：相对于 Si 器件，SiC 分立器件的芯片面积更小，杨氏模量更大，应力更加集中，寿命更短。此外，还探讨了直流固态变压器的电-热协同设计方法，构建了分立器件的损耗模型、耦合热网络模型。针对配电网的年负荷曲线，分析了 SiC 和 Si 分立器件的结温分布规律。结果表明：相对于 Si 器件，SiC 分立器件的结温降低 10℃左右，直流固态变压器的效率提高 2%。最后，采用雨流计数方法和累计损伤理论，评估了直流固态变压器的寿命。结果表明：由于副边电流更大，器件损耗更大，副边器件的寿命更短。同时，由于热耦合效应，副边内侧器件的结温更高，寿命更短，这是制约直流固态变压器寿命的瓶颈。

参 考 文 献

[1] She X, Huang A Q, Burgos R. Review of solid-state transformer technologies and their application in power distribution systems[J]. IEEE Journal of Emerging and Selected Topics in Power Electronics, 2013, 1(3): 186-198.

[2] Mcmurray W. Power converter circuits having a high-frequency link[Z]. United States, 3517300, 1970.

[3] Brook J L, Staab R I, Bowers J C, et al. Solid state regulated power transformer with waveform conditioning capability[Z]. United States, 4347474, 1980.

[4] Harada K, Anan F, Yamasaki K, et al. Intelligent transformer[C]. IEEE Power Electronics Specialists Conference, 1996: 1337-1341.

[5] Ronan E R, Edward R, Sudhoff S D, et al. Application of power electronics to the distribution transformer[C]. IEEE Applied Power Electronics Conference and Exposition, 2000: 861-867.

[6] Qin H, Kimball J W. Solid-state transformer architecture using AC-AC dual-active-bridge converter[J]. IEEE Transactions on Industrial Electronics, 2013, 60(9): 3720-3730.

[7] 赵彪, 宋强. 双主动全桥 DC-DC 变换器的理论和应用技术[M]. 北京: 科学出版社, 2017.

[8] 阮新波, 陈武, 方天治, 等. 多变换器模块串并联组合系统[M]. 北京: 科学出版社, 2016.

[9] 沙德尚, 郭志强, 廖晓钟. 输入串联模块化电力电子变换器[M]. 北京: 科学出版社, 2014.

[10] Doncker R W D, Divan D M, Kheraluwala M H. A three-phase soft-switched high-power density dc-dc converter for high-power applications [J]. IEEE Transactions on Industrial Application, 1991, 27(1): 63-73.

[11] 侯旭, 曾正, 冉立, 等. 基于扩展移相控制的双向有源桥变换器回流功率优化[J]. 中国电机工程学报, 2018, 38(23): 7004-7014.

[12] 马青. 基于 SiC MOSFET 的直流固态变压器优化设计与可靠性评估[D]. 重庆: 重庆大学, 2018.

[13] Evans T M, Le Q, Mukherjee S, et al. PowerSynth: A power module layout generation tool[J]. IEEE Transactions on Power Electronics, 2019, 34(6): 5063-5078.

[14] Song X, Pickert V, Ji B, et al. Questionnaire-based discussion of finite element multiphysics simulation software in power electronics[J]. IEEE Transactions on Power Electronics, 2018, 33(8): 7010-7020.

[15] Hu B, Gonzalez J O, Ran L, et al. Failure and reliability analysis of a SiC power module based on stress comparison to a Si device[J]. IEEE Transactions on Device and Materials Reliability, 2017, 17(4): 727-737.

[16] Li H, Liao X, Zeng Z, et al. Thermal coupling analysis for a multi-chip paralleled IGBT module in a doubly fed wind turbine power converter[J]. IEEE Transactions on Energy Conversion, 2017, 32(1): 80-90.

[17] The retail market design service company. Standard load profiles[EB/OL]. http://www.rmdservice.com/standard-load-profiles, 2020.

[18] Ma K, Liserre M, Blaabjerg F, et al. Thermal loading and lifetime estimation for power device considering mission profiles in wind power converter[J]. IEEE Transactions on Power Electronics, 2015, 30(2): 590-602.

[19] GopiReddy L R, Tolbert L M, Ozpineci B, et al. Rainflow algorithm-based lifetime estimation of power semiconductors in utility applications[J]. IEEE Transactions on Industry Applications, 2015, 51(4): 3368-3375.

[20] Musallam M, Johnson C M. An efficient implementation of the rainflow counting algorithm for life consumption estimation[J]. IEEE Transactions on Reliability, 2012, 61(4): 978-986.

[21] Chung H S, Wang H, Blaabjerg F, et al. Reliability of Power Electronic Converter Systems[M]. United Kingdom, London: IET Press, 2015.

[22] Zeng G, Herold C, Methfessel T, et al. Experimental investigation of linear cumulative damage theory with power cycling test[J]. IEEE Transactions on Power Electronics, 2019, 34(5): 4722-4728.

第12章　SiC功率模块在车用电机控制器中的应用

以车用电机控制器为例，本章介绍SiC功率模块的应用。首先，围绕峰值功率和功率密度，介绍车用电机控制器的技术现状和发展趋势。针对水冷和风冷系统，介绍车用电机控制器的热管理方法。以典型车用电机控制器为例，分析其内部结构，以及体积、重量分布规律。然后，针对EconoPack封装的SiC功率模块，分析SiC芯片的损耗分布，采用多物理场仿真方法，揭示模块内部的电-热-力分布规律，并给出功率模块的改进封装设计。此外，结合电力电子常用的电容器，以纹波电流和纹波电压为对象，阐述母线电容的设计方法。围绕电机控制器的热设计，探讨散热器的设计方法。最后，利用样机的实验结果，验证模型和方法的有效性。

12.1　车用电机控制器的技术需求

12.1.1　车用电机控制器的概况

电机控制器管理电池和电机之间的能量流，是电动汽车的心脏[1]，如图12.1所示。电机控制器占整车成本的7%~15%，是除电池外最贵的部分[2]。此外，电机控制器的技术要求较高，主要体现在高峰值功率(>300kW)、高效率(>98%)、高功率密度(>13.4kW/L)、高可靠性(30万km或15年的设计寿命)等方面。

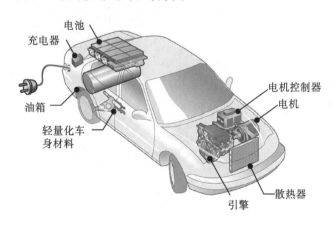

图12.1　电动汽车的关键部件

图12.2给出几款商业化电动汽车的电机控制器[3]。可见，车用电机控制器存在两大明显的技术特征。首先，高度异质集成，导电(绝缘、半导、导体)和导热(导热、绝热)材料

在装置内交错纵横，相互连接在一起。其次，环境工况复杂，装置外部面临深度温度循环的严酷环境，装置内部存在复杂热管理和电磁兼容等问题。

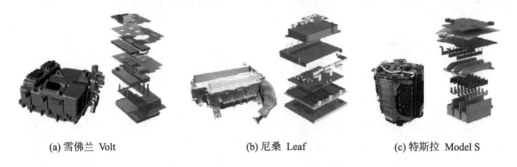

(a) 雪佛兰 Volt　　　　(b) 尼桑 Leaf　　　　(c) 特斯拉 Model S

图 12.2　典型的商业化电机控制器

如图 12.3 所示，逆变器是电机控制器的关键部件，现有电机控制器普遍采用 Si IGBT 逆变器。若采用 SiC MOSFET 器件，能够降低逆变器的损耗，提高逆变器的效率，在相同电池容量下，可以提高电动汽车 6%～10% 的续航里程[4-6]。此外，由于 Si 器件的最高工作温度为 120～150℃，除了用于发动机和电机的 105℃ 水冷系统之外，电动汽车还存在一套用于 Si 逆变器的 85℃ 水冷系统[7, 8]。得益于高熔点、高导热率、高击穿场强，SiC 功率器件能在 200℃ 以上的环境中持续工作[9-12]。因此，对于 SiC 逆变器，可以使用风冷散热系统取代复杂的水冷散热系统，提高动力系统的功率密度。此外，得益于 SiC 器件的高速开关能力，SiC 逆变器具有更高的工作频率，可以减小直流母线电容，使电机控制器更加紧凑。因此，为了提高车用电机控制器的效率和功率密度，风冷 SiC 逆变器是一条有效的技术途径。

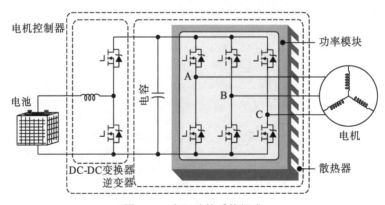

图 12.3　电驱动的系统组成

12.1.2　车用电机控制器的现状

图 12.4 给出了车用电机控制器的发展现状。在峰值功率方面，车用电机控制器的功率容量持续指数增加。在功率器件方面，目前仍以 Si 器件为主，2011 年，首次出现了 SiC

车用电机控制器。在冷却方式方面，以水冷为主，风冷有可能成为未来 SiC 车用电机控制器的发展趋势之一。在功率密度方面，美国能源部给出了明确的目标，2020 年达到 13.4kW/L，2025 年达到 100kW/L。Si 电机控制器能够满足 2020 年的目标，但是已经达到技术极限，很难突破，难以满足 2025 年目标。相对于 Si 技术，SiC 电机控制器的功率密度有望提升 10 倍，轻易实现 2025 年目标，即使采用风冷技术，功率密度仍然有望突破 100kW/L。

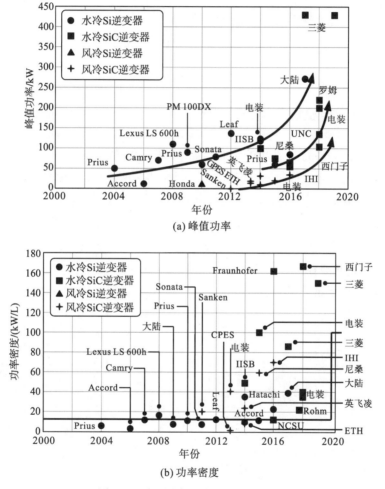

(a) 峰值功率

(b) 功率密度

图 12.4　车用电机控制器的发展现状

　　得益于应用需求的持续推动，经过 50 多年的发展，随着功率器件的快速进步，功率变换器也取得了长足的发展。如图 12.5 所示，类似于信息电子领域的"摩尔定律"，功率变换器的功率密度几乎每 4 年翻一番。自 2005 年开始，Si 器件性能接近物理极限，功率密度的提升效果"疲软"。与此同时，SiC 功率器件开始登上历史舞台，继续推动变换器功率密度呈几何级数增长。

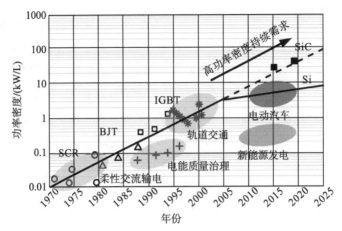

图 12.5　变换器功率密度的发展规律

12.1.3　车用电机控制器的热管理

在车用电机控制器的冷却方式方面，目前主要以水冷为主，也出现了不少风冷方案。如图 12.6(a) 所示，混合动力电动汽车包含 2 套冷却系统，105℃ 系统用于冷却引擎，85℃ 系统用于冷却电驱。如图 12.6(b) 所示，纯电池动力电动汽车只包含一套 85℃ 的冷却系统。对于水冷系统，虽然冷却效率高，但是循环系统较为复杂(包含压缩机、泵、阀、冷却液等)，可靠性、成本、功率密度、维护等问题更加突出。对于风冷系统，虽然简单、可靠、维护成本低，但是功率模块及其驱动面临高温和热管理问题。因此，根据不同的技术要求，车用电机控制器的冷却系统需要折中选择。

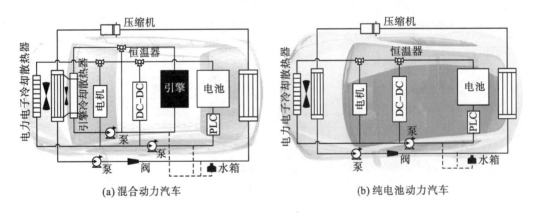

(a) 混合动力汽车　　　　　　　　　　　　(b) 纯电池动力汽车

图 12.6　电动汽车的冷却系统

冷却系统的选择，关键在于芯片和散热器的热通量。图 12.7(a) 给出了 Si IGBT 和 SiC MOSFET 芯片的热通量统计结果。其中，损耗数据来源于数据手册，Si IGBT 芯片来自 Infineon 公司的商业化产品，器件的开关频率为 20kHz，工作在逆变模式。SiC MOSFET 芯片来自 Wolfspeed 公司的商业化产品，器件开关频率为 50kHz，工作在逆变模式。从图 12.7(a) 可知，Si IGBT 的芯片热通量不超过 $10W/cm^2$，SiC MOSFET 芯片的热通量不超过 $120W/cm^2$。图 12.7(b) 进一步给出了散热器的热通量能力。强迫风冷的热通量最高可超过 $200W/cm^2$，水冷的热通量超过 $100W/cm^2$，直喷冷却的热通量接近 $1000W/cm^2$。经过合理的优化设计，风冷散热器的热通量完全有可能大于 SiC 芯片的热通量。因此，风冷 SiC 逆变器是一种可行的车用电机控制器方案。

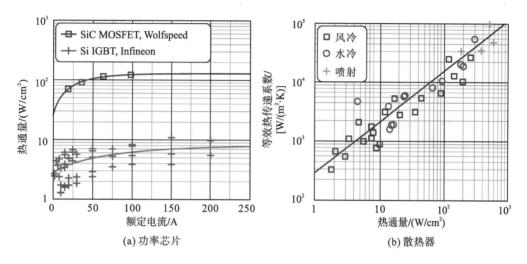

图 12.7　功率芯片和散热器的热通量

发热和散热是一对矛盾体，相互依存、相互促进，如图 12.8 所示。基于摩尔定律，单位面积的芯片上集成的晶体管数量呈几何级数增长，芯片的热通量也随着时间持续增加，如图 12.8(a) 所示。此外，功率半导体的热通量与信息半导体技术的发展相吻合。与其他非半导体领域的发热量相比，SiC 芯片的热通量甚至超过核反应堆。然而，功率半导体的热管理方法仍然比较落后，主要停留在水冷和风冷等方面。如图 12.8(b) 所示，直喷、微管、相变(蒸发)等先进冷却方法在功率半导体中的应用还有待进一步深入研究[13]。

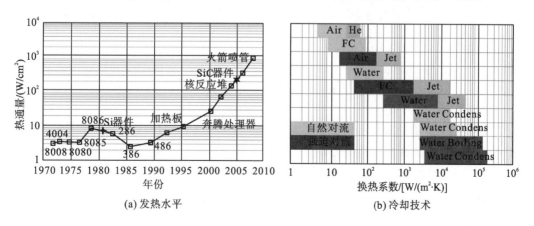

图 12.8　发热水平和散热水平的对比

12.1.4 典型车用电机控制器剖析

以 Delphi 公司的车用电机控制器为例，水冷 Si 逆变器的分解情况如图 12.9 所示。它由十多个关键部件构成，其中，功率模块、散热器和电容器占逆变器体积的 68%、占重量的 76%，是提升逆变器功率密度的关键。采用 SiC 器件可以有效提升逆变器的功率密度。利用 SiC 器件的高温工作能力，采用风冷代替水冷，可以消除逆变器的冷却导管和液体循环系统。此外，利用 SiC 器件的高频工作能力，提高逆变器的开关频率，降低无源元件的体积。

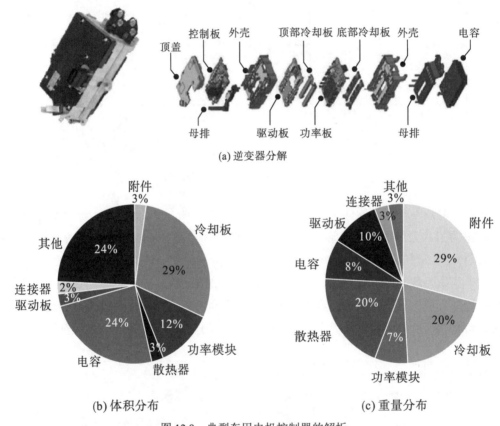

图 12.9　典型车用电机控制器的解析

目前，水冷 SiC 逆变器的研究和设计可以参照水冷 Si 逆变器的模型和方法。然而，要实现下一代车用风冷 SiC 逆变器，仍然面临诸多关键技术挑战，譬如：①如何考虑功率模块、直流母线电容和散热器的优化，从风冷的角度，提出逆变器关键部件的优化设计方法；②如何考虑高密度逆变器的电-热交互作用，从多物理场的角度，提出逆变器关键部件的系统设计方法。

12.2　功率模块的优化设计

图 12.10 给出了风冷 SiC 逆变器各环节之间的内在联系。从路的角度来看，直流母线电容和功率模块通过电路联系在一起，功率模块和散热通过热路耦合在一起。从场的角度来看，电容和功率模块存在电磁场联系，功率模块内部涉及电-热-力多物理场耦合，功率模块和散热器之间存在电-热多物理场耦合。可见，母线电容、功率模块和散热器之间通过路和场紧密联系在一起，是风冷 SiC 逆变器的关键组成部分。下面详细阐释这些关键部件的设计方法。

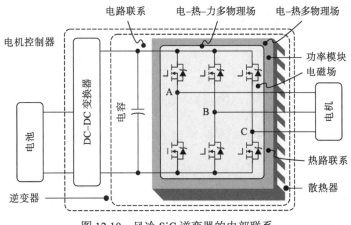

图 12.10　风冷 SiC 逆变器的内部联系

12.2.1　功率模块的设计对象

对于如图 12.11 所示的引线键线式功率模块，在 SiC 功率模块的设计过程中，应同时考虑电-热-力的多物理场交互作用。

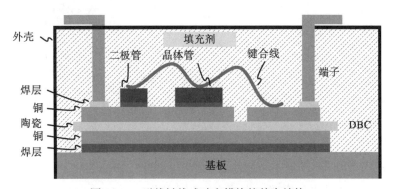

图 12.11　引线键线式功率模块的基本结构

以市场上常用的 EconoPack 封装 SiC 功率模块为例进行分析，模块的布局和结构如图 12.12 所示。对于三相逆变器，考虑直流母线电压中点的虚拟零电位点，三个半桥的工作状态相互解耦，逆变器可以拆解为 3 个独立的半桥模块。以任何一个半桥为例，分析逆变器的开关工作过程，建立逆变器损耗的定量分析方法。

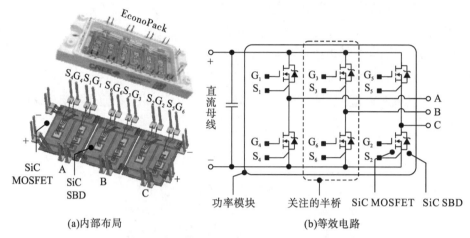

(a)内部布局　　　　　　　　　　　　　　(b)等效电路

图 12.12　EconoPack 封装 SiC 功率模块的基本结构

12.2.2　功率模块的工作原理和损耗计算

如图 12.13 所示，桥臂上下开关管互补导通，根据负荷电流的方向不同，存在两种工作状态[14]。桥臂输出电流为 i_o、桥臂中点到直流母线虚拟中点的输出电压为 v_o、SiC MOSFET 和续流二极管的电流分别为 i_{MOS} 和 i_{SBD}。

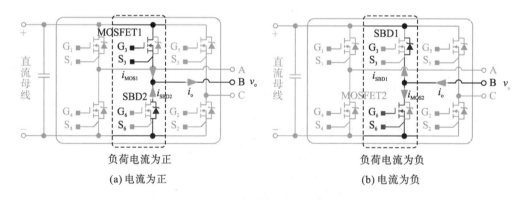

(a) 电流为正　　　　　　　　　　　　　　(b) 电流为负

图 12.13　逆变器半桥模块的工作状态

如图 12.14 所示，逆变器控制回路输出的调制信号 v_{ref} 与三角载波 v_{tr} 比较后，输出功率器件的栅极驱动信号 v_g。上下桥臂的晶体管互补导通，当上桥臂的 SiC MOSFET 开通时，下桥臂的二极管续流。桥臂中点输出电压为矩形的 SPWM 脉冲波，其基波分量为 $v_{ref}V_{dc}/2$，V_{dc} 为直流母线电压。对于电机负荷，负荷电流滞后于输出电压。对于变换器的逆变工作状态，电流主要流过 SiC MOSFET，流过 SiC 二极管的电流仅为较窄的脉冲。

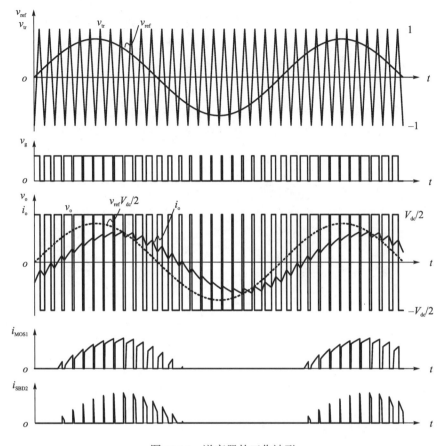

图 12.14 逆变器的工作波形

基于逆变器的工作波形，可以发现负荷电流与器件损耗的一些基本特点。器件的损耗包括导通损耗和开关损耗，每个器件只在正弦波的半个周期内导通和开关，SiC MOSFET 和二极管的电流波形互补，损耗和功率因数角 φ 和调制度 m 有关。

每个器件的具体损耗可以通过逆变器的 PWM 工况和负荷电流得到。

对于 SiC MOSFET，其开关工作状态的 PWM 占空比为

$$d = 0.5[1 + m\sin(\theta + \varphi)] \tag{12.1}$$

式中，$\theta = \int\omega\mathrm{d}t$，为输出电压的相位；$\omega$ 为电机的角频率。

负荷电流可以表示为

$$i_{\mathrm{o}} = I_{\mathrm{m}}\sin\theta \tag{12.2}$$

式中，I_{m} 为负荷电流峰值。因此，可以得到 MOSFET 电流的平均值：

$$I_{\mathrm{aveT}} = \frac{1}{2\pi}\int_0^\pi I_{\mathrm{m}}\sin(\theta)0.5\big[1 + m\sin(\theta + \varphi)\big]\mathrm{d}\theta = I_{\mathrm{m}}\left[\frac{1}{2\pi} + \frac{\cos\varphi}{8}m\right] \tag{12.3}$$

MOSFET 器件只在半个周期内导通，因此积分区间为 $[0, \pi]$。类似地，MOSFET 器件电流有效值的平方可以表示为

$$I_{rmsT}^2 = \frac{1}{2\pi}\int_0^\pi \left\{ I_m \sin(\theta)0.5\left[1 + m\sin(\theta+\varphi)\right]\right\}^2 \mathrm{d}\theta = I_m^2\left[\frac{1}{8} + \frac{\cos\varphi}{3\pi}m + \frac{\cos(2\varphi)+2}{64}m^2\right] \quad (12.4)$$

因此，SiC MOSFET 的导通损耗可以表示为

$$P_{Mc} = I_{aveT}V_{ds0} + I_{rmsT}^2 R_{dson} \quad (12.5)$$

式中，V_{ds0} 为器件功率端的饱和压降，对于单极型的 SiC MOSFET，该值为 0；然而，对于双极型的 Si IGBT 器件，该值为器件的饱和压降 $V_{ce(sat)}$。R_{dson} 为器件的导通电阻。对于导通损耗，晶体管和二极管的通态特性如图 12.15 所示。

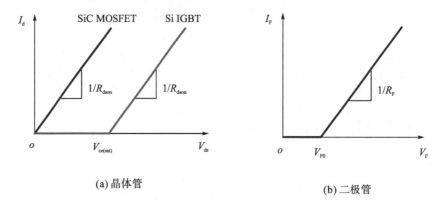

(a) 晶体管   (b) 二极管

图 12.15   功率器件的静态特性

此外，SiC MOSFET 每次开关的损耗可以表示为

$$E_{sw} = \frac{i_o}{I_{ac}}(E_{on} + E_{off})\frac{V_{dc}I_m}{V_nI_n} \quad (12.6)$$

式中，E_{on} 和 E_{off} 为数据手册所给定的开关损耗，V_n 和 I_n 为对应的测试条件。i_o 为特定时刻的负荷电流，其值与相位 θ 有关。当器件的开关频率远大于负荷电流的频率时，可以采用近似积分的方法得到器件在一个负荷电流周期的开关损耗，即

$$P_{Ms} = \frac{1}{2\pi}f_s\int_0^\pi \frac{i_o}{I_m}(E_{on} + E_{off})\frac{V_{dc}I_m}{V_nI_n}\mathrm{d}\theta = \frac{1}{\pi}(E_{on} + E_{off})f_s\frac{V_{dc}I_m}{V_nI_n} \quad (12.7)$$

式中，f_s 为器件的开关频率。

类似地，对于 SiC 二极管，其 PWM 工作状态的占空比为

$$d = 0.5\left[1 - m\sin(\theta+\varphi)\right] \quad (12.8)$$

其电流的平均值，可以表示为

$$I_{aveD} = \frac{1}{2\pi}\int_0^\pi I_m \sin(\theta)0.5\left[1 - m\sin(\theta+\varphi)\right]\mathrm{d}\theta = I_m\left[\frac{1}{2\pi} - \frac{\cos(\varphi)}{8}m\right] \quad (12.9)$$

其电流有效值的平方，可以表示为

$$I_{rmsD}^2 = \frac{1}{2\pi}\int_0^\pi \left\{ I_m \sin(\theta)0.5\left[1 - m\sin(\theta+\varphi)\right]\right\}^2 \mathrm{d}\theta = I_m^2\left[\frac{1}{8} - \frac{\cos(\varphi)}{3\pi}m + \frac{\cos(2\varphi)+2}{64}m^2\right] \quad (12.10)$$

其导通损耗可以计算为

$$P_{\mathrm{Dc}} = I_{\mathrm{aveD}} V_{\mathrm{F0}} + I_{\mathrm{rmsD}}^{2} R_{\mathrm{F}} \tag{12.11}$$

式中，V_{F0} 和 R_{F} 分别为二极管的门槛电压和导通电阻。

类似于 SiC MOSFET，二极管的开关损耗可以表示为

$$P_{\mathrm{Ds}} = \frac{1}{2\pi} f_{\mathrm{s}} \int_{0}^{\pi} \frac{i_{\mathrm{o}}}{I_{\mathrm{m}}} E_{\mathrm{rec}} \frac{V_{\mathrm{dc}} I_{\mathrm{m}}}{V_{\mathrm{n}} I_{\mathrm{n}}} \mathrm{d}\theta = \frac{1}{\pi} E_{\mathrm{rec}} f_{\mathrm{s}} \frac{V_{\mathrm{dc}} I_{\mathrm{m}}}{V_{\mathrm{n}} I_{\mathrm{n}}} \tag{12.12}$$

基于第 7 章所建立的多物理场模型，采用有限元分析工具，研究功率模块内的电-热-力分布规律。采用 Hestia 的 SiC MOSFET 芯片 H1M120N060 和 SiC SBD 芯片 H2S120N060。表 12.1 给出了逆变器和 SiC 器件的工作条件。根据逆变器和器件参数，以及式(12.1)～式(12.12)，可以得到 $P_{\mathrm{Ms}} = 3.6\ \mathrm{W}$、$P_{\mathrm{Mc}} = 5.5\ \mathrm{W}$、$P_{\mathrm{Ds}} = 0.5\ \mathrm{W}$、$P_{\mathrm{Dc}} = 3.2\ \mathrm{W}$。

表 12.1　SiC 逆变器的关键参数

逆变器	$P_{\mathrm{o}} = 10\ \mathrm{kW}$、$V_{\mathrm{ac}} = 380\ \mathrm{V}$、$I_{\mathrm{m}} = 20\ \mathrm{A}$、$m = 0.8$、$\cos\theta = 0.886$、$V_{\mathrm{dc}} = 600\ \mathrm{V}$、$f_{\mathrm{s}} = 50\ \mathrm{kHz}$
负荷	电阻 $R = 10\ \Omega$、电感 $L = 1\ \mathrm{mH}$
导通损耗	$R_{\mathrm{ds,on}} = 60\ \mathrm{m\Omega}$、$R_{\mathrm{F}} = 35\ \mathrm{m\Omega}$、$V_{\mathrm{F0}} = 1.6\ \mathrm{V}$
开关损耗	$E_{\mathrm{on}} = 115\ \mu\mathrm{J}$、$E_{\mathrm{off}} = 165\ \mu\mathrm{J}$、$E_{\mathrm{rec}} = 10\ \mu\mathrm{J}$（测试条件：$V_{\mathrm{n}} = 800\ \mathrm{V}$、$I_{\mathrm{n}} = 20\ \mathrm{A}$）

对于不同的开关频率和不同负荷功率 P_{o}，SiC 器件的损耗分布如图 12.16 所示。导通损耗与开关频率无关，仅随输出功率的增加而增加。开关损耗随输出功率和开关频率的增加而增加。在 50 kHz、10 kW 的逆变工作条件下，SiC MOSFET 的损耗占逆变器损耗的 70%以上。SiC SBD 的导通压降较高，反向恢复损耗很小，由于是逆变工作状态，SiC 二极管的损耗以导通损耗为主。

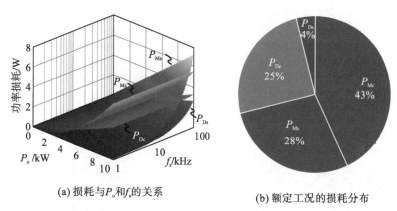

(a) 损耗与 P_{o} 和 f_{s} 的关系　　　　(b) 额定工况的损耗分布

图 12.16　SiC 逆变器的损耗分布规律

12.2.3　功率模块的多物理场仿真与改进封装

对于所研究的 SiC 功率模块，材料选型为：DBC 陶瓷材料为 $\mathrm{Al_2O_3}$，基板材料为铜，芯片焊料为 SAC305，DBC 焊料为 Sn60Pb40，键合线为半径 580μm 的粗铝线。所用封装

材料的基本物理属性如表 12.2 所示。

表 12.2   SiC 功率模块封装材料的物理属性

	SiC	SAC305	Sn60Pb40	Al_2O_3	Cu	Al
$\gamma/(\mathrm{MS/m})$	–	8.33	5.88	–	58.14	35.34
$\rho/(\mathrm{kg/m^3})$	3210	7300	8400	3780	8960	2700
$\lambda/[\mathrm{W/(m\cdot K)}]$	490	35	50	15	380	238
$c/[\mathrm{J/(kg\cdot K)}]$	800	226	167	30	390	900
$\alpha/(10^{-6}/\mathrm{K})$	4.4	23	25	6.5	17	23
E/GPa	410	40	30	370	110	70
υ	0.142	0.347	0.4	0.22	0.37	0.33

采用有限元分析方法，研究了 SiC 功率模块内的多物理场应力分布[15]，负荷电流设置为 20A/50Hz 的交流电，如图 12.17(a) 所示。根据计算得到的损耗，设置功率芯片的发热量，且根据半桥工作模式，设置芯片的开关状态。功率模块的基板底部固定，仿真得到的芯片结温如图 12.17(b) 所示。

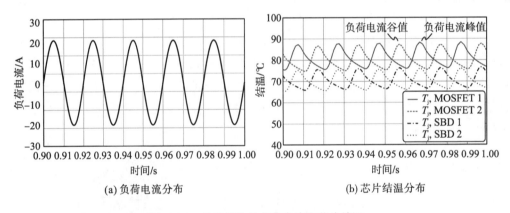

(a) 负荷电流分布   (b) 芯片结温分布

图 12.17   功率模块的负荷电流和芯片结温

稳态情况下，当负荷电流为峰值时，功率模块的应力分布，如图 12.18 所示。

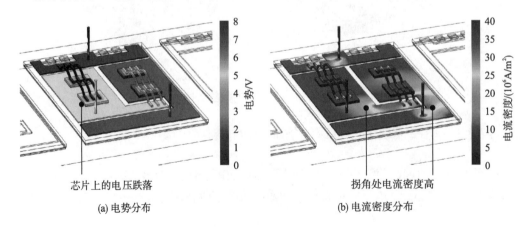

(a) 电势分布   (b) 电流密度分布

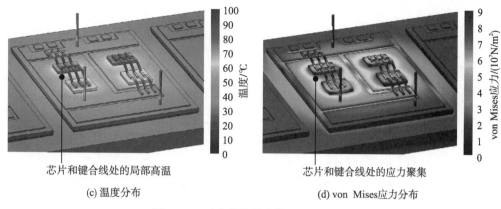

(c) 温度分布　　　　　　　　　　　　　　　(d) von Mises应力分布

图 12.18　功率模块的多物理场仿真结果

如图 12.18(a) 所示，键合线和芯片以及 DBC 的连接处，存在较大的接触电阻，并产生了较大的电压降，由此产生的损耗也会增加键合线连接位置的热-机应力。在导线与芯片的接触点处，出现了较高的温度，键合线热膨胀导致键合线根部产生额外的应力，使得键合线成为功率模块的一个薄弱环节。因此，高电导率的材料有利于提高键合线的可靠性。此外，采用多根键合线并联的方法，有助于减少封装寄生参数和热-机应力。

如图 12.18(b) 所示，在 DBC 中，拐角处的电流密度远大于其他位置。此外，键合线的电流密度也较大。电流密度越大的区域，电磁干扰问题越严重。因此，应采用尽可能粗的键合线，避免 L 形 DBC 布局，降低电磁干扰。

如图 12.18(c) 所示，考虑到 DBC 的布局，芯片应该与 DBC 边缘保持足够的距离，以降低结-壳热阻和芯片结温。功率模块封装的结-壳热阻主要受热传导和热扩展两个因素的影响。一方面，根据傅里叶定律，芯片的热量会沿着温度梯度方向传导。另一方面，当热量在异质层之间传递时，由于连接界面处材料的热导率不同，热传导的路径会发生扩展，增加等效的传热面积，有利于降低结-壳热阻。当芯片之间的距离大于 5mm 时，可以有效抑制芯片之间的热耦合，避免热应力分布不均衡，控制局部过热。

如图 12.18(d) 所示，键合线根部与芯片的结合处应力较大，在车用环境中，存在大范围功率交变和深度热循环，键合线非常容易脱落。芯片周围的最大应力位于芯片的边缘附近，容易引起焊层裂纹和空洞。综上，芯片焊层和键合线是功率模块的薄弱环节。

基于以上多物理场分析结果，设计功率模块时，功率回路应避免 L 形走线，以减小电流密度和电磁干扰。此外，接线端子应采用铜，以降低电流密度。所得到的这些设计规律是 SiC 功率模块的基本原则，除 EconoPack 封装外，对于其他 EasyPack、34 mm、62mm 等封装仍然适用。针对在多物理场建模与分析中发现的问题，在上述基本设计原则的指导下，采用优化的 DBC 布局、AlN 陶瓷和 CuW 基板，设计了一款改进的 SiC 功率模块，如图 12.19 所示。

键合线
SiC MOSFET
SiC SBD
焊料SAC305
AlN DBC
焊料Sn60Pb40
基板CuW

图 12.19　改进功率模块的设计结果

与图 12.18 的设置相同,改进的功率模块的多物理仿真结果,如图 12.20 所示。与图 12.18 相比,通过消除 L 形走线和采用铜母排,降低电流密度。此外,由于优化的功率回路和封装材料,降低了功率模块的温度和应力。

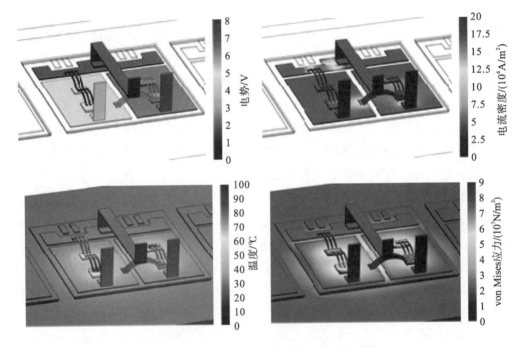

图 12.20　改进功率模块的多物理场仿真结果

12.3　母线电容的选择

12.3.1　电容的基本特性

为满足轻量化和高紧凑的设计目标,需要优化直流母线电容的材料、容值和体积。SiC MOSFET 器件的高频开关会引起纹波电压和纹波电流,使电容疲劳老化,使母线电容也成为逆变器的薄弱环节。电容的纹波电压和纹波电流耐受能力,与电容材料直接相关。此外,优化直流母线电容,还应综合考虑电容的成本和体积。

根据介电材料的不同，常用的电容器包括电解电容、薄膜电容、陶瓷电容、钽电容和纸电容等，如图 12.21 所示。电力电子常用的功率电容包括：电解电容、薄膜电容和陶瓷电容三类。陶瓷电容耐高温，但容量小，对湿度敏感。电解电容虽然容量大，但无法耐受高温。此外，高温会使电解电容的电解液干涸，损坏电容。薄膜电容的性能介于陶瓷电容和电解电容之间[16]。

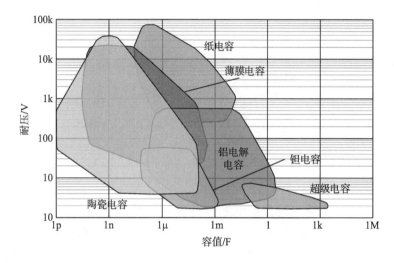

图 12.21　电容器的分类和基本特性

根据 KEMET 和 TDK 公司的数据手册，图 12.22(a)给出了不同电容的功率密度分布情况。电解电容的功率密度最大，大于 $4\mu F/cm^3$。薄膜电容和陶瓷电容的功率密度分别为 $1\mu F/cm^3$ 和 $3\mu F/cm^3$。应当指出的是，与其他电容相比，陶瓷电容的价格更高。对于逆变器应用，薄膜电容通常是性价比更高的解决方案，如图 12.22(b)所示。

根据电容的数据手册，电容的纹波电流耐受能力如图 12.22(c)所示。电容的纹波电流耐受能力 I_{crms} 可以表示为容值 C 的二次函数，即

$$I_{crms} = f(C) = a_1C^2 + a_2C + a_3 \tag{12.13}$$

式中，a_1、a_2 和 a_3 为常数，根据图 12.22(c)，可以得到这些参数的估计值，如表 12.3 所示。

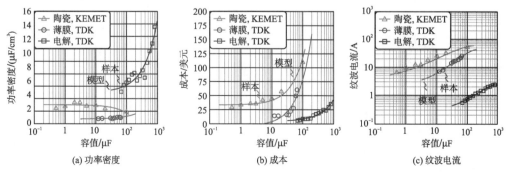

图 12.22　不同材质直流母线电容的性能对比

表 12.3   电容纹波电流模型参数

电容材质	$a_1/(\text{A}/\mu\text{F}^2)$	$a_2/(\text{A}/\mu\text{F})$	a_3/A
电解电容	-2.86×10^{-6}	4.92×10^{-3}	0.28
薄膜电容	-1.00×10^{-3}	0.41	2.25
陶瓷电容	-1.32×10^{-3}	1.10	14.98

12.3.2   电容的优化设计

除额定电压外，电容的纹波电压和纹波电流都应该满足逆变器直流侧的工作条件[17]。考虑逆变器的纹波电压，所需要的最小电容 C_v 可以表示为

$$C_v = \frac{\sqrt{6}}{2}\frac{I_m}{f_s\Delta v_{dc}}\left[\frac{\sqrt{3}}{2}-\frac{3}{4}m\sin\frac{\pi}{3}\right]m\cos\varphi \tag{12.14}$$

式中，Δv_{dc} 为纹波电压幅值；$m=\sqrt{2}V_{ac}/V_{dc}$ 为调制比，V_{ac} 和 V_{dc} 分别表示线电压有效值和直流母线电压。

对于纹波电压，图 12.23 给出 Δv_{dc}、f_s、m 对直流母线电容优化设计的影响规律。可以发现，高的开关频率 f_s 和低的调制度 m，可以降低逆变器对直流母线电容的需求。此外，通过使用具有高纹波电压耐受能力的电容，也可以减小直流母线电容的容值。

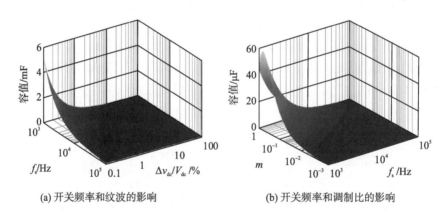

(a) 开关频率和纹波的影响   (b) 开关频率和调制比的影响

图 12.23   纹波电压对直流母线电容的影响规律

此外，直流母线电容还需要承受 SiC 器件开关引起的纹波电流。电容所需要满足的纹波电流 I_{pmin} 为

$$I_{pmin} = I_m\sqrt{2m\left[\frac{\sqrt{3}}{4\pi}+\cos^2(\varphi)\left(\frac{\sqrt{3}}{\pi}-\frac{9}{16}m\right)\right]} \tag{12.15}$$

纹波电流由 I_m、m 和 $\cos\varphi$ 决定。根据式(12.13)和式(12.15)，为了满足特定工况的纹波电流，所需要的最小电容 C_i 可以表示为

$$C_i = f^{-1}(I_{pmin}) = \frac{\sqrt{a_2^2 - 4a_1(a_3 - I_{pmin})} - a_2}{2a_1} \tag{12.16}$$

根据表 12.1 所提供的 SiC 逆变器参数，当 $C_{dc} = 10\mu F$ 时，线电压、相电流、纹波电压、纹波电流的仿真结果如图 12.24 所示，纹波电压和纹波电流值分别为 10V 和 7.2 A。

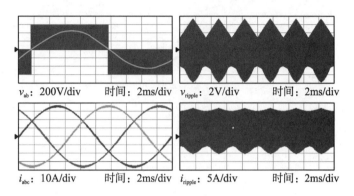

图 12.24　逆变器运行工况的仿真结果

对于纹波电流，图 12.25 给出了使用不同材质电容时所需的最小电容值。与电解电容相比，采用陶瓷电容和薄膜电容，直流母线电容的容值需求可以降低 90%以上。薄膜电容和陶瓷电容具有良好的纹波电流特性，对于降低直流母线的容值和复杂度具有重要意义。

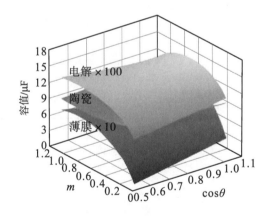

图 12.25　纹波电流对直流母线电容的影响规律

为了选择直流侧电容 C_{dc}，需要同时满足纹波电压和纹波电流的要求，即

$$C_{dc} = \max(C_v, C_i) \tag{12.17}$$

在不同 Δv_{dc} 条件下，不同开关频率和电容材质对 C_v 的影响如图 12.26 所示。当开关频率 $f_s = 50kHz$、纹波电压 $\Delta v_{dc}/V_{dc} = 5\%$时，可能的直流母线电容方案如表 12.4 所示。与电解电容相比，陶瓷电容可以使逆变器更加紧凑，但是会增加逆变器成本。考虑到性能和成本的折中，选择薄膜电容方案。

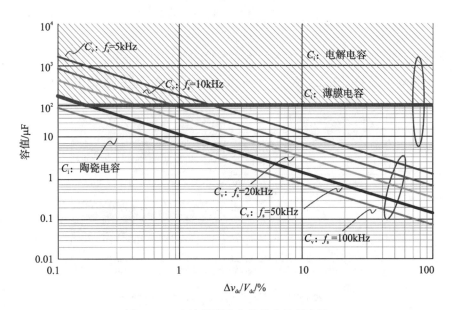

图 12.26   直流母线电容的优化选择方法

表 12.4   不同材质直流母线电容的最优选择方案

电容	型号	容值/μF	质量/g	体积/cm³	成本/美元
电解电容 (TDK 公司)	B43504A5337M 330 μF/450V，6 并 2 串	900	624	423.9	92
薄膜电容 (TDK 公司)	B32776G8306K 30μF/800V，4 并	120	200	226.8	94
陶瓷电容 (KEMET 公司)	C1812V104KDRACTU 0.1μF/1000V，120 并	12	3.24	2.94	195

12.4   散热器的设计

12.4.1   逆变器的热阻

如图 12.27 所示，逆变器的功耗由芯片产生，依次通过芯片焊片、DBC、DBC 焊片、基板、热交互材料、散热器，耗散到环境中。整个散热路径的热阻主要包括三部分：功率模块的结-壳热阻、热交互材料的热阻、散热器的热阻。

对于功率模块，根据热阻定义，以及表 12.5 所示功率模块的材料属性和尺寸，可以计算得到功率模块的结-壳为 0.44 K/W。芯片焊层的热阻占比超过 40%，其次是 DBC 陶瓷。高热导率的焊料和衬底，有利于提高散热能力。

表 12.5　功率模块封装材料及尺寸

	芯片	芯片焊料	DBC 铜	DBC 陶瓷	DBC 铜	DBC 焊料	基板	TIM
	SiC	SAC305	Copper	Al_2O_3	Copper	Sn60Pb40	AlSiC	
层	1	2	3	4	5	6	7	8
热导率 λ /[W/(m·K)]	490	58	380	24	380	50	240	1.78
长 a/mm	4.29	4.29	4.29	4.31	4.31	4.31	4.31	17.79
宽 b/mm	2.92	2.92	2.92	2.93	2.93	2.93	2.93	16.42
高 h/mm	0.35	0.08	0.30	0.63	0.30	0.08	2.00	0.10

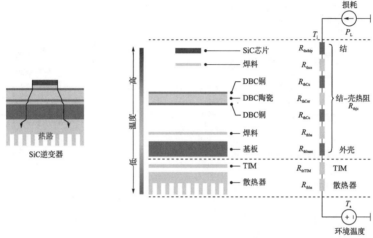

图 12.27　逆变器的热耗散路径

对于热交互材料，其热阻可以表示为

$$R_{thTIM} = \frac{h_{TIM}}{\lambda_{TIM} S_{TIM}} \tag{12.18}$$

式中，λ_{TIM}、h_{TIM} 和 S_{TIM} 分别为热交互材料的热导率、厚度和传热面积。以 MG Chemicals 公司的热交互材料 Super Thermal Grease II 8616 为例，$\lambda_{TIM} = 1.78\,W/(m·K)$、$h_{TIM} = 0.1\,mm$，热阻为 $R_{thTIM} = 0.21\,K/W$。热导率和厚度对热交互材料热阻的影响如图 12.28 所示。高导热的 TIM 应该薄一些，减小材料厚度；低导热的 TIM 应该厚一些，增加热扩展。

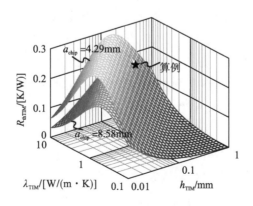

图 12.28　热交互材料的热阻

12.4.2 散热器热阻的影响规律

在不同芯片尺寸条件下，不同散热器齿数、齿宽度、齿高度和材料对散热器热阻的影响，如图 12.29 所示。可以发现，采用大的芯片尺寸有助于降低散热器的热阻。

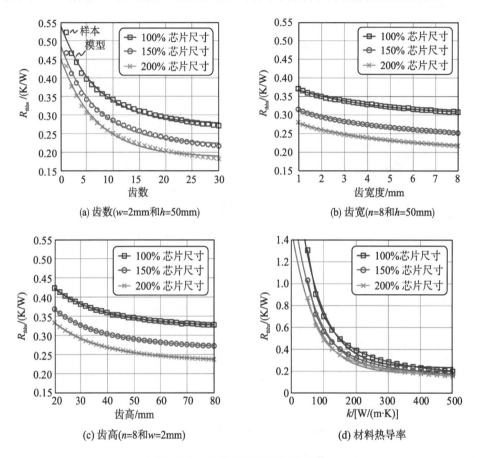

(a) 齿数(w=2mm和h=50mm)   (b) 齿宽(n=8和h=50mm)

(c) 齿高(n=8和w=2mm)   (d) 材料热导率

图 12.29   散热器热阻的影响规律

根据图 12.29(a)，散热器热阻随着齿数的增加而减小。若期望散热器的热阻小于 0.35K/W，散热器的最小齿数为 8。类似地，如图 12.29(b) 所示，齿宽越大，热阻越小。为满足热阻 0.35K/W 的要求，最小齿宽为 2mm。如图 12.29(c) 所示，当齿高大于 46mm 时，散热器的热阻将小于 0.35K/W。此外，散热器材料对热阻的影响规律，如图 12.29(d) 所示。当材料的热导率大于 240W/(m·K) 时，散热器热阻将小于 0.35K/W。考虑到材料的成本，铝仍然是散热器的最佳选择。齿数越大，生产过程更复杂成本越高。此外，齿越宽，散热器越重。因此，散热器在热阻、成本、重量之间存在折中。最后，以热阻小于 0.35K/W 为目标，优化设计后，散热器的齿数为 8、齿宽为 4mm、齿高为 50mm。

根据仿真结果，在芯片尺寸为 100% 的情况下，可以建立散热器的热阻模型：

$$\begin{cases} R_{\mathrm{thhs}} = 0.28 + 0.26 e^{-0.14n} \\ R_{\mathrm{thhs}} = 0.30 + 0.09 e^{-0.28w} \\ R_{\mathrm{thhs}} = 0.32 + 0.27 e^{-0.05h} \\ R_{\mathrm{thhs}} = 0.24 + 2.05 e^{-0.01\lambda} \end{cases} \tag{12.19}$$

式中，n、w、h 和 λ 分别为齿的数量、宽度、高度和热导率。

强制风冷散热器的换热系数 h_{ex} 由风速 v_{a} 确定，经验表明：

$$h_{\mathrm{ex}} = 18.3 v_{\mathrm{a}}^{0.6} \tag{12.20}$$

式中，h_{ex} 随 v_{a} 变化规律如图 12.30(a)所示。可见，较大的 v_{a} 有利于提高 h_{ex}，降低热阻。然而，较大的 v_{a} 需要体积更大、成本更高、功耗更大的风扇。如图 12.30(b)所示，为了满足热阻为 0.35 K/W 的要求，换热系数 h_{ex} 应大于 40 W/(m²·K)，相应地，风扇提供的风速最小为 3.8 m/s。

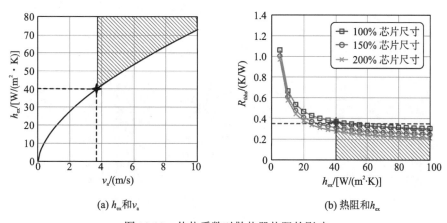

(a) h_{ex} 和 v_{a}　　　　　　　　(b) 热阻和 h_{ex}

图 12.30　传热系数对散热器热阻的影响

在优化设计中，风冷 SiC 逆变器采用两个 SUNON 6015(60mm×60mm×15mm, 42g)风扇，风速> 4 m/s，风量 18cfm，转速 3600 rpm[①]。

12.4.3　逆变器的电-热仿真结果

借助于多物理场分析工具，采用有限元计算方法，验证 SiC 逆变器的热设计结果。逆变器运行条件如表 12.1 所示，设置环境温度为 25℃，散热器表面的换热系数为 50W/(m²·K)，以模拟强制风冷条件。每个 MOSFET 的功率损耗为 9.1W，每个 SBD 的功率损耗为 3.7 W。根据图 12.31 的仿真结果，SiC 芯片上的最大结温约为 140℃。热设计可以满足 SiC 器件的功耗要求。由于现有 SiC 芯片的最高结温通常为 175℃，该设计留有足够的裕量。随着 SiC 芯片最高结温的增加，以及 SiC 芯片工作结温的增加，有望进一步简化散热器结构，提高逆变器的功率密度。

---

① rpm 即 r/min。

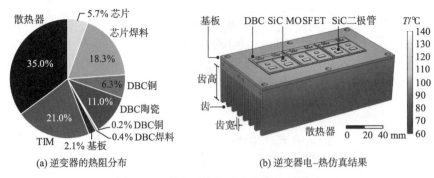

(a) 逆变器的热阻分布

(b) 逆变器电–热仿真结果

图 12.31　逆变器的热阻分布和电-热仿真

12.5　样机与实验结果

基于前述设计方法，研制了 10kW 风冷 SiC 逆变器，如图 12.32 所示，功率模块为改进封装的 50A/1200V 三相 SiC 模块，直流母线选用 4 个 TDK 公司的 30μF/800V 薄膜电容器 B32776E8306K，散热器为前述优化设计的铝质散热器。

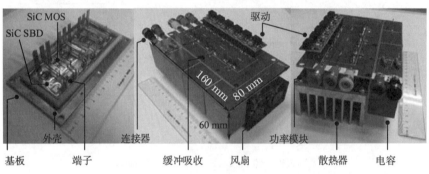

图 12.32　所研制 SiC 功率模块和逆变器样机

对于所研制风冷 SiC 逆变器样机，体积和体积功率密度分别为 0.77L 和 13kW/L，逆变器的体积分布如图 12.33(a) 所示。逆变器的重量和重量功率密度分别为 1.5 kg 和 6.7 kW/kg，重量分布如图 12.33(b) 所示。此外，逆变器的综合成本是\$485，成本分布如图 12.33(c) 所示。可见，散热器是风冷 SiC 逆变器体积和重量的主要组成部分，是进一步提高功率密度的瓶颈。此外，功率模块是影响 SiC 逆变器成本的关键因素。

基于感性钳位双脉冲测试电路，图 12.34(a) 给出了当负荷电流为 10～40A 时，SiC MOSFET 的开关波形，测试条件为：结温 25℃，直流母线电压 600 V，栅极驱动电阻 10 Ω。可见，SiC 器件的开关速度非常快，开关时间在 50 ns 以内。同时，开关时间随负荷电流的增大而增大。

将直流母线电压和负荷电流分别固定为 600V 和 40A，当器件结温在 25～150℃变化时，SiC MOSFET 的开关波形如图 12.34(b) 所示。可见，结温对 SiC MOSFET 的开关过程影响不大。

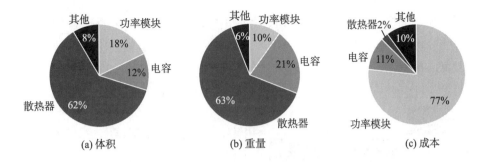

图 12.33　所研制 SiC 逆变器的体积、重量和成本分析

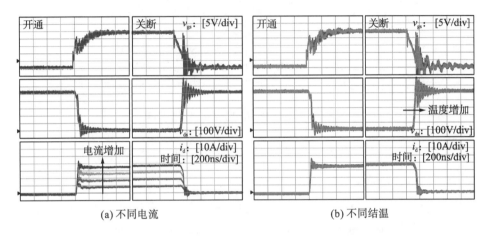

图 12.34　所研制 SiC 功率模块的开关实验波形

根据图 12.34 所示实验结果，可以计算得到 SiC MOSFET 在不同负荷电流和工作结温条件下的开关损耗，如图 12.35 所示。提高结温可以降低阈值电压，提高开关速度，降低开通损耗。但是，相对于 Si IGBT，结温和负荷电流对 SiC MOSFET 开关损耗的影响不大。此外，开通损耗包含了二极管的反向恢复损耗，受结温和负荷电流的影响，但是温度引起的开关损耗变化不超过 20%。

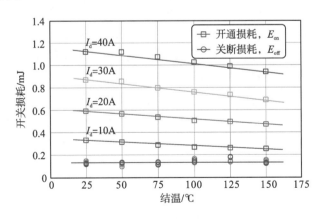

图 12.35　所研制 SiC 功率模块的开关损耗实验结果

对于所研制的风冷 SiC 逆变器，图 12.36 给出了线电压和相电流的典型实验测试结果，测试条件为：直流母线电压 600 V，输出线电压有效值 320 V，调制比为 0.9，开关频率为 50 kHz，阻感负载。

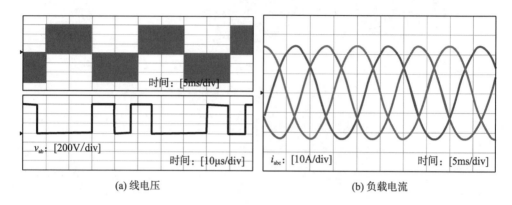

(a) 线电压   (b) 负载电流

图 12.36 所研制 SiC 逆变器的实验结果

12.6 本 章 小 结

对于中大功率应用，通常采用功率模块的形式。本章以车用电机控制器应用为例，介绍了 SiC 功率模块及逆变器的设计要点，统计了车用电机控制器的技术现状和发展趋势，并发现，为了满足车用电机控制器>100kW/L 的目标，SiC 器件具有不可替代的作用。采用 SiC 器件，可以降低冷却系统和无源元件的体积和重量，提高车用电机控制器的功率密度。此外，充分利用 SiC 器件的高温工作能力，采用风冷系统代替水冷系统，进一步降低车用冷却系统的复杂度，将是未来的趋势之一。

功率模块、母线电容和散热器，是车用电机控制器体积和重量的主要构成部分，是减重的关键。针对功率模块的优化设计，对于逆变工作状态，功率损耗主要来自晶体管，采用电-热-力多物理场建模和分析，可以掌握功率模块内的电磁场、温度场和应力场的分布规律。此外，优化 DBC 布局和改进封装材料，可以避免应力集中，改善功率模块的综合性能。针对母线电容的优化设计，在满足纹波电流和纹波电压的前提下，结合不同电容的材料、体积、成本，优化母线电容的选择。针对散热器，采用有限元分析方法，分析了散热器热阻与芯片面积、散热器结构和材料、冷却风速的规律。最后，采用样机和实验结果，验证了分析模型和设计方法的有效性。

参 考 文 献

[1] Zeng Z, Zhang X, Blaabjerg F, et al. Stepwise design methodology and heterogeneous integration routine of air-cooled SiC inverter for electric vehicle[J]. IEEE Transactions on Power Electronics, 2020, 35(4): 3973-3988.

[2] Rajashekara K. Present status and future trends in electric vehicle propulsion technologies[J]. IEEE Journal of Emerging and Selected Topics Power Electronics, 2013, 1(1): 3-10.

[3] Reimers J, Gomba L D, Mak C, et al. Automotive traction inverters: current status and future trends[J]. IEEE Transactions on Vehicular Technology, 2019, 68(4): 3337-3350.

[4] Hamada K, Nagao M, Ajioka M, et al. SiC-emerging power device technology for next-generation electrically powered environmentally friendly vehicles[J]. IEEE Transactions on Electron Devices, 2015, 62(2): 278-285.

[5] 王学梅. 宽禁带碳化硅功率器件在电动汽车中的研究与应用[J]. 中国电机工程学报, 2014, 34(3): 371-379.

[6] Zhang H, Tolbert L M, Ozpineci B. Impact of SiC devices on hybrid electric and plug-in hybrid electric vehicles[J]. IEEE Transactions on Industrial Applications, 2011, 47(2): 912-921.

[7] Wang Y, Gao Q, Zhang T, et al. Advances in integrated vehicle thermal management and numerical simulation[J]. Energies, 2017, 10: 1636.

[8] Lajunen A, Yang Y, Emadi A. Recent developments in thermal management of electrified powertrains[J]. IEEE Transactions on Vehicular Technology, 2018, 67(12): 11486-11499.

[9] Neudeck P G, Okojie R S, Chen L Y. High-temperature electronics: a role for wide bandgap semiconductors[J]. Proceeding of the IEEE, 2002, 90(6): 1065-1076.

[10] Wrzecionko B, Bortis D, Kolar J W. A 120°C ambient temperature forced air-cooled normally-off SiC JFET automotive inverter system[J]. IEEE Transactions on Power Electronics, 2014, 29(5): 2345-2358.

[11] Wang F, Zhang Z, Ericsen T, et al. Advances in power conversion and drives for shipboard systems[J]. Proceeding of the IEEE, 2015, 103(12): 2285-2311.

[12] Ning P, Zhang D, Lai R, et al. High-temperature hardware: Development of a 10-kW high-temperature, high-power-density three-phase ac-dc-ac SiC converter[J]. IEEE Industrial Electronics Magazine, 2013, 7(1): 6-17.

[13] 仝兴存. 电子封装热管理先进材料[M]. 安兵, 吕卫文, 吴懿平, 译. 北京: 国防工业出版社, 2016.

[14] Wintrich A, Nicolai U, Tursky W, et al. Application Manual Power Semiconductors[M]. Germany, Ilmenau: ISLE Verlag, 2015.

[15] COMSOL. The COMSOL Multiphysics User's Guide[M]. Stockholm, Sweden: COMSOL, 2012.

[16] Wang H, Blaabjerg F. Reliability of capacitors for DC-link applications in power electronic converters - an overview[J]. IEEE Transactions on Industrial Applications, 2014, 50(5): 3569-3578.

[17] Wen H, Xiao W, Wen X, et al. Analysis and evaluation of DC-link capacitors for high-power-density electric vehicle drive systems[J]. IEEE Transactions on Vehicular Technology, 2012, 61(7): 2950-2964.